21世纪高等学校机械设计制造及其自动化专业系列教材

机械工程学科导论

宾鸿赞　主编

华中科技大学出版社
中国·武汉

内容简介

本书为21世纪高等学校机械设计制造及其自动化专业系列教材。

本书以8个专题内容编撰而成，结构新颖、内容前沿，反映了本专业的最新科技动态，多方位开拓了学术视野，明确了专业的工程应用前景。全书共分8讲：第1讲介绍机械工程学科的现状与发展趋势；第2讲为数字化设计导论；第3讲介绍数控技术及其应用；第4讲介绍现代(先进)制造技术；第5讲介绍机器人及其应用；第6讲介绍现代制造系统及其应用；第7讲介绍精密测量与精微机械；第8讲介绍学生的能力结构与机械工程教育知识体系。

本书可作为高等工科院校机械工程及自动化、机械设计制造及其自动化专业的"学科(专业)概论"课程的教材，也可作为普通高等院校其他相关专业的教材或参考书，亦可供从事机械制造的工程技术人员与管理人员参考。

为了方便教学，本书还配有免费电子课件，如有需要，可与华中科技大学出版社联系(电话：027-87544529；电子邮箱：171447782@qq.com)。

图书在版编目(CIP)数据

机械工程学科导论/宾鸿赞 主编.—武汉：华中科技大学出版社，2011.7(2025.7 重印)
ISBN 978-7-5609-7185-8

Ⅰ.机… Ⅱ.宾… Ⅲ.机械制造-高等学校-教材 Ⅳ.TH16

中国版本图书馆CIP数据核字(2011)第129339号

机械工程学科导论 宾鸿赞 主编

策划编辑：刘 锦 万亚军
责任编辑：姚同梅
封面设计：潘 群
责任校对：刘 竣
责任监印：张正林
出版发行：华中科技大学出版社(中国·武汉)
武昌喻家山 邮编：430074 电话：(027)81321913
录 排：华中科技大学惠友文印中心
印 刷：武汉市洪林印务有限公司
开 本：710mm×1000mm 1/16
印 张：13.25
字 数：287千字
版 次：2025年7月第1版第16次印刷
定 价：39.80元

21 世纪高等学校

机械设计制造及其自动化专业系列教材

编审委员会

21世纪高等学校
机械设计制造及其自动化专业系列教材

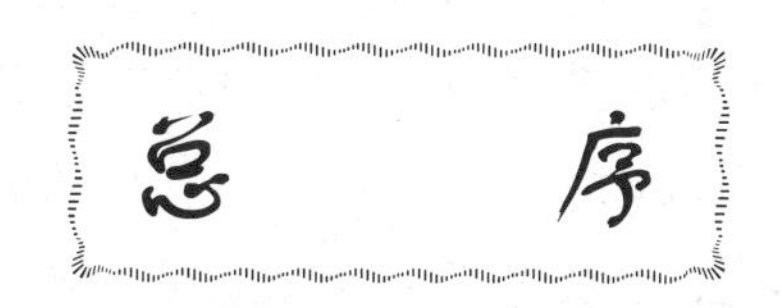

“中心藏之,何日忘之”,在新中国成立60周年之际,时隔“21世纪高等学校机械设计制造及其自动化专业系列教材”出版9年之后,再次为此系列教材写序时,《诗经》中的这两句诗又一次涌上心头,衷心感谢作者们的辛勤写作,感谢多年来读者对这套系列教材的支持与信任,感谢为这套系列教材出版与完善作过努力的所有朋友们。

追思世纪交替之际,华中科技大学出版社在众多院士和专家的支持与指导下,根据1998年教育部颁布的新的普通高等学校专业目录,紧密结合“机械类专业人才培养方案体系改革的研究与实践”和“工程制图与机械基础系列课程教学内容和课程体系改革研究与实践”两个重大教学改革成果,约请全国20多所院校数十位长期从事教学和教学改革工作的教师,经多年辛勤劳动编写了“21世纪高等学校机械设计制造及其自动化专业系列教材”。这套系列教材共出版了20多本,涵盖了机械设计制造及其自动化专业的所有主要专业基础课程和部分专业方向选修课程,是一套改革力度比较大的教材,集中反映了华中科技大学和国内众多兄弟院校在改革机械工程类人才培养模式和课程内容体系方面所取得的成果。

这套系列教材出版发行9年来,已被全国数百所院校采用,受到了教师和学生的广泛欢迎。目前,已有13本列入普通高等教育“十一五”国家级规划教材,多本获国家级、省部级奖励。其中的一些教材(如《机械工程控制基础》、《机电传动控制》、《机械制造技术基础》等)已成为同类教材的佼佼者。更难得的是,“21世纪高等学校机械设计制造及其自动化专业系列教材”也已成为一个著名的丛书品牌。9年前为这套教材作序的时候,我希望这套教材能加强各兄弟院校在教学改革方面的交流与合作,对机械工程类专业人才培养质量的提高起到积极的促进作用，现在看来，这一目标很好地达到了，让人倍感欣慰。

李白讲得十分正确："人非尧舜，谁能尽善?"我始终认为，金无足赤，人无完人，文无完文，书无完书。尽管这套系列教材取得了可喜的成绩，但毫无疑问，这套书中，某本书中，这样或那样的错误、不妥、疏漏与不足，必然会存在。何况形势总在不断地发展，更需要进一步来完善，与时俱进，奋发前进。较之9年前，机械工程学科有了很大的变化和发展，为了满足当前机械工程类专业人才培养的需要，华中科技大学出版社在教育部高等学校机械学科教学指导委员会的指导下，对这套系列教材进行了全面修订，并在原基础上进一步拓展，在全国范围内约请了一大批知名专家，力争组织最好的作者队伍，有计划地更新和丰富"21世纪机械设计制造及其自动化专业系列教材"。此次修订可谓非常必要，十分及时，修订工作也极为认真。

"得时后代超前代，识路前贤励后贤。"这套系列教材能取得今天的成绩，是众多机械工程教育工作者和出版工作者共同努力的结果。我深信，对于这次计划进行修订的教材，编写者一定能在继承已出版教材优点的基础上，结合高等教育的深入推进与本门课程的教学发展形势，广泛听取使用者的意见与建议，将教材凝练为精品；对于这次新拓展的教材，编写者也一定能吸收和发展同类教材的优点，结合自身的特色，写成高质量的教材，以适应"提高教育质量"这一要求。是的，我一贯认为我们的事业是集体的，我们深信由前贤、后贤一定能一起将我们的事业推向新的高度!

尽管这套系列教材正开始全面的修订，但真理不会穷尽，认识决无终结，进步没有止境。"嘤其鸣矣，求其友声"，我们衷心希望同行专家和读者继续不吝赐教，及时批评指正。

是为之序。

中国科学院院士 杨叔子

2009.9.9

20 世纪 90 年代，华中科技大学机械科学与工程学院组织部分博士生导师为“机械设计制造及其自动化”专业的本科生开出了“学科（专业）概论”课，16 学时，1 个学分，共分 8 讲，每讲由一位博士生导师讲授两学时。经过这些年来的实践、完善，特将讲授内容编印成册，作为本科生的学习用书，取名为《机械工程学科导论》。

课程开设之初，我国的机械制造业处于效益不佳的低潮状态，大学的相应本科专业也缺乏对学生的吸引力。为了改变这种较被动的局面，激发学生的学习积极性，我校机械科学与工程学院决定为学生开设介绍机械制造领域若干学科方向的系列讲座，以突出其对推动国民经济又好又快发展作出的贡献，阐述其发展动态，并将该领域在国内的发展状况与国际先进水平对比。为此，学院调动了相关专业的教师开设讲座。先后担任过讲授任务的有杨叔子、李柱、钟毅芳、师汉民、熊有伦、宾鸿赞、蔡力钢、李培根、吴昌林、邵新宇，目前正在讲授的教师依次为杨叔子、陈立平、唐小琦、宾鸿赞、熊蔡华、饶运清、康宜华、吴昌林。从每位学生撰写的听课总结报告（作为考核依据）的内容来看，该课程对开拓学生的视野、增强学生的专业情感、激励学生的创业热情起到了一定的作用。

本书为“学科（专业）概论课”的配套教材，不涉及工程力学、流体力学、材料及其成形技术、能源动力等方面知识，主要内容分为 8 讲。

第 1 讲为机械工程学科的现状与发展趋势（杨叔子、吴波撰写），从制造技术的发展历史、现状与趋势，归纳出“精”、“极”、“文”、“绿”、“快”、“省”、“效”、“数”、“自”、“集”、“网”、“智”十二个字，并阐述了其所代表的内涵。

第 2 讲为数字化设计技术导论（陈立平撰写），指出设计是创新的灵魂，论述了数字化设计技术的综合性、多样性、协同性和集成性，阐述了人工智能、IT 技术对数字化设计的影响，介绍了几何建模、功能建模、多领域物理统一建模的技术及发展状况。

第 3 讲为数控技术及其应用（唐小琦、李斌撰写），介绍了数控技术的战略意义、数控系统的组成、数控技术的发展趋势，以及我国数控技术的现状。

第 4 讲为现代（先进）制造技术（宾鸿赞撰写），介绍了现代制造技术的内涵，对分层制造、精密和超精密加工、高速切削加工、可持续制造、虚拟制造和制造业的信息化等方面进行了讨论。

第 5 讲为机器人及其应用（熊蔡华撰写），介绍了机器人的构成、发展历程和发展趋势，阐述了机器人的类型及其应用。

第 6 讲为现代制造系统及其应用（饶运清、邵新宇撰写），介绍了现代制造系统的构成、发展简史和发展趋势，并通过现代制造系统的实例介绍了现代制造系统技术的应用状况。

第 7 讲为精密测量与精微机械（康宜华、李柱撰写），介绍了测量的作用及当代的测量新技术、计量新标准，并介绍了精微机械与纳米计量学等方面的相关知识。

第 8 讲为学生的能力结构与机械工程教育知识体系（吴昌林撰写），着重介绍机械设计制造及其自动化专业学生的能力结构，以及如何通过教学计划所列的课程构建学生的知识体系，培养其工程能力。

各讲的撰写风格不求统一。

为开设本课程，宾鸿赞、吴昌林、吴波做了大量的组织、安排、协调工作。我校机械科学与工程学院的李爱文、李汉英、邹瑞梅、谭琼等做了精心周到的教务工作，对促成本书的面世起到了重要作用。本书成书过程中，谭琼在处理本书内容安排、加快成书进度等方面付出了辛勤的劳动，作出了贡献。在此，特向他们致以诚挚的谢意。

此外，还要感谢华中科技大学出版社的大力支持，感谢各位编辑的无私奉献。

书中不当之处，敬请读者赐言。

编　者

2010 年 5 月于华中科技大学

目 录

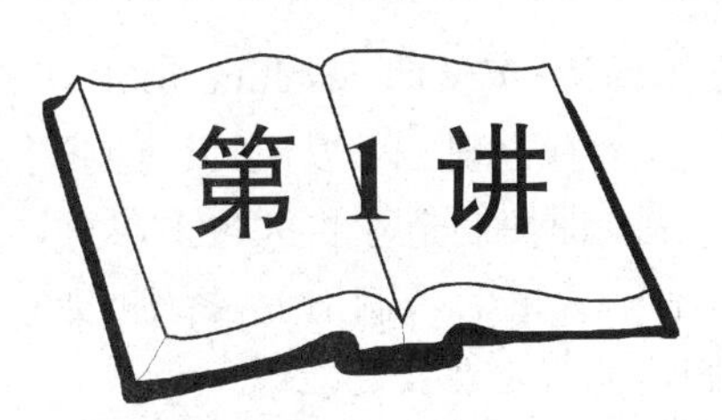

机械工程学科的现状与发展趋势

杨叔子　吴　波

1.1　制造的战略地位

一般认为,人类文明有三大物质支柱:材料、能源与信息。其实,应是四而非三,制造也应是一大支柱。可以说,没有制造,就没有人类。恩格斯在《自然辩证法》中讲到:"直立和劳动创造了人类,而劳动是从制造工具开始的。"的确,可形象地讲,人是从制造第一把石刀开始的。毛泽东在《贺新郎·咏史》一词中,一开始就讲:"人猿相揖别,只几个石头磨过,小儿时节。"

应该说,制造业是"永远不落的太阳",是现代文明的支柱之一。它既占有基础地位,又处于前沿关键地位,既古老,又年轻;它是工业的主体,是国民经济持续发展的基础;它是生产工具、生活资料、科技手段、国防装备等及其进步的依托,是社会现代化的动力源之一。

物质财富是人类社会生存和发展的基础,制造是人类创造物质财富最基本、最重要的手段。制造业是全面建设小康社会、加速实现现代化的第一大支柱产业。在美国,制造业为国民收入贡献了60%以上的财富。宋健同志指出,不管一个国家如何发达,其国内生产总值中80%以上都直接或间接与物质生产和消费密切有关,即同制造业有关。中国工程院提供的《新世纪的中国制造业》中指出,2000年,我国的制造业直接创造产值占国民生产总值的1/3,增加值约占全国工业的4/5,上缴税金占国家财政收入的1/3以上,出口额占全国贸易总额的90%,提供了8 043万个就业岗位,制造业从业人员约占全国工业从业人员总数的90.13%。以上数据显示,要进入小康社会,要建设强大国家,必须发展制造业。我国要实现新型工业化,核心是要实现在制造业中广泛采用先进制造技术。

在制造业中,机械制造业尤其是装备制造业担负着为各行业、各部门提供装备的重要任务,它是国民经济发展的基础,而机床制造业又是装备制造业的心脏。马克思在《资本论》中有一段名言,至今仍熠熠生辉:"大工业必须掌握这特有的生产资料,即机器本身,必须用机器生产机器。这样,大工业才建立起与自己相适应的技术基础,才得以自立。”生产机器的机器，我国称为机床或工作母机；英文叫 machine tool，机器工具，有道理；德文叫 workzeugmaschine，工具机器，更有道理。可以说，没有制造业，就没有工业；而没有机械制造业，就没有独立的工业，即使制造业再大再多再好，也受制于人。也可以说，我国作为一个大国，如果没有强大的装备制造业，特别是同高科技相应的机床制造业，就不可能有独立自主的制造业与工业。

制造业是高技术产业的基础，制造产品是高技术的载体。没有制造业，就没有高技术。信息技术、微电子技术、光电子技术、纳米技术、核技术、空间技术、生命技术等莫不与制造业有关。譬如，电子制造中所要求的高精度（控制精度趋于纳米级，加工精度趋于亚纳米级）、超微细（芯片线宽向 100 nm、运动副间隙向 12 nm 以下发展）、高加速度（芯片封装运动系统的加速度向 $12g$ 以上发展）和高可靠性（芯片千小时失效率要求小于 $1/10^9$），如果没有尖端的制造装备及相应的技术，就无法达到如此高的技术水平。我国光电子制造的关键装备几乎全靠进口，尖端制造装备及技术正是西方对我国实行技术封锁的重点所在。例如，在信息化日益发展的今天，计算机、微电子产品在信息化中起着特别重大的作用，芯片的重要性不言而喻。而我国可以说是一个无“芯”国家，自给率小于 20%，自主开发率约 5%，目前这种状况虽有所改善，但是基本态势没有改变。其关键就是我国目前制造不出生产芯片的装备。形势是严峻的，制造业、特别是装备制造业如此重要，所以在党的十六大、十七大报告中，都强调了制造业的发展，特别是装备制造业的发展。

制造业还是国家安全的重要保障，现代尖端军事装备及国防安全技术都要靠先进制造技术来提供。从根本上讲，这必须依靠自己，绝对不能寄希望于国外。现代战争已进入“高技术战争”的时代，武器装备的较量在相当意义上就是制造技术和高技术水平的较量。一个国家若没有精良的装备，没有强大的装备制造业，就没有军事和政治上的安全，经济和文化上的安全更受到巨大威胁。

由上可知，制造业是国家的基础性、支柱性、前沿性与战略性产业。高度发达的制造业，对内是实现新型工业化、加速实现现代化的必备条件，对外是衡量国家竞争力的重要标志，是决定一个国家在经济全球化进程中国际分工地位的关键因素。可以说，没有制造，就没有一切。

制造业绝不是“夕阳产业”，但在制造技术中确有“夕阳技术”，它是同信息化大潮格格不入的技术、同高科技发展不相应的技术、缺乏市场竞争力的技术，甚至还可能是危害可持续发展的技术。十七大报告中提出“发展现代产业体系，大力推进信息化与工业化融合，促进工业由大变强，振兴装备制造业，淘汰落后生产力”。中国要实现小康，必须有一个现代化的产业体系。在现代化产业体系里需要促进信息化和工业化的融合。没有工业化就没有信息化，没有信息化则工业化就无法继续发展，就无法实现现代化。

1.2　制造的发展简史

人类文明是从制造第一把石刀开始的。与此同时，也就开始了制造工艺过程。对劳动中的原始人而言，手是执行装置，用以操作生产工具——石刀；感觉器官是检测装置，感受着制造过程中的各种信息；人脑是中枢控制装置，对所获得的信息进行分析、比较，作出判断、决策，如图 1.1 所示。由此可见，即使在极为原始的制造工艺过程中，也已经有了执行、检测、控制诸环节，它们构成一个制造工艺过程的控制系统。

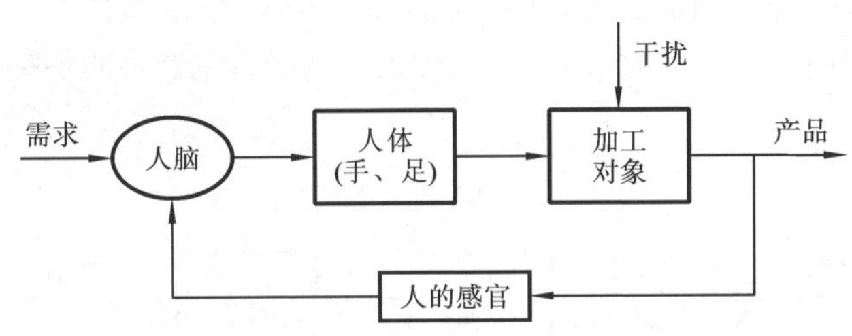

图 1.1　原始制造工艺系统

在制造工艺不断发展的过程中，一个明显的特点是，人逐步从对制造过程诸环节的直接参与中解脱出来。即首先是从加工（执行）中，其次从检测中，最后是从直接的控制中解脱出来。伴随这一解脱过程的是，制造赖以进行的基础由本能与经验逐步转移到理性与科学上来，可以说，制造过程发展的历史也是人们对制造过程规律性的认识逐步深化的历史。促进这一解脱过程的，首先是材料科技、能源动力科技和信息科技的发展、进步与革命。这一历史发展的主要线路是：从对制造过程片面的局部的认识，发展到系统的认识；从对制造过程的每一环节只作为一个孤立的环节来认识，发展到作为一个大系统中的子系统来认识；从对制造过程的每一环节静态的定性认识，发展到动态的定量认识。而在这一发展过程中，材料科学、能源动力科技和信息科技的每一次革新，都或多或少地并且不可忽视地促使制造过程、制造工艺、制造技术尤其是制造思维朝着系统化、自动化、集成化、信息化乃至智能化方向迈进，促进制造的发展与变革，并逐步减轻人的体力、脑力劳动和挖掘人的聪明才智，使人有更多的机会与精力来驾驭制造。当然，没有制造技术的发展，也就没有材料科技、能源动力科技和信息科技等一切科技的发展。

下面以切削加工的制造过程为例来回顾制造技术的发展史。

首先，材料的发展、冶铜炼铁的发明，促使金属工具出现，从而使得工具与加工对象之间的相互作用强度剧增，人手直接作为执行装置已难以使金属工具充分发挥作用，也难以承受如此高强度的作用，因而产生了机构、机器。这样，人脑所作的判断与决策才得以很好地实现，但机构、机器的操作仍然有赖于人的体力，如图 1.2 所示。

能源与动力科技的发展，直接解放了人的体力，加快了机器的工作速度与强度，

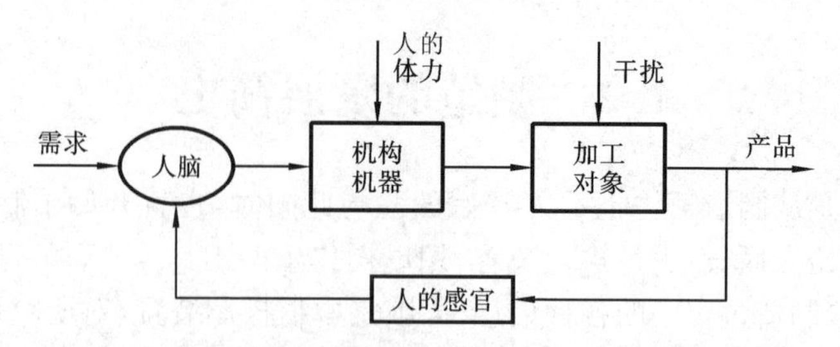

图 1.2　材料的发展、金属工具的出现所引起的制造的变革

使其达到了以人的体力作为动力时不可比拟的程度。尤其是蒸汽机的发明、电力的应用、能源的革命，带来了加工设备包括机床的飞速发展，制造能力、制造质量和制造效率得到极大提高。与此同时，出现了取代人的直接感觉器官的各种检测工具，如图 1.3 所示。

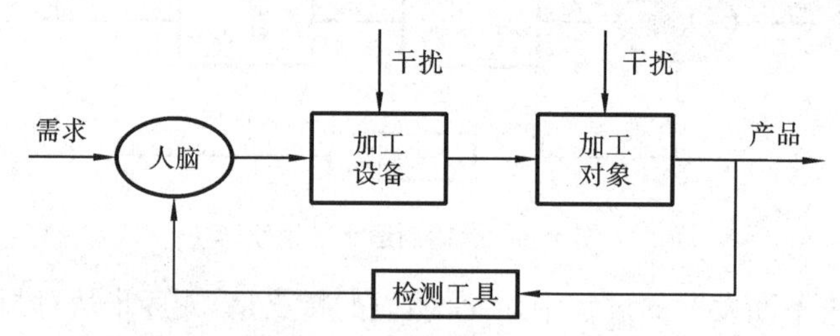

图 1.3　动力机械、加工设备的出现所引起的制造的变革

进入 20 世纪，电气技术、电子技术、自动检测装置以及液压、电气随动技术与其他先进技术相继采用，部分地取代了人的控制作用，如图 1.4 所示。典型的是由单机自动化发展到自动化生产线，形成了大批量生产模式，制造效率得到空前提高，也因此带来了生产管理上的一场革命。

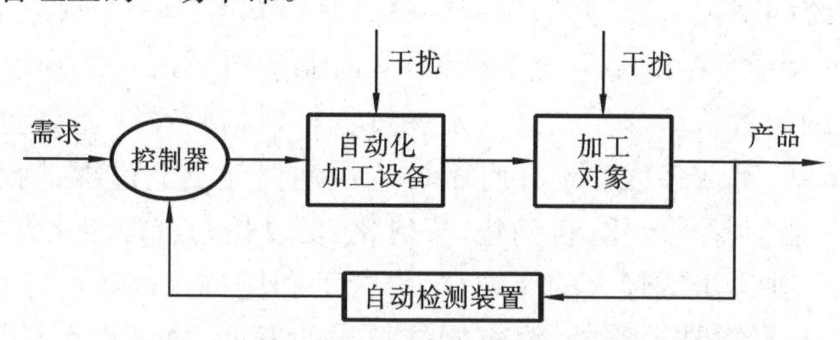

图 1.4　自动化装置的出现所引起的制造的变革

20 世纪中后期，微电子技术，特别是计算机的出现与发展，给人们提供了强大的技术手段。计算机开始取代人参与对加工过程的控制，如图 1.5 所示。计算机技术同制造技术相结合，还赋予有关设备以不同程度的“人工智能”，譬如：数控机床不仅可以按程序加工，而且还可根据加工情况自行调整结构与参数，进行适应控制；生产线不仅可以完全自动，而且还可以根据供销情况自行调整产品，进行“柔性生产”，对制造过程或制造系统的“全信息”(包括设备状态信息、制造过程信息、制造环境信息

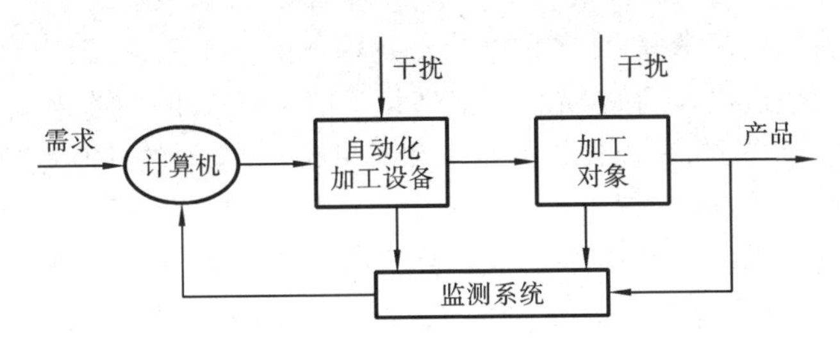

图1.5　计算机的应用所引起的制造的变革

乃至订单信息和客户要求与市场反馈信息等），监测系统也因此得以发展。

应当指出，前面所讲的只是加工过程。其实，对制造而言，制造过程不只是加工过程，还包括“加工前”（包括构思、决策、规划、设计等）、“加工中”（包括加工、装配、包装等）、“加工后”（包括营销、服务、咨询、维修、使用等）这三部分。“加工前”是先天，先天失误，一切皆空；“加工中”是后天，后天失误，先天作废；“加工后”是根本，根本失误，前功尽弃。此外，制造过程必须包括整个生产的组织与管理。因为整个生产组织与管理同生产过程一起，组成了一个不可分割的制造系统，现代制造工艺的概念正是建立在研究这样一个系统的基础之上的。计算机集成生产系统(CIMS)的研究，正是现代制造工艺概念的集中反映。尽管制造过程从原始制造工艺发展到今天甚至包括跨地区的若干企业的动态联盟，但“前”、“中”、“后”的本质未变，只是其内涵变得极为丰富、深刻与系统了。

1.3　制造的发展现状

当今的制造早已不是单纯指传统的制造技艺，也不仅仅代表制造技术，而是正在发展成为制造科学。制造科学已成为多学科交叉的学科，制造活动的社会性、制造系统的开放性，决定了制造科学的综合性。制造科学不可能在孤立、封闭的状态下发展，必然走兼采百家之长、交叉融合的道路。现代物理、数学、化学、生命、信息、材料、管理和系统等科学的发展，为制造科学不断提供着新的推动力，也不断丰富着现代制造科学的内涵和外延。所谓的先进制造技术，其实就是制造技术加信息技术和管理科学，再加上有关的科学技术而交融形成的，体现着制造科学的先进制造技术。先进制造技术就是这么一个交融的技术，它生气勃勃地适应并占领了现代制造业市场。

先进制造技术是工业发达国家的国家级关键技术和优先发展领域。有些国家从20世纪90年代开始，就已陆续开展相关重大科技计划，如美国的先进制造技术计划、关键技术（制造）计划、敏捷制造使能技术计划，日本的智能制造技术国际合作计划，欧盟的尤里卡计划、信息技术研究发展战略计划，德国的制造2000年计划，韩国的高级先进技术国家计划(G-7)等。

我国是制造大国，但不是制造强国。我国的发电设备、机床、汽车、电子制造等产品产量均居世界前列，却没有一家装备制造企业在技术上能跻身世界500强之列。

许多高新技术我国尚未掌握，许多重大装备我国不能自主制造，缺乏自主创新能力，关键装备大多依赖进口。例如，光电子制造设备的100%、IC制造装备的85%、高档数控机床的70%需靠进口，原创性的技术和成果缺乏，企业的核心竞争力不足，制造科学基础研究相对薄弱。

国家中长期科学和技术发展规划纲要中，第四部分是"重点领域与优先主题"(共12个领域62项以上主题)，在这部分的12个领域中，制造业为第5个领域，共有8项主题：①基础件和通用部件；②数字化和智能化设计制造；③流程工业的绿色化、自动化及装备；④可循环钢铁流程工艺与装备；⑤大型海洋工程技术与装备；⑥基础原材料；⑦新一代信息功能材料及器件；⑧军工配套关键材料及工程化。先进制造技术也是纲要第五部分"前沿技术"的八大技术之一。而作为纲要第六部分的"面向国家重大战略需求基础研究"中也列入了"极端环境条件下制造的科学基础"。可以说绝大多数项目都同制造、特别是机械制造密切相关。

1.4　制造的发展趋势

由于科学技术的突飞猛进、日新月异，现代的制造业市场大致表现出五大特征。第一是买方市场。这是科学技术与生产力发展的必然结果，卖方市场已成为过去。第二是多变性市场。由于科技发展快，技术更新快，产品换代快，如微电子产品半年到两年就得更新，从而产品非大量化、分散化、个性化的生产越来越强，市场越来越大，竞争日趋激烈，不确定因素猛增，市场变化很快。第三是国际化市场。市场打破国界，走向区域化，走向国际化，WTO与各种区域经济组织应运而生、应运而兴。第四是新兴产品市场。这不仅涉及对传统产品用高新技术加以改造与发展而成的产品，而且涉及前所未有的新类型的产品，从而导致如技术、软件、环保等产业的出现，在第三产业中更是如此。第五是虚拟市场。信息化的进一步发展是网络化，网上的产品广告、商品展示、商品交易、客户关系、代理制等均属于虚拟市场。

与此市场相应，制造业企业大致有六大特征。第一是满足"客户化"要求，这是最根本的，是买方市场必然导致的结果，"顾客就是上帝"，企业一切为了客户。第二是对市场的快速响应，对生产的快速重组，从而要求生产模式必须有高度柔性，有足够的敏捷性，这是客户化必然导致的结果，而信息技术与管理科学为此提供了主要的保证。第三是既竞争、又合作地参与市场活动，走向"双赢"、"多赢"。著名的"纳什方程"(纳什均衡理论)给出的结论是，市场竞争的结果不一定是或"鱼死"，或"网破"，或"两败俱伤"，而可以"双赢"，其基础是诚信。网络化为这样的竞争提供了更有利的条件。第四是本土化与国际化交互，走向全球化，既竞争、又合作，自然促进朝这一方向的发展。第五是应用虚拟技术，以加快企业有关活动的节奏，提高产品质量，节约成本，及时适应客观变化，这是实现以上各点之所需。第六是以人为本，加强企业人文文化建设。应该说，这一点正是现代企业成败要害之所在。在科技高度发达与快速发展的今天，如果只见物、不见人，只见技术、不见文化、不见精神，必将导致企业走入误区，招致严重挫折乃至失败。

对机械制造业，特别是对装备制造业而言，除了上述六大特征外，还有四大变化。第一是产品本身的变化，质与量均如此。机械产品在性质上不仅能取代、加强或延伸人的体力劳动，而且涉及脑力劳动。首先是由于信息化，产品有了一定智能，即有了信息感知功能、信息处理功能、信息存储与显示功能以及经整合的整体功能。机械产品的数量上、种类与品种日益繁多，可以说是“无所不包，无孔不入”。第二是增产方式的变化。过去以加大资金投入、加大资源消费、加大人力使用的“粗放”方式来达到增产的目的，现在主要以开发知识资源这种“集约”方式来达到增产的目的。第三是对产品要求的变化。开始是物美、价廉，后来加上了交货期短、服务好，现在还要加上文化含量高。产品不仅是一个工业产品，还应是一个艺术产品，经得起“看”与“想”。第四是学科基础的变化。过去的基础，在理论上是靠力学，在实践上是凭经验，而现在是以多学科、新成就作为基础，而且正努力将制造技术发展、上升为制造科学，以利于制造技术进一步高质、高速、高效地发展。

与科学技术、市场经济的发展相应，先进制造技术，特别是先进机械制造技术有如下十二个方面的发展趋势与特色：“精”是关键、“极”是焦点、“文”是新义、“绿”是必然、“快”是动力、“省”是原则、“效”是追求、“数”是核心、“自”是条件、“集”是方法、“网”是道路、“智”是前景。这十二个方面实质上是指的三个不同方面：“精”的精密化，“极”的极端条件，“文”的人文化，是就产品本身而言的；“数”的数字化，“自”的自动化，“集”的集成化，“网”的网络化，“智”的智能化，是就所采用的制造方法而言的；而“绿”的绿色化，“快”的快速化、“省”的节省化、“效”的高效化，是就制造过程而言的。这三个方面彼此根本不同，但又不可分割，彼此渗透、相互影响，形成整体，并且扎根在“机械”与“制造”的基础上，服务于制造业的发展。朱熹有一名句：“问渠哪得清如许？为有源头活水来！”如果将产品比作渠，制造过程比作水，制造方法比作源，那么，好的产品就是清渠，好的制造过程就是活水，好的制造方法就是高品位的富源。高品位的富源涌出活水，活水流成清渠。正因为如此，我们所要求的是适应时代需要的好的产品，这一好的产品须由适应时代要求的好的制造过程产出，而这一好的制造过程又须靠适应时代发展的好的制造方法实现。但是，与源、水、渠这三者的关系有所不同：第一，它们之间还存在着互动的关系，任何一方面的重大变化或发展，都可能导致其他两方面的重大变化或发展；第二，还有其他因素特别是管理因素同这三者存在互动关系，尤其是管理因素同制造过程的关系很大。然而，从整体上看，对产品本身的要求毕竟处于主导地位。

对产品本身的要求包括“精”、“极”、“文”三点。

(1)“精”——精密化　它一方面是指对产品、零件的精度要求越来越高，另一方面是指对产品、零件的加工精度要求越来越高。有了前者，才要求有后者；有了后者，才促使前者得以发展。制造就是为了生产出产品，产品必须满足要求。对产品的要求，可归纳为几何方面的与物理方面的。产品本身的几何形体(包括几何尺寸、几何形状、表面形貌等)要精密，而且要求越来越高，即所谓几何精度越来越高；产品的物理性能(包括物理性能、力学性能、化学性能乃至生化性能等)要精确，而且要求越来越严，这可称为物理精度越来越高。正因为产品的精度越来越高，所以对制造过程、制造方法才提出相应的要求，并推动它们的发展，以保证产品的精度得以实现。显然，要使产品的精度得以实现，检测原理与技术占有极为重要的地位。“精”可以讲是先进制造技术发展的关键。

精密加工、细微加工、纳米加工代表了“精”的发展。20 世纪初，超精密加工的误差是 10 μm，20 世纪 30 年代达到 1 μm，50 年代达到 0.1 μm，70 年代至 80 年代达到 0.01 μm，现今已达到 0.001 μm，即 1 nm。由以下一组关于电子元件制造误差的数据可以看到微电子产品对加工精度的依赖程度：一般晶体管为 50 μm，一般磁盘为 5 μm，一般磁头、磁鼓为 0.5 μm，集成电路为 0.05 μm，超大型集成电路为 0.005 μm，而合成半导体为 1 nm。现代超精密机械对精度的要求极高，如人造卫星的仪表轴承，其圆度、圆柱度、表面粗糙度等均达纳米级；基因操作机械，其移动距离为纳米级，移动精度为 0.1 nm。细微加工、纳米加工技术可达到纳米级的要求，如离子束加工可达纳米级，借助于扫描隧道显微镜(STM)与原子力显微镜的加工，则可达 0.1 nm。至于微电子芯片的制造，有所谓的“三超”：一是超净，加工车间尘埃颗粒直径小于 1 μm，颗粒数少于每立方英尺($1\ ft^3=28.316\ 85\ dm^3$)0.1 个；二是超纯，芯片材料有害杂质，其含量小于 1 ppb，即十亿分之一；三是超精，加工精度达纳米级。显然，没有先进制造技术，就没有先进电子技术装备；而没有先进电子技术与信息技术，也就没有先进制造装备。先进制造技术与先进信息技术是相互渗透、相互支持、紧密结合的。

(2)“极”——极端化　“极端”或“极”在此是借用的，应理解为苛刻化。产品本身不但往往要“精”，而且同时往往要“极”：在几何形体上，可为极大、极小、极厚、极薄、极平、极柔、极圆、极方，奇形怪状；在物理性能上，可具有极高硬度、极高塑性、极大弹性、极大脆性、极强磁性、极强辐射性、极强腐蚀性，奇性怪能；有时还得在极端条件下进行制造。显然，这些产品往往就是科技前沿的产品。例如，微机电系统(MEMS)技术，这是工业发达国家及其他有关国家高度关注的一项前沿科技，它不但要求“精”，而且要求“极”，在制造中是关键的关键。所以，“极”可以讲是先进制造技术发展的焦点，而且深入涉及科学基础的研究。

例如，在信息领域中，分子存储器、原子存储器、量子阱光电子器件、芯片加工设备，在生命领域中，克隆技术、基因操作系统、蛋白质追踪系统、小生理器官处理技术、分子组件装配技术，在军事武器中，精确制导技术、精确打击技术、微型惯性平台、微光学设备，在航空航天领域中，微型飞机、微型卫星、“纳米”卫星(质量在 0.1 kg 以内)；在微型机器人领域中，脑科手术、清除脑血栓、管道内操作、窃听与收集情报、发现并杀死癌细胞，以及微型测试仪器、微传感器、微显微镜、微温度计、微仪器等等，都用到了微机电系统技术。利用微机电系统可以完成特种动作与实现特种功能，乃至沟通微观世界与宏观世界，其深远意义难以估量。2002年，美国伯克利大学不仅制造了直径为300 μm的镜头(配以微米级探针的微米级显微镜，可深入植物细胞内观察)，而且正在开发镜头直径为500 nm的纳米级显微镜。2002年，美国康纳尔大学还宣布其研制出了原子级纳米晶体管，可以说，由单个原子输送电流的晶体管研制成功这还是首次，这一事件被我国科技专家评为2002年世界十大科技新闻之一。

(3)“文”——人文化　社会进步到今天，产品不应该仅是一个工业产品，只解决实用的问题，满足人们物质层面上的需要，而还应该是一个艺术产品，文化含量高，特别是人文文化含量高，真正解决“物美”问题，满足精神层面上的需要，能同环境协调，能供人欣赏，能愉悦人心，经得起“看”，经得起“想”。当然，“文”还可扩大到制造过程、制造方法上，即文明化生产。所以，“文”可以讲是先进制造技术发展的应有的“新含义”。

工业设计就是一个为制造产品的“文”服务的学科，因为一个工业产品还应该有文化层面上的意义。有人说，建筑是固定的音乐，音乐是流动的建筑，工业产品亦然，工业和艺术也是互通的。人类发展史不仅仅是物质文明发展史，更是精神文明发展史，现代工业产品不仅要经得起“用”，还要经得起“看”。因此，“文”应该是工业产品应有的一个新含义。

对制造过程而言，应包括“绿”、“快”、“省”、“效”这四点。

(1)“绿”——绿色化　“绿色”是从环境保护领域中引用来的。众所周知，工业的发展，特别是制造业的发展，导致了生态失衡、环境污染、资源枯竭，使人类社会难以持续发展，甚至可能招来大灾难。人类社会发展的终极目标必然是人类社会与自然界的和谐，就是走向“天人合一”。科学发展观就是要实现可持续发展，可持续的首要条件就是要整个生产过程不能伤害自然。人与人类社会本质上也是自然世界的一个部分，部分不能脱离整体，更不能对抗和破坏整体。《老子》里讲的“无为”就是这个意思，即不去“为”违背客观规律之“为”。人类必须从各方面促使人与人类社会同自然界和谐一致，制造技术也不能例外。江泽民同志讲得好，保护资源环境就是保护生产力，改善资源环境就是发展生产力。

制造业的产品从构思开始，到设计、加工、销售、使用、维修，直到回收、再制造，都必须考虑环境保护。所谓环境保护是广义的，不仅要保护自然生态环境，还要保护社会环境、生产环境，保护劳动者的身心健康。在此前提与内涵下，还必须制造出价廉、物美、供货期短、售后服务好的产品。绿色制造的产品还必须在相当大的程度上是艺术品，以与用户的生产、工作、生活环境相适应，给人以高尚的精神享受，体现物质文明、精神文明与生态文明的高度交融。每当发展和采用一项新技术时，应站在哲学高度，慎思“塞翁得马，安知非祸”，即必须充分考虑可持续发展，计及环境保护与生态文明。制造必然要走向绿色制造。显然，制造过程的“绿”，又是重中之重。绿色制造在我国科技发展中长期规划中也得到了高度的重视。所以，“绿”可以讲是先进制造技术发展的历史必然。目前所提出的低碳经济、低碳制造，就是绿色制造的一个极重要的方面。

在这里应指出，所谓绿色产品是指无危害的产品，这是社会十分关注的。其实，上文提到产品本身的"精"与"文"时，已经包括了这个"绿色化"的含义，这是十分明显的。

(2) "快"——快速化　"快"指对市场的快速响应，对生产的快速重组，这两个"快速"必然要求生产模式有高度柔性与高度敏捷性。这一点是市场经济走向买方市场、多变市场，企业为了客户、满足客户化发展要求的必然结果。正是这一"快"的结果，强有力地推动着制造技术的进步与制造方法的发展。所以，"快"可以讲是先进制造技术发展的动力。

(3) "省"——节省化　"省"指制造过程必须节省、节约、节俭，这是市场经济必然的要求。任何一个经济行为，都应不同程度地讲节省、讲成本。市场经济，尤其是我国这么一个并不富裕的大国的市场经济，制造过程就更是不能不讲节省，不能不讲成本，不能不讲资源的优化配置，不能不讲制造过程各有关环节的优化配置。我国正用极大力气来倡导与推动建设节约型社会，就是一个极具战略性的举措。"用一分钱办两分钱的事"就是这个意思。节约是中华民族的传统美德。毛泽东同志在 20 世纪 50 年代中期一再强调，要勤俭办一切事业，"什么事情都应当执行勤俭的原则"。所以，"省"可以讲是先进制造技术发展的原则。

(4) "效"——高效化　"效"主要指高生产率化，即单位时间内生产的产品数量多。固然，市场经济与科技的发展，导致不确定性的因素猛增，市场的需求变化加快，使得产品生产的非大量化、分散化、个性化的趋势越来越强，但这绝不意味着单位时间内产品生产数量减少，相反，还应增加。这是市场快速响应策略的应有推论与含义。社会的进步由生产力的发展所推动，而生产力的发展则由生产率的提高所推动。高效、低耗、无污染应是生产过程所追求的。所以，"效"可以讲是先进制造技术发展的追求。

高效、低耗、无污染是工业产品的制造过程的要求，也是建设环境友好和资源节约型社会的必然要求。这样的发展才不会被市场淘汰，才是真正的和谐发展与可持续发展。

对制造方法而言，应包括"数"、"自"、"集"、"网"、"智"这五点。

(1) "数"——数字化　数字地球、数字城市、数字工厂、数字制造、数字装备……狂澜巨浪，势不可挡。工业化发展的核心是信息化，信息化的核心是数字化，数字化也是先进制造技术发展的核心。信息的数字化处理同模拟化处理相比，有着三个后者不可比拟的优点：精确，安全，容量大。

数字化制造是指制造领域的数字化，它是制造技术、计算机技术、网络技术与管理科学等的交叉、融和、发展与应用的结果，也是制造企业、制造系统与生产过程、生产系统不断实现数字化的必然趋势。它包含三大部分：以设计为中心的数字制造，以控制为中心的数字制造和以管理为中心的数字制造。对制造设备而言，其控制参数均为数字化信息。对制造企业而言,各种信息(如图形、数据、知识、技能等)均以数字形式通过网络在企业内传递,根据市场信息迅速收集相关资料,在虚拟现实、快速原型、数据库、多媒体等多种数字化技术的支持下,对产品信息、工艺信息与资源信息进行分析、规划与重组,实现对产品设计和产品功能的仿真,对加工过程与生产组织过程的仿真,或完成原型制造,从而以生产模式的高度柔性与高度敏捷性实现生产过程的快速重组与对市场的快速响应,满足客户化要求。对全球制造业而言,用户借助网络发布信息,各类企业通过网络、根据需求应用电子商务,实现优势互补,形成动态联盟,迅速协同设计与制造出相应的产品。这样,在数字制造环境下,在广泛领域乃至跨地区、跨国界形成一个数字化网络,企业、车间、设备、员工、经销商乃至有关市场均可成为网上的一个节点,在研究、设计、加工、销售、服务的过程中,彼此交互,围绕产品所赋予的数字信息,成为驱动制造业活动的最活跃的因素。在此还应着重指出,制造知识(包括技能、经验)的获取、表达、存储、推理乃至系统化、公理化等,是使制造技术发展到制造科学的关键,而这又与数字化不可分割。

数字化贯穿和渗透于制造全过程所用的方法中,并且得到了广泛、深刻发展,乃至促成生产方法与过程的重大变革。这就是说,数字化技术的发展必将导致制造技术的重大发展与变革。所以,"数"是先进制造技术发展的核心。

(2)"自"——自动化　自动化是减轻人的劳动,强化、延伸、取代人的有关劳动的技术或手段,是制造业发展必须的条件或前提。据统计,从1870年至1980年的110年间,加工过程的效率提高了20倍,使体力劳动得到了有效的减轻,但管理效率只提高了1.8～2.2倍,设计效率只提高了1.2倍,这表明脑力劳动远没有得到有效地减轻。即使在美国,1984年,计算机辅助设计(CAD)在福特公司只占40%,在通用公司只占34%,在克莱斯勒公司也不过占67%。此后,计算机辅助设计技术的发展极为迅速。到今天,我国的机械产品设计也早已实现了"甩图板"与计算机辅助设计。

自动化技术总是伴随着有关机械发展或工具发展来实现的。机械几乎是一切技术的载体,也是自动化技术的载体。第一次工业革命以机械化这种形式的自动化来减轻、延伸或取代人的有关体力劳动;第二次工业革命以电气化进一步促进了自动化的发展。信息化、计算机化与网络化,不但极大地减轻了人的体力劳动,而且更为关键的是有效地提高了脑力劳动的自动化水平,减轻了人的部分脑力劳动。

自动化已从一般的自动控制、自动调节、自动补偿、自动辨识等发展到自学习、自组织、自维护、自修复等更高的水平,而且自动控制的内涵与水平早已今非昔比,从控制理论(如多Agent系统的理论与方法、基于网络的控制理论、复杂系统的控制理论等)、控制技术(如智能化检测、多媒体信息检测等)、控制系统(如网络控制系统、复杂控制系统等)、控制元件(如具有生物特征的传感元件等),都有着极大的发展。所以,"自"是先进制造技术发展的条件。

(3)"集"——集成化　一是技术的集成,二是管理的集成,三是技术与管理的集成。归根结底，其本质就是知识的集成，亦即知识表现形式的集成。已如前述，先进制造技术就是制造技术、信息技术、管理科学与有关科学技术的集成。集成就是交叉，就是杂交，就是取人之长、补己之短，这是发展的一大方法。目前，"集"主要包括以下三个方面的内容。① 现代技术的集成，机电一体化是个典型，它是高技术装备的基础，如微电子制造装备，信息化、网络化产品及其配套设备，仪器、仪表、医疗、生物、环保等高技术设备。显然，在机电一体化技术中，关键是检测传感技术、信息处理技术、自动控制技术、伺服技术、精密机械技术、系统总体技术的集成，而这些技术又同许多学科有关，又是一个"集"。② 加工技术的集成，特种加工技术及其装备是个典型，如增材制造(即快速原型)、激光加工、高能束加工、电加工等。当然，加工技术的集成只是现代技术集成的一个特殊部分。③ 企业集成，即管理的集成，包括生产信息、功能、过程的集成，也包括生产过程的集成、全生命周期过程的集成，还包括企业内部的集成和企业外部的集成。如并行工程、敏捷制造、精益生产、计算机集成制造等都是"集"的典型表现。当然，管理的集成不可能不包含管理与技术的集成。

从长远看，还有一点很值得注意，即由生物技术与制造技术集成而成的微制造的生物方法，或所谓的生物制造，其是依据生物生长机理由内部向外生成"器件"，而非同一般制造技术那样通过外加作用增减材料而形成器件。可以预期，这是一种崭新的充满着活力的领域，作用难以估量，但其发展道路也将是漫长的。

现代的制造技术就是集成的技术，就是博采百家。甚至可以讲，一种高新技术的出现，极少不是"兼收并蓄"其他有关学科或领域的理论与技术的。所以，"集"是先进制造技术发展的"方法"。

(4) "网"——网络化　网络已经成为今天人们生活的重要组成部分。举个最简单的例子，客户可以通过网络信息了解产品，企业也可以通过网站宣传自己。应该讲，制造技术的网络化是先进制造技术发展的必由之路，制造业走向整体化、有序化，同人类社会发展是同步的。制造技术的网络化由两个因素决定：一是生产组织变革的需要，二是生产技术发展的可能。这是因为制造业在市场竞争中，面临多方的压力：采购成本不断提高，产品更新速度加快，市场需求不断变化，客户定单生产方式迅速发展，全球制造所带来的冲击日益加强等等。企业要避免传统生产组织所带来的一系列问题，必须在生产组织上实行某种深刻的变革。这种变革体现在两方面。一方面是利用网络，在产品设计、加工与生产管理等活动乃至企业整个业务流程中，充分享用有关资源，即快速调集、有机整合与高效利用有关制造资源。另一方面，对资源的整合、利用必然导致制造过程与组织的分散化、网络化。企业要抛弃传统的"小而全"与"大而全"这类"夕阳技术"，而将力量集中在自己最有竞争力的核心业务上。一个企业有无自己最有竞争力的核心业务，这是关键，"山不在高，有仙则名；水不在深，有龙则灵。"科学技术特别是计算机技术、网络技术的发展，使得生产技术发展到可以使这种变革的发生成为可能。

在制造技术网络化中，值得关注的是电子商务的应用。电子商务是指将业务数据数字化，并将数字信息的使用和计算机的业务处理同因特网进行集成，是一种全新的业务操作模式。在电子商务的网络化制造中，供应链管理、客户关系管理、产品生命周期管理共同构成了制造的增值链。它具有两大优点，即商务的直接化与透明化，这对降低成本、加快流通、提高效率、增加商业机会大有好处，从而对企业内部重组、经营战略与竞争模式有着深刻影响。但是，我国在电子商务的应用上，还存在一系列问题，使其没有得到充分的应用。这些问题大致表现在以下方面：在宏观层面上，不够统一；在企业层面上，“用”“体”分离；在社会服务体系上，服务滞后；在软环境上，商务活动缺“法”又乏“诚”；在商业模式上，规模大于效益，形成泡沫；在基础设施上，十分薄弱，形成瓶颈。

制造技术的网络化不可阻挡，它的发展会导致一种新的制造模式，即虚拟制造。虚拟制造组织是由地理上异地分布、组织上平等独立的多个企业，在谈判协商的基础上建立密切合作关系，形成的动态的虚拟企业或企业联盟。在虚拟制造组织中，各企业致力于自己的核心业务，实现优势互补，实现资源优化、动态组合与共享。

网络化是数字技术与通信技术的交融。网络化既是制造业信息化、集成化的基础，又是企业信息化、集成化的进一步发展，它有助于使制造企业走向全球化、整体化、有序化，实现资源互补和共享。在网络化中，企业有无具备竞争力的核心业务是关键所在。所以，“网”是先进制造技术发展的“道路”。

(5)“智”——智能化　智能化是制造技术发展的前景。近二十年来，制造系统正在由原来的能量驱动型转变为信息驱动型，这就要求制造系统不但要具备柔性，而且还要表现出某种智能，以便应对大量复杂信息的处理、瞬息万变的市场需求和激烈竞争的复杂环境，因此，智能制造越来越受到重视。

智能化制造模式的基础是智能制造系统。智能制造系统既是智能和技术集成而形成的应用环境，也是智能制造模式的载体。与传统的制造相比，智能制造系统具有以下特点：①人机一体化；②自律能力；③自组织与超柔性；④学习能力与自我维护能力；⑤在未来，将具有更高级的类人思维的能力。由此出发，可以说智能制造作为一种模式，是集数字化、自动化、集成化、网络化和智能化于一身，并不断向纵深发展的具有高技术含量和高技术水平的先进制造系统，也是一种由智能机器和人类专家共同组成的人机一体化系统。它在制造诸环节中，以一种高度柔性与集成的方式，借助计算机模拟人类专家的智能活动，进行分析、判断、推理、构思和决策，取代或延伸制造过程中人的部分脑力劳动，同时收集、存储、处理、完善、共享、继承和发展人类专家的制造智能。但它没有人类的非逻辑思维能力，更没有人类专家的原创性思维能力。当然，该技术目前还只能算是处在起步阶段，然而，它潜力极大、前景广阔。

随着知识经济时代的到来，知识将作为发展生产力主要的源泉，并促使知识生产率取代劳动生产率，从而使智能化制造的价值日益攀升。特别是分布式数据库技术、智能代理技术和网络技术等的发展，将突出知识在制造活动中的价值地位。知识经济是继工业经济后的主体经济形式。尽管智能化制造的道路还很漫长，但是其必将成为未来制造业的主要生产模式之一。

“智能化”将使制造系统具有处理海量信息、不完整信息、错误信息的能力，具有强大的自诊断、自修复、自组织能力，以及主动协调与协同能力。它将实现数字化、自动化、集成化、网络化的进一步发展与人机交融。但这绝不意味着智能机器将完全取代人，而是人与机的高度协调与统一。所以，“智”是先进制造技术发展的前景。

上面所讲的“精”、“极”、“文”、“快”、“绿”、“省”、“效”、“数”、“自”、“集”、“网”、“智”这十二个方面，彼此渗透，相互依赖、相互促进，形成一个整体。而且，它们是服务于制造技术的，“机械”是基，“制造”是础，这十二个方面是一定要扎根在“机械”和“制造”这个基础上。这就是说，要研究与发展“机械”本身与“制造”本身的理论与机理，而且要以此理论与机理为基础来研究、来开发、来发展这十二个方面的技术，这些技术要与此基础相辅相成，最终是要服务于制造业的发展。离开机械与制造的本身去研究、去开发、去发展这十二个方面的技术，都将迷失方向。

同时还应指出，以上所讲的先进制造技术发展趋势说的是机械方面的，然而最关键的还是人。因为任何机器都是人制造出来的，社会和科技进步是人类智慧结晶的结果。没有人类智慧，所有的愿景都不能实现。机器只能代替人类的劳动，但不能代替人类的智慧。人类记忆圆周率小数点后的位数最多能达到 6 万多位，倘若是计算机，记忆到 60 万位甚至 600 万位都不成问题。这是机器较之人类的突出优点——只要设定好程序，机器就会准确执行。但是机器没有主观能动性，也缺乏应急处理能力，更无原创能力。尽管现在先进的制造车间里已经很少能看到工人，但是，一旦出现问题，能够解决问题的也只有人。因此，人才是重中之重。

1.5　制造的发展战略

为了进一步发展先进制造技术，应确立如下四点指导思想。

(1) 加强基础，立足应用。技术就是为了应用，面向实际。为了应用，就是立足点。但是，为了技术有足够的发展后劲，有原创性的源头，能自主创新，就必须加强基础工作，包括基础研究。

(2) 关注全面，突破重点。有所不为，才有所为；没有重点，就没有政策；因此，必须抓住重点。但是，必须要关注全面。因为：第一，重点不是孤立的，没有“面”的支撑，也难以有“点”的良好的发展；第二，“面”上可能出现新的重“点”，有了“面”，就可能不会丢失这些新出现的重“点”。

(3) 扎根实际，务求超越。我们发展先进制造技术，必须面对与扎根我国的实际，实事求是。脱离实际，违背实际，定遭失败。但是，我们的扎根实际，就是为了下一步的务求超越。如果不在若干重要方面超越，那就只能长期跟踪，永远落后，这决非我们的期望，也决不许可。

(4) 实干巧干，出奇制胜。为了既扎根实际，又务求超越，那就只能脚踏实地，苦干实干；同时，开动脑筋，寻求捷径，巧干妙干，包括利用“后发”的有关优势，以奇取胜。我们应坚信：真理是不可穷尽的，捷径是存在的；只要我们在战略上敢于藐视困难，而在战术上高度重视困难，下定决心，团结一致，排除万难，一定能求得捷径，自主创新，实现超越。

为此，根据对现代制造科学和技术发展趋势的分析，在我国可考虑将以下十点作为优先发展方向。这十点的前八点同制造方法有关，这八点中，前五点同制造本身直接有关，后三点同学科交叉有关；第九点专谈绿色制造；第十点同我国科技规划中的重大项目有关。

(1) 机电产品的创新设计和系统优化设计理论与方法：全生命周期的产品数字化建模、仿真评估理论及设计规范；产品快速创新开发的设计、优化、规划和管理技术；复杂机电系统创新设计、整体优化设计的理论、技术与方法。

(2) 网络协同制造策略理论和关键技术：制造系统的信息模型和约束描述；网络环境下制造系统、制造装备的协同策略；支持并行及网络协同制造的理论和技术；网络环境下制造系统优化运行理论与控制策略。

(3) 新型成形制造原理和技术：基于新材料、新工艺的成形原理及技术；精捷成形制造原理和技术；高能束精密成形制造原理及技术。

(4) 数字制造理论和数字制造装备技术：产品制造过程的数字化模型及多领域物理作用规律；高速高效数字制造理论与技术；基于新原理、新工艺的新型数字化装备；数字制造中多智能体协调和实时自律控制理论与技术。

(5) 制造中的量值溯源和测量的理论和技术：在多尺度空间上的精密测量问题；机械表面微观计量理论与技术；超精密测量、量值溯源原理、新传感器技术等。

(6) 纳米制造科学与技术：纳米材料制备及其性能测量；纳米尺度加工、制造、测量和装配；分子机器的设计组装与调控；纳电子制造和分子原子制造原理与技术。

(7) 生物制造与仿生机械的科学与技术：结构、功能、能源及运动机械仿生及仿生制造；生物自生长成形制造；机械超前反馈仿生与制造的科学与技术；生物工程制造原理及技术；新一代生物芯片制造原理与技术。

(8) 微系统与新一代电子制造科学与关键技术：微机械、微传感、微光器件的制造机理与技术；纳米级光学光刻与非光学光刻、浅沟槽刻蚀、铜互连等机理及技术；集成电路新型封装工艺原理与技术。

(9) 绿色制造的科学与技术：产品与人类和自然的协调理论；产品绿色制造工艺(如 near-zero waste)；产品的再制造与维修科学；产品的绿色使用以及废旧产品资源再利用的理论与方法。

(10) 面向国家安全和国家重大工程的制造科学与技术。

仔细分析一下我国中长期科技发展规划纲要，可知纲要与上述十点所要解决的制造业的问题本质上均大致可归纳为四个方面：①先进制造的基本工艺、基本材料、基本元件、基本组件、基本部件与基本技术、基本理论；②绿色制造；③关键的高性能成套装备制造;④关键的高性能工作母机制造。

针对国家未来将实施的重大工程(涉及宇宙探索、航天、航空、海洋、能源、交通和国防装备等领域)中的制造技术与科学问题,提前进行研究,以确保在国家重大工程和国家安全方面能有相应的技术储备。

1.6　以人为本——树立制造业发展的新观念

路甬祥同志2007年11月4日在中国机械工程学会年会上所作的《坚持科学发展,推进制造业的历史性跨越》主题报告,是一个极为重要的指导性文件。他在报告中明确指出:“我们必须准确把握时代特征,深刻认识我国国情,树立新的发展观念,以科学发展观为指导,促进制造业和制造技术的发展和创新,推动并加快实现我国由制造大国向制造强国、创造强国的跨越。”的确,“这既是我们面临的挑战,也是我们肩负的历史使命。”

新世纪的我国制造业必须进一步树立新的发展观念。这个新的发展观念,毫无疑问,应是科学发展观在制造业的贯彻与实现,其核心就是“以人为本”。科学发展观指导着我国各个领域、各个部门、各个行业及各个企业的发展,显然,也指导着我国经济部门,以及工业、制造业、机械制造业、装备制造业的发展。仔细考察与分析一下,可以确认一个事实:随着人类文明的进步,世界经济、科技、工业、制造业等的发展,也正在或直或曲、或快或慢地转移到以人为本的轨道上来。

人类社会的发展、人类需要的发展、人类文明的发展,同制造的发展、工具制造的发展是分不开的,而且,人为了自己的需要,在此发展中始终处于主导地位,但这绝不是讲,制造、工具制造对人的发展、人的需要、人类文明没有极为巨大的作用。可以说,没有制造,就没有工具制造;没有金属的发现,就没有金属工具的发明与制造;没有热力学定律的发现,就没有蒸汽机的发明与制造;没有电磁现象的发现,就没有电机与电器的发明与制造;没有半导体的发现,就没有芯片与计算机的发明与制造;没有以上发明与制造,就没有农业革命,没有第一次工业革命,没有第二次工业革命,没有信息革命等,就不能满足人类不断发展的需要。

可以肯定,先进制造、光电子制造、纳米制造、生物制造等,必将导致人类生产、生活、思维、社会的更深刻的革命与变化。从这个意义上讲,没有制造,没有工具制造,没有装备制造,没有机床制造,就没有人类的过去、今天与未来。

制造、制造科技,为人所创造和创新(包括发现、发明、改进),为人所使用(包括操作),最终会以这种或那种方式作用于人(包括服务)。所谓这种或那种方式的“作用”,可以作用于人与自然环境的关系,或作用于社会内部的人际关系,或作用于制造过程中的有关人员,或作用于用户。为什么创,为什么用,怎么创,怎么用,创得怎样,用得怎样,往往不取决于制造、科学技术本身,制造、制造科技的最终价值如何,往往也不取决于制造、科学技术本身,而往往取决于能否合宜“创”,恰当“用”,并使之正确服务于人。

随着科学技术的迅猛发展和工业革命的伟大胜利，人类以为可以依靠科学技术、凭着制造手段，创造各种工具与方法，战胜自然、征服自然、驾驭自然、奴役自然，满足人类无止增长的欲望，成为自然界的主宰。然而，“福兮祸所伏”，战胜堪忧，征服未成，自然界正在严重报复与惩罚人类，人类正在自食其果，人类社会面临着难以持续发展的困境，甚至面临着严重灾难。

早在 1992 年，国际上 1575 位科学家就联合发表了一个题为《世界科学家对人类的警告》的宣言。宣言一开始就尖锐地指出，人类与自然正走上一条相互抵触的道路。诚然，人类大不同于其他生物。人类创造出了自然界中从未有过的万事万物，认识到了自然界中的无比奥妙，展示着作为“万物之灵”的伟大智慧。人类绝不是自然界可以任意奴役的奴隶。正如《老子》所讲，“道大，天大，地大，人亦大。域中有四大，而人居其一焉”。但是，人类绝对不能任意“改造”、驱使、奴役、宰割自然界，绝不能把文艺上的夸张当成现实中可以实现的事实，人类只能是也只应是自然界、生物界中具有自觉的主动性与高度的创造性的有机组成部分。宋代程颐讲得多么深刻：“安有知人道而不知有天道者乎？道，一也！岂人道自是一道，天道自是一道？”朱熹讲得更透彻：“天即人，人即天。人之始生，得于天也；即生此人，则天又在人矣。”人与自然不可分割，人能不断深刻认识自然，积极主动顺应自然，合宜恰当利用自然，能全面协调按客观规律，“制天命而用之”，适度地改造相应的自然，促使人与自然更加有机融合，更加和谐地共生。这就是我国一贯主张的“天人合一”思想的核心。

2001 年诺贝尔化学奖得主日本科学家野依良治 2007 年 3 月在北京的一次学术研讨会上明确指出：科技给人类带来巨大的利益，但也带来了巨大的伤害。他告诫说：人们的价值观不改变，就将面临灾难。他认为，科学与人文以及社会科学应该成为一个统一体系，才可摆脱这一困境。他讲的是人的价值观的问题，是需要与培养什么人的问题，怎样培养人的问题。众所周知，我国制造业的发展给我国社会进步创立了强大的物质基础，给我国人民带来了巨大的财富，但与此同时也付出了重大的环境代价与资源代价，甚至是重大的历史文物代价与社会道德代价！2007 年中国科学技术协会年会上有专家讲得多么透彻：节能减排，与其讲关键在于科技，不如讲根本在于制定与执行有关政策与措施的人。一切的要害就在于有关人员要真正贯彻与落实科学发展观。

“解铃还需系铃人。”制造、工业、科技带来了不可持续发展的严重危机，解决这一严重危机的办法不是倒退，倒退到工业革命以前去。倒退是没有出路的，还是要靠发展，靠深入技术革命、推进科技发展、实现科技发展的人，靠人以相应的更好的科学技术包括制造技术来解决这一危机，并推动社会的可持续发展。

从制造的发展简史和工业、科技的发展历程，可以清楚地看到，制造、工业、科技的发展，一方面带来了“效益化”，直接服务于产品生产过程及其各有关环节，提高了制造的生产力与生产水平，另一方面带来了“人性化”，直接服务于与产品有关的参加者的身心需要，核心同强化人文关怀有关。但是，这两个方面的服务往往是矛盾的，即科技有着双刃剑的作用，它使这两方面既相互促进，又使彼此抵触，特别是“效益化”的反“人性化”，这一反“人性化”的结果最终导致反“效益化”，使得制造、工业、科技不能持续发展，社会也不能持续发展。反“人性化”突出表现在两个方面：第一，导致与自然环境不和谐（如环境污染、生态失衡、资源枯竭等）；第二，导致人际关系不和谐（如恶化劳动现场、强化劳动强度、加剧社会矛盾等）。

显然，制造的发展必须坚持“以人为本”，即必须以“人性化”为主；不但要服务于“效益化”，提高生产力与生产水平，更要服务于“人性化”，强化人文关怀。路甬祥同志认为：“数百年来，以产品为中心的制造业正在向服务增值扩展延伸。由向客户提供物质形态产品，卖机器、卖零件，制造业的结构以产品为中心等转向包括越来越多非物质形态的服务，卖设计、卖系统解决方案，卖服务支持，以提供产品和增值服务为中心。这是制造业的历史性发展和进步，是制造业走向高级化的重要标志。”即制造必须而且也正在走向“以人为本”的“制造——服务”一体化的制造。

可以认为，在制造业中树立“以人为本”走向“制造——服务”一体化的现代制造的新的发展观念，就是要调动人在构思与设计、加工、营销与使用以及服务、检测与管理，乃至在制造各方面各环节上的聪明与智慧、主动性与创造性，积极创造人性化的技术，合理使用这种人性化的技术，正确、全局地、长远地处理好其同各有关方面的关系，使之真正服务于人类，谋求社会的可持续发展。“以人为本，不仅是发展为了人，而且发展也必须依靠人。”毫无疑问，教育、培训占有极为重要的地位。事实已清楚表明：在科技高度发达并迅猛发展的今天，企业的竞争、制造业的竞争，关键在于科学技术，基础在于企业人文文化，焦点在于人才，在于人才的教育，在于能否营造一种文化环境、一种制度环境与一种政策环境，尊重人，关心人，爱护人，吸引人，团结人，培养人。充分鼓励、开拓与发挥人的巨大创造性的潜力，使得社会能拥有大批高素质人才，并使他们能树立远大理想，饱含人文关怀，深具开阔视野，富有创新激情，深怀忧患意识，具备实施能力，长于团结他人，善于自主决策，及时不断学习，并能在制造相应的过程中、环节上充分发挥其聪明才智，在建设中国特色社会主义、实现制造业与制造技术的跨越发展的伟大事业中，以天下为己任，充分实现个人自我价值。可以认为，这就是制造业中的“以人为本”，这就是制造业坚持科学发展新观念的核心。

总之，在科学技术高度发达与高速发展的今天，在先进制造技术迅速发展的今天，应深刻了解：先进制造技术如同一切先进技术一样，是不可能不“以人为本”的，不能只见“物”、不见“人”，只见“技术”、不见“文化”、不见“精神”；离开人，离开人文，离开人的精神，先进技术就失去了“灵魂”，只是一个空躯壳，甚至造祸于民。进一步而言，要“以人为本”，就必须“教育先行”，就必须通过各种形式的教育，培养出合乎时代潮流与我国国情的制造业的科技人才与管理人才。人才是根本，教育是基础。根本如无，树凋木枯；基础不牢，地动山摇；根本深固，树荣木绿；基础坚牢，大厦凌霄。要从根本、从长远着想。有了人，有了人才，有了拔尖创新的人才，才可能拥有真正的实力，才可能真正实现自主创新；没了人，丢失了人才，就会丧失一切，“人是生产力中最具有决定性的力量”。国力的竞争，归根结底，在于高素质的人才的竞争，制造业自不例外。

参考文献

[1] 中国工程院《新世纪如何提高和发展我国制造业》课题组. 新世纪的中国制造业[N]. 经济日报，2002-7-4.
[2] 雷源忠，雒建斌，丁汉，等. 先进电子制造中的重要科学问题[J]. 中国科学基金，2002，16(4)：204-209.
[3] 宋健. 制造业与现代化[J]. 机械工程学报，2002，38(12)：1-9.
[4] 杨叔子，熊有伦. 重视制造科学的研究[J]. 科学时报，1999-7-14.
[5] 杨叔子，吴波. 先进制造技术及其发展趋势[J]. 机械工程学报，2003，39(10)：73-78.
[6] 杨叔子，吴波，李斌. 再论先进制造技术及其发展趋势[J]. 机械工程学报，2006，42(1)：1-5.
[7] 杨叔子. 知识经济·高新科技·历史责任[J]. 中国机械工程，1999，10(3)：241-246.
[8] 路甬祥. 坚持科学发展，推进制造业的历史性跨越[J]. 机械工程学报，2007，43(11)：1-6.
[9] 杨叔子，史铁林. 以人为本——树立制造业发展的新观念[J]. 机械工程学报，2008，44(7)：1-5.

数字化设计技术导论

陈立平

中国改革开放已历 30 余年，取得了举世瞩目的成就。然而以低成本劳动力为优势，牺牲资源、过度依赖出口的经济增长模式面临挑战；粗放式的经济发展亟待向内涵式经济发展方式转变。自主创新成为当今中国发展的主旋律，先进的设计技术是支撑自主创新的重要技术手段。

目前我国已成为制造大国，但与世界制造强国相比，制造业自主创新能力存在明显差距，致使我国在国际制造业分工中处于不利地位。欲实现向制造业强国的战略转变，提高我国综合国力，必须全面提升制造业的自主创新能力。

制造业竞争力的关键在于创新，设计是创新的灵魂，先进的设计理论、方法和手段是发展我国先进制造技术的关键。随着以结构设计为主的计算机辅助设计技术的普及，我国制造业的核心竞争力逐步得到提升，但与发达国家相比，我国制造业的创新设计能力仍处于弱势地位，尤其在理论、方法和技术层面上均存在较大的差距，缺乏针对复杂机电产品的建模、分析、优化和协同管理能力，具体体现如下。

(1) 产品设计以逆向设计为主，创新设计能力弱于制造能力。

(2) 整机设计能力弱于零部件设计能力。

(3) 复杂机电产品设计能力弱于单纯机械产品设计能力。

(4) 缺乏系统的先进设计理论、方法和相关技术支撑，多“形似”、少“神似”。

(5) 产品开发以传统常规设计方法为主，缺乏鲁棒性设计、优化设计手段。

(6) 缺乏数据、经验、知识的积累和重用，需要相应的技术支撑平台。

20 世纪 50 年代以来，计算机技术的迅速发展，为工程设计、分析和优化技术带来了全面的变革。计算机硬件、计算技术、应用数学、力学、计算机图形学、软件技术等的不断结合与融合，推动着设计理念、理论、方法、技术乃至工具的进步，设计理论研究、新技术应用空前繁荣。

20 世纪 90 年代以前以 C3P(CAD/CAE/CAM/PDM)为代表的计算机辅助设计工具 CAX 软件在工业界得到广泛普及，产生了巨大的经济效益和社会效益，“数字化”作为显著的时代技术特征初露端倪。C3P 首次用计算机取代人完成产品开发过程中机械、烦琐、重复的绘图、计算和例程管理等工作，大大提高了产品开发效率，但由于学科的融合度较低，各类设计工具更多地表现为单一学科技术的软件化，其相互集成亦是以软件接口，实现所谓的数据集成或信息集成，因此，以C3P为代表的计算机辅助设计工具对更高层次的设计活动如综合分析、系统优化设计乃至创新设计缺乏有效的可操作的支持。

针对这些不足，20世纪90年代中期以来，计算机辅助设计更多地强调了基于多体系统(multibody system)的复杂机械产品系统动态设计、基于多学科协同(multi-disciplines colaberative)集成框架的优化设计、基于本构融合的多领域物理建模(multi-domain physical modeling)及可重用机、电、液、控数字化功能样机的分析、研究与开发，并逐步形成新一代技术和平台工具。在设计管理方面，产品数据管理(product data management)向产品全生命周期拓延，已形成产品全生命周期管理(PLM)技术，上述技术特征可归结为M3P。可以说，多学科、多领域的融合与渗透是21世纪计算机辅助产品开发技术发展的主线，M3P已成为当前技术研究、开发和应用的时代特征。

日趋复杂的现代机电产品广泛涉及航空航天、机电制造、能源和交通等重要行业，如飞机、电力机车、混合动力汽车等，通常是集机械、电子、液压、控制等多领域物理子系统于一体的复杂大系统，多领域物理耦合和连续-离散混合的特性是其本构描述的基本特征。因此，复杂机电产品的创新从理论、方法和技术工具三个层面对设计学提出了新的挑战。必须从复杂系统的角度，审视现代机电产品的物理本构特性，探索面向复杂机电产品的先进设计理论，形成系统化、规范化的设计理论及方法，为新一代数字化设计提供技术支撑。

把握数字化设计技术的发展规律和方向，需要全面考察、分析相关领域技术的发展，以总体领悟数字化设计的发展规律。

2.1　数字化设计技术解构

2.1.1　数字化设计简述

把握数字化设计的发展规律，既要了解信息技术的发展，又要了解现代设计学的总廓。“数字化”是信息时代社会化的技术特征，信息时代的现代设计即数字化设计。需求创新不断丰富着现代设计学的内涵，信息技术的快速发展推动了现代设计技术的创新与发展，但是建模、分析(仿真)、优化以及协同管理是不断发展的数字化设计技术永恒不变的主题。

与力学、电学等基础学科不同，现代设计学的特点在于其综合性，因此现代设计学作为工程学科的方法论，对其给出权威的学术性严谨的科学定义是很困难的。相反，通过若干侧面考察其特征，有助于全面理解其内涵。

(1) 综合性　它是面向需求、综合应用基础学科发展成果的工程技术方法学。

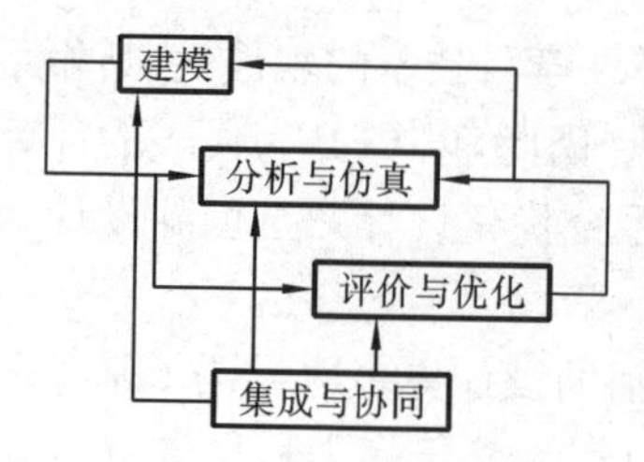

图 2.1　数字化设计的步骤与流程

在机械工程学科的研究中经常出现一种有趣的现象，当我们专注于某一专门问题研究时，常常会进入一个专门学科，如材料学、力学、几何学、电磁学、控制工程学等，因此从事机械工程研究与实践往往需要不断地学习所涉及的相关学科。机械工程的学科综合性使得机械工程专业口径宽、适应性强，所以机械工程专业被称为“万金油”专业。

(2) 多样性　由于不同行业、不同领域产品需求、功能的差异性，相关的设计理论、方法势必融入行业、领域的业务，这一特点使得现代设计学呈现出多样性。

(3) 协同性　现代复杂产品开发往往是通过团队协作完成的，在传统的设计学研究中，对协同性重视不足，随着计算机技术的发展，协同性成为当今数字化设计研究的重要课题。

(4) 集成性　复杂机电产品是现代设计学的重点研究对象，从系统论的角度来看，机电产品是由多领域(如机、电、液、控、热等领域)物理功能部件的组合而成的，即模型集成。因此当前功能模型的表达、集成、分析与优化成为现代设计学研究的热点。

图 2.1 所示为数字化设计的步骤与流程。建模是数字化设计技术的重要步骤，大致分为两类：几何(结构)建模和功能建模。前者系二维绘图、三维实体造型，即传统的计算机辅助设计技术；后者是基于物理本构，建立能表达对象功能、性能的模型，如位移、速度、加速度，力、应力、应变，流量、压力，电流、电压等特性参数。从数学上看，前者处于纯粹的几何空间，后者处于多维的状态空间。

建模特别是功能建模的实质是将对象的物理特性映射为数学问题：一组数学方程，分析与仿真的内核即是方程的求解，虽然工程的数学描述文件庞大、内容复杂，但在数学形式上是可以穷举的，如代数方程、微分方程、偏微分方程、离散方程及其组合，所以大规模、稳健、快速的数学求解是数字化设计基础关键的共性技术。设计的最终目的是优化，建模、分析是优化设计的基础。数字化设计发展必然不断出现各类优化设计技术，如参数优化、尺寸优化、形状优化、拓扑优化等。

数字化设计技术是现代设计学的使能技术，是工程设计学、应用数学、软件技术和信息科学等多学科交叉融合的产物。它必定要承载现代设计学的理念、方法，通过数学过程，以软件为存在形式，面向广泛应用，提升设计的自动化、集成化和智能化的能力与水平。虽然数字化设计在行业领域应用时经常需要结合领域的业务知识，但不宜将这种结合视为融合，领域的专门知识是数字化设计需要支撑的内容。从工具层面理解，理想的数字化设计技术平台当如柔性加工中心，而非专用机床。数字化设计技术是工业产品设计与创新的重要基础支撑技术。

2.1.2　IT技术的发展对数字化设计技术影响

工程技术是多学科综合技术，有明显的时代性，数字化设计是以计算机为载体、以IT应用为表现形式的关于工程设计的技术，IT技术的发展必将推动数字化设计技术的发展，为此有必要从IT技术的时代性考察数字化设计的发展趋势。

自20世纪50年代以来，计算机技术的迅速发展，以前所未有的方式不断地推动社会基础技术的进步。计算机技术的发展可以用4I概括，即交互(interactive)、智能(intelligence)、集成(integration)和互联网(internet)，这4个I可大致对应计算机技术发展的四个阶段。20世纪50至60年代，计算科学的研究重点之一是提高计算机的易用性，因此"交互性"在此阶段出现的频度很高，并影响了相关技术的发展，如同时期的交互式绘图技术、虚拟现实技术等；20世纪60至70年代是人工智能研究的高峰期，即第二个I出现；20世纪70至80年代计算机硬件领域的大规模、超大规模集成电路以及软件领域的信息集成研究，使得"集成"成为那个时期的技术特征；之后的互联网乃至物联网时代，计算机技术彻底影响并改变了人类的生活方式和思维方式。计算机技术的发展在不同的阶段也影响了现代设计学与技术的研究，如交互式设计、智能设计、集成设计、计算机集成制造系统、基于互联网的协同设计等。

IT技术在经历了PC时代、Windows时代、Internet时代后，已步入嵌入式时代，甚至物联网时代——所谓软件无处不在，芯片无处不在，软、硬件高度集成的时代。IT各技术时代均有其显著的技术特征和时代标签。

通过考察美国AutoDesk公司的AutoCAD的发展历程，可以窥见IT技术推动数字化设计技术发展之一斑。早在20世纪80年代初，与当时众多的二维CAD软件一样，AutoCAD只是微机DOS平台下的交互式二维电子绘图板，在集成化、智能化设计需求的驱动下，AutoCAD较早嵌入了曾经被誉为人工智能语言的LISP，形成其宿主语言AutoLISP，用户可以根据自身业务需要，开发相应的应用模块，如特定产品的参数化绘图等，使得AutoCAD从当时的诸多二维绘图系统中脱颖而出，在工业界得到迅速普及。而后随着C语言的发展和普及，AutoCAD在20世纪80年代末引入以C语言为宿主语言的二次开发技术ADS，进一步提升了平台的开放性，工程领域专业人员采用ADS技术，开发了大量的专业应用，AutoCAD开始从二维交互式绘图系统发展成为支持二维应用的通用平台。20世纪90年代初Windows操作平台出现，面向对象的设计、编程和软件架构技术成为新的技术制高点，AutoDesk公司再次把握了IT技术时代发展的机遇，采用面向对象技术重构了平台架构，以C++为宿主语言，推出面向对象运行时开发技术ObjectARX(object AutoCAD runtime extension)，至此AutoCAD以其良好开放性和集成性成为功能强大的通用软件平台，AutoDesk公司也因此成为跻身国际十大软件公司的唯一的工程软件公司。ObjectARX具备完整的面向对象特征，是非IT专业人员学习、掌握C++技术的良好范本。

“资源可重用、系统可重构”是嵌入式时代 IT 技术的重要理念标签，IT 界围绕这一理念开展了具有时代特征的新技术研究与应用，如面向服务（业务、模型）的架构 SOA（services oriented architecture）、模型驱动的设计（MDD）、模型驱动的代码自动生成技术等。在嵌入式时代，机电产品的系统复杂性进一步提高，表现为机、电、液、控等多领域的高度集成与融合，复杂机电产品的创新亟待新理念、新方法和新技术手段的出现。

2.1.3 人工智能与数字化设计

作为计算机科学的重要分支，人工智能（AI）是软件技术发展的理论基础。人工智能力图通过符号计算，实现陈述式描述的人工系统（包括问题、约束、规则等）的自动演绎、推理和求解。

人工智能系统应当具有以下技术特点：陈述式、自适应、自组织、自学习。对于人工生命，还应当包括自复制，比如病毒程序。在计算机科学中，陈述式（declarative）机制和过程式（procedural）机制是两类相对应的表达机制。前者仅描述事实和规则，无关计算机的执行序列，强调基于客观事实的自动推理求解；后者则相反，依赖算法式的规程实现问题的求解，其实质是计算机执行指令集。陈述式的理论基础为一阶逻辑谓词和约束满足问题。因此在计算机领域，围绕规则的陈述式表达研究出现了逻辑谓词语言，如 LISP、Prolog 等，围绕约束问题的陈述式表达研究出现了基于方程的语言，如 VHDL-AMS、Modelica 等。在 20 世纪 70 至 80 年代，人工智能研究以通用问题求解器（GPS，general problem solver）为命题，开展了大量理论和应用研究，许多领域专家系统（ES，expert system）都是以逻辑谓词语言为宿主语言，如日本在其智能计算机研究计划中甚至明确以 Prolog 为操作系统宿主语言。虽然通用问题求解研究并未取得可与人脑智能媲美的理论突破，但其派生的技术成果却推动了软件技术的发展，使得软件更加智能化。

过程式表达语言在相当长的时期内占据了计算机程序语言的主导地位。从机器语言、汇编语言、高级语言、结构化到面向对象的 C++语言和 Java 语言均属此类。陈述式表达被认为更接近智能技术，因而陈述式表达和过程式表达成为考量一个系统是否更灵巧的基本度量。

按照人工智能研究的观点，设计问题本质上是一个约束满足问题（CSP，constraint satisfaction problem），即给定功能、结构、材料及制造等方面的约束描述，求得设计对象的细节，所以引入人工智能新技术是不断地提高数字化、设计的自动化与智能化水平的重要技术手段。

CAD 原意为计算机辅助设计（computer aided-design），其具有丰富的内涵。尽管首先提出 CAD 概念的美国学者 Sutherland 在其具有里程碑意义的 Sketchpad 研究中已经将计算机辅助设计定位于约束满足问题，但由于 CAD 技术是以计算机辅助二维绘图、三维造型工具在工业界得到普及的，在“先入为主”的传统思维的惯性作用下，当下 CAD 软件的设计属性被淡化，而更多地被定义为计算机辅助绘图(computer aided-drafting)，被认为是成熟技术，甚至在学术研究领域也有一种观点，认为 CAD 技术已经定型，难以创新。数字化设计技术和软件是工业领域的基础技术和工具，也是一类装备，如同我们不能将中国的制造业建筑在完全依赖国外装备的基础之上，结合当今中国制造向中国创造战略转变的现实需要，发展自主的数字化设计技术与软件具有重要的现实意义。

2.1.4　产品集成协同开发的解构

1. 集成与协同

产品集成与协同开发是信息时代的现代设计学中重要且长期的研究课题。由于集成与协同本身带有综合抽象的色彩，有必要从方法论的角度对其进行深入分析和解构。

集成(integration)在传统的设计方法学中是鲜见的，其出现和设计学和计算机技术的发展有关。在数字化设计的相关文献中，“集成”与“协同”是出现频度很高的术语。在一段时期内，现代设计技术研究对“集成”简单地采取了拿来主义，形成了集成即信息集成的思维定式；对于“协同”的理解也存在片面性，出现协同的场合必谈网络，似乎唯有网络方能实现“协同”。

上述认知观念未能从设计学的对象——产品的内在机理发掘集成与协同的依据和内涵，为此有必要给出更全面、客观的诠释。

(1) 虽然集成与协同经常伴生出现，但它们是不同的两个概念。集成是一种客观存在，与人无关。

(2) 集成是可分解的，如子系统、子模块、零部件等。

(3) 集成是工程领域的基本方法，并非源于信息技术。

(4) 复杂产品是由不同功能元(部)器件组合而成的，而产品是模型集成。

(5) 模型集成不等于信息集成，模型的内涵和表现形式均高于信息。

(6) 模型集成的科学依据是广义基尔霍夫第一、第二定理。

(7) 协同有动态和静态两个属性。“协”刻画其动态特性，即团队、群体间的协作；“同”描述其静态属性，“同”即是一种约定、协议或标准，如互联网的 TCP/IP 协议，机械工程中的各类互换标准等。

2. 产品集成协同开发的组成与机理

为了更详细地了解数字化设计的内涵，这里基于北方交通大学查建中教授提出的 3V 设计空间描述方法，尝试深入地解构产品集成协同开发的组成与机理。

1) 产品开发的三维空间

产品开发可用以设计对象、设计方法、设计进程构成的三维空间来表述，三个坐标轴均嵌入一个子空间——域，分别为对象域、方法域、进程域，如图 2.2 所示。

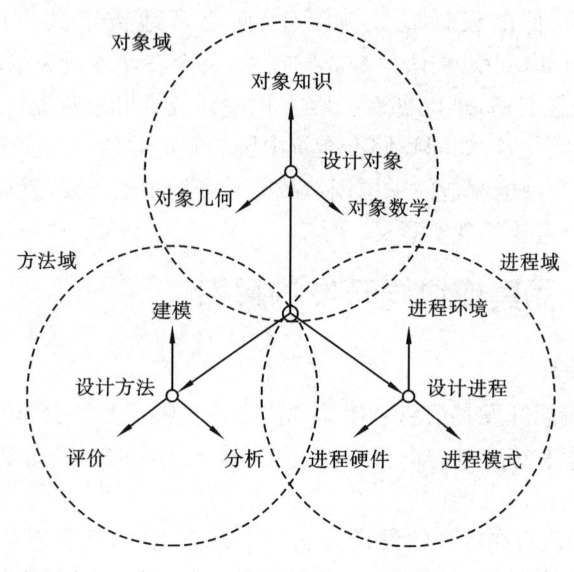

图 2.2　产品开发的空间表述

(1) 对象域　由对象知识、对象数学、对象几何构成，其活动的主体是工程领域专家和技术专业人员，面向需求，与工程行业领域相关。

(2) 方法域　由建模、分析、评价构成，其活动的主体是基础学科的专家，如计算力学、计算数学、软件专业的研究人员，其工作的主要目标是为工程问题提供基础的、共性的理论、方法和手段。

(3) 进程域　由进程环境、进程硬件、进程模式构成，其活动的主体是信息技术领域的专家。

在数字化设计技术体系中，方法域和进程域的内容和研究属于基础支撑层面，这里不展开介绍。

从上述三个域及域间的相互作用，可以梳理出产品集成协同开发的七个方面。

(1) 集成〈对象域〉　以领域专家为主，面向行业需求实现各专业知识的积累、共享和重用，几何模型与知识模型的融合，知识模型的数学映射。

(2) 集成〈方法，工具〉　以基础科学(如数学)专家为主，以 IT 为手段，实现基础理论工具化；面向工程应用，实现工具间数据集成。

(3) 进程协同集成　以系统动力学为基础，以 IT 技术为手段，面向企业及企业间，实现各类业务过程(进程)的有效协同与集成。为适应不同企业、不同进程模式，在进程协同中必须重视架构，面向服务的架构(SOA)已成为当今数字化设计领域内研究的热点。

(4) 集成〈知识，工具〉　着重解决在通用工具平台中嵌入知识的问题，使工具更加智能化，知识自动生成专业工具。

(5) 集成〈工具，进程〉　基于数据库和工作流等技术，将工具及其数据集成应用，如产品数据管理技术等。

(6) 集成〈知识，进程〉　如何在企业乃至企业间产品研发的过程中有效地发现知识、共享知识、重用知识以及管理知识，是知识工程关键的使能技术，是理论探索的重要课题。

(7) 集成〈知识，工具、进程〉　终极目标，物联网时代需要全面审视研究域间的协同集成。

三个域之间的相互作用、集成乃至融合的过程是现代设计理论与技术不断发展的过程。

2) 对象域

对象域直接与工程应用相关，是数字化设计技术体系的重要组成部分。知识及知识处理(知识发现、知识表达、知识共享、知识重用等)是对象域的主要研究内容。由于知识是一个既具体又抽象的概念，内涵丰富、外延广阔，这里首先将与领域无关的共性知识——对象几何、对象数学单列抽出，将余下的与具体领域、行业、产品相关的知识总括为对象知识。对象域的结构如图 2.3 所示。

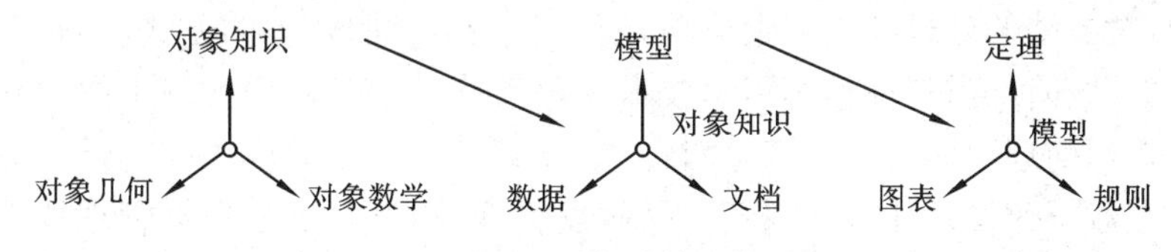

图 2.3　对象域的结构

(1) 对象几何：对象几何以实体的几何表达 NURBS 和几何布尔运算为标志。对象的几何表达运算已形成可满足工程界需求的完备体系，这里不再赘述。

(2) 对象数学：科学研究的模式大致为发现问题，弄清机理，通过建立一套简捷的符号形式——数学描述，再现机理。

数学是所有工程技术学科的基础。方法论大师笛卡儿在其著作《思维的法则》里，提出了一个大胆设想："一切问题可以化为数学问题，一切数学问题可以化为代数问题，一切代数问题可以化为方程求解问题。"在现代设计学研究中，不必也不可能涉及所有不同领域对象的具体数学描述，具体的数学描述是各领域研究的内容，但从了解、发展产品集成协同开发技术的角度出发，需要对工程技术领域的数学基本形式有所把握。

目前在工程技术领域所涉及的数学形式大致如下。

(1) 代数方程(AE，algebraic equation)　如牛顿第二定理、机构运动学方程，以及在机械工程中大量的传统的计算公式等。

(2) 微分方程(DE，differential equation)　如牛顿第一定理、质点系振动方程等。

(3) 偏微分方程(PDE，partial differential equation)　在实际工程问题中，存在大量与连续空间相关的各类物理场问题，如应力-应变场、热扩散、流场、电磁场等，其本构均表现为偏微分方程形式。

(4) 离散事件方程　复杂机电装备产品是多学科功能器件的综合集成,既有连续变化的过程,如机构的运动,又有离散事件的发生,如开关状态的切换,因此,复杂机电装备系统通常为连续-离散混合的非线性动态系统。

复杂机电动态系统的数学描述不是单一的方程形式所能实现的,需要上述方程的联立组合,如多体系统动力学需要将代数与微分方程(algebraic and differential equations)联立组合,形成专门的微分代数方程(DAE)问题。

3) 对象知识

对象知识可进一步解构为〈数据(data),文档(document),模型(model)〉。

无论是科学研究还是工程技术的实现,都是从定性到定量的过程。数据是定量的基本单位,各类程序设计语言对数据均有完备的表达形式,而对大规模数据的存储管理的研究,形成了 IT 技术的重要分支——数据库技术。目前商用的数据库管理技术主要为关系数据库,国际上主要有 Oracle 和微软的 SQL server,国内有华中科技大学冯玉才教授团队研发的达梦数据库,其在国内重要领域获得了成功应用。

文档是人类记录知识、传承知识、学习知识的主要手段,如书籍。在计算机技术的发展中,对文档的处理获得巨大成功,改变了人类获取知识的方式,如基于搜索引擎技术的谷歌和百度,目前搜索引擎技术仅限于符号(文字)级。基于图像和图形的搜索技术是当前理论研究的热点,该技术的突破将进一步改变人类的学习方式。文档的处理在数字化设计体系中属于产品研发管理技术,是产品数据管理技术的基本管理功能。

在数字化设计技术中,区别于静态的几何数据和文档数据,模型是一类表现形式更加结构化的知识,特指产品的功能与行为描述,工程上通常以〈定理,规则,图表〉描述产品的功能与行为。对于理想电阻,欧姆定理确定了参数(电阻值)、变量(电流 i、电压 V)之间的关系;对于二极管、热敏电阻、离合器等器件,需要用规则的形式描述功能行为;对于一些复杂的功能部件如内燃机,很难用定理、规则直接描述,通常通过实验获取,表现形式为图表。由上述分析可见,模型的表达模式如图 2.4 所示。

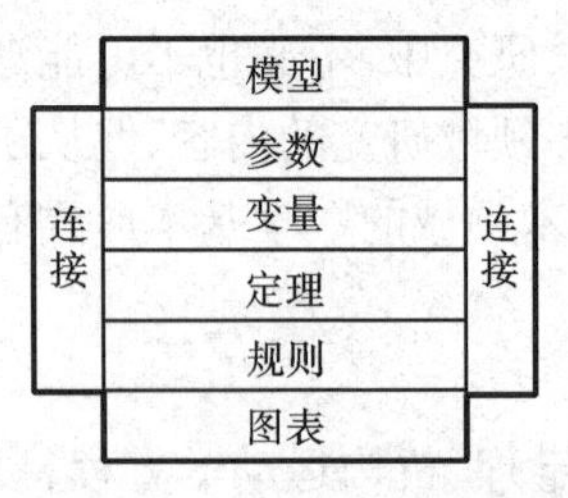

图 2.4　模型表达的形式

模型集成是通过连接(connectors)实现的,连接是一类特殊的模型。与信息集成中的接口(interface)不同,接口是人为的,用于程序、模块之间的信息(如数据、参数等)传递,仅在逻辑上存在,物理上并不存在。而连接是一种物理存在,如机械的法兰、液压的管接头、电子元器件的引脚等,有明确的物理意义,可以理解为机电系统内能量传递的端口(port)。

模型集成(连接)的科学依据是基尔霍夫第一、第二定理,即系统节点的势函数相等;流经节点的流函数之和等于零。基尔霍夫定理具有普适性,适用于机、电、液、热、化学等诸多物理领域,可以视为模型集成的互联定理,为多领域物理统一建模提供了理论保证。常见物理领域的势函数和流函数如表 2.1 所示。

表 2.1 常见物理领域的势函数和流函数

领域	势函数		流函数	
	符号	物理量	符号	物理量
电子	V	电压	i	电流
平移机械	s	位移	f	力
转动机械	φ	角度	τ	转矩
流体液压	p	压强	$\dot{V}$	流速
热力学	T	温度	$\dot{Q}$	热流速
化学	μ	化学势	$\dot{N}$	质点流速

2.2 几何建模技术的现状与发展

2.2.1 技术现状

以计算几何为基础的计算机辅助设计技术经过近五十年的发展，在工业界得到了全面普及，被誉为20世纪十大工程技术成就。

计算机辅助设计技术大致经历了几何建模、实体建模和参数化特征建模等技术阶段，形成了特有的技术：几何引擎（ACIS，parasolid）、几何约束引擎（D-cubed）、显示引擎（hoops）、特征编码技术等，这些技术通常由专业技术团队和公司长期维护，得到了稳定发展，形成专业化组件，为CAD系统研究和开发提供了良好的技术支撑。但正因为如此，目前商用CAD系统出现技术同质化趋势，用户选用CAD系统更多的是考虑厂商的实力和所处行业的协作需求。因此，若无里程碑式的技术创新，在现有的技术架构下开发通用CAD系统困难重重。

从产品设计整体需求考察现有的计算机辅助设计技术，可以归纳出其有以下不足。

(1) 强于几何设计，弱于功能设计，无论二维CAD软件和三维CAD软件均属绘图工具，还不能为产品功能设计提供更多的辅助手段。

(2) 强于信息集成，弱于模型集成，除提供几何模型外，在产品功能建模和性能优化方面缺乏辅助能力。

Samuel Geisberg在1985年组建PTC公司（Parameter Technology Company），并于1987年11月推出三维参数化特征造型系统Pro/E，引起轰动，其基于基准面参数化草图扫成方法的实体建模方式，迅速被工业界接受，自此三维计算机辅助设计技术开始普及。

经过二十多年的发展，以计算机辅助设计技术为基础，基本形成了二、三维通用设计平台，其中二维平台的主要产品有AutoCAD、Microstation等，三维平台的主要产品有 Catia、Pro/E、UG、SolidWorks、SolidEdge、Inventor 等，如图 2.5 所示。

<table>
<tr><td rowspan="2">机构与系统</td><td rowspan="2">Integraph
CV</td><td>三维</td><td>UGS：UG
DS：CATIA
PTC：PRO/E
SDRC：ideas
…</td><td rowspan="2">2D/3D windows化
CATIA v5 Solidworks
UG SoildEdge
PTC Pro/E
Microstation Modeler
AutoCAD Inventor</td><td rowspan="2">智能协同</td></tr>
<tr><td>二维</td><td>Bently：microstation
Autodesk:AutoCAD
…</td></tr>
<tr><td>平台</td><td>UNIX</td><td colspan="2">UNIX DOS；工作站 PC</td><td colspan="2">Internet1,Windows,个人工作站</td></tr>
<tr><td>技术创新</td><td>NURBS
几何布尔运算</td><td colspan="2">几何约束求解与参数化技术</td><td>VGX：
同步建模技术</td><td>知识件
普适计算
数字化功能样机</td></tr>
<tr><td></td><td>1985年以前</td><td colspan="2">1985—2000年</td><td>2000—2005年</td><td>2005年至今</td></tr>
</table>

图 2.5　CAD 技术的发展

三维参数化特征造型技术的出现在计算机辅助设计技术发展史上具有里程碑意义，这一技术可以说是独领风骚 20 年。但从 IT 技术发展的“推陈出新”普遍规律来看，一项技术 20 年不变，意味着停滞。

事实上，随着应用的深入普及，以 Pro/E 为代表的基于历史过程记录的三维参数化特征造型技术的问题逐步暴露出来。

(1) 束缚于参数化过程，工程师主要精力耗于过程式参数化技术造型中。

(2) 模型的修改必须符合参数造型规则，模型重构的灵活性受到限制，全参数化复杂模型的构建很复杂，难度大，参数修改模型重构经常失败。

(3) 由于必须记录造型的过程，导致模型文件庞杂，对于相同的零件，工程师以不同造型方式产生的模型差异很大。

(4) 三维平台的造型历史过程记录被厂家视为核心机密，无法公开，导致模型的跨平台协同设计非常困难，只能以中性文件格式如 IGES 在不同平台之间交换模型，由于丢失了历史过程，致使这些模型无法修改、重用。

2.2.2　与过程无关的计算机辅助设计技术

以过程记录为根本特征的三维参数化特征造型技术推动了计算机辅助设计技术的发展和普及，但同时也制约着三维建模技术与应用的创新。

实际上早在 20 世纪 90 年代，CAD 软件制造商就已经意识到过程式造型技术的局限性。美国结构动力学研究公司 SDRC 制定了变量几何拓展(VGX，variational geometry extended)计划，试图将二维草图陈述式参数化技术拓展至三维，以实现与过程无关的三维特征参数化造型。这是一个打破沉闷、令人振奋的计划，但是此计划尚未实现，SDRC 就于 2001 年并入 UGS，计划的实施受到影响。所幸的是，2008 年 UGS. SolidEdge v18 推出同步建模技术，终于实现了 VGX 的技术目标。德国

CoCreate公司也于20世纪初推出了与过程无关的造型系统OneSpace，在电子制造行业获得成功。2000年，SolidWorks公司的一批技术精英认识到现有计算机辅助设计软件的局限性，在风险投资的支持下，开发出Spaceclaim。

与过程无关的参数化造型(也称直接建模或同步建模)技术有利于提高计算机辅助设计模型的重用性和系统的易用性，是计算机辅助设计技术发展的又一个里程碑，是计算机辅助设计技术的新的制高点。可以预见，新技术的出现将引发新一轮计算机辅助设计技术的应用和普及。未来计算机辅助设计技术及其应用的发展趋势如下。

1. 轻量化、灵巧化

(1) 轻量化　现有的计算机辅助设计系统庞大，模型沉重；与过程无关的CAD系统结构简单，模型轻便，设计计算量至少为现有技术的1/20，便于网络传输和协同工作。

(2) 灵巧化　现有CAD系统使用繁复，难学难用，运行消耗大；与过程无关的CAD系统秉承Windows理念——所见即所得，几乎不用专门培训。

2. 模型可重用，跨平台

现有的CAD软件之间模型的互用性差，模型依赖平台，与工业的分工协作相悖。与过程无关的计算机辅助设计建模技术大大弱化了模型与平台的相关性。此类CAD软件可以从其他平台“拷贝”、“粘贴”三维特征，用于再设计。

3. 向下游拓展延伸

以Pro/E为代表的与过程相关的计算机辅助设计建模技术的技术特色是参数化特征造型技术，而其特征概念来源于加工制造领域，但在计算机辅助设计技术的发展过程中，特征未能按照其初衷发展，而演变为参数化几何造型的语义封装和历史过程记录。与过程无关的计算机辅助设计技术解除了参数化与特征的依赖关系，同时也解除了特征与过程的关系，这一“解放”使特征终可返璞归真。计算机辅助设计非过程化(陈述性)的技术发展，为三维CAD软件向产品研发的下游拓展延伸提供了技术可能，可以预见未来也将会出现以重用三维数模为起点，且与产生这些三维数模的原计算机辅助设计平台无关的个性化、专业化、灵巧化、多样化的全新的三维CAD软件应用平台，从而改变目前专业CAD软件应用被通用CAD软件绑定的被动局面。可以说，同步建模技术融入了嵌入式时代软件技术特征——资源可重用、系统可重用。

2.3　功能建模与分析技术

建模分析与仿真软件通常称为计算机辅助工程(CAE，computer-aided engineering)软件。在传统的逆向设计中，建模分析没有得到应有的重视，未被纳入产品设计流程，而在强调创新的正向设计中，建模分析贯穿整个设计流程。

2.3.1 正向设计的一般流程与建模分析技术

正向设计的一般流程如图2.6所示，它是一个双V字形流程。首先自顶向下地通过需求分析得到整机性能指标，以整机性能指标为输入，通过整机性能设计得到子系统性能指标，直至完成部件性能设计；然后自底向上地通过建模分析，获得逐级性能指标，但此时的指标还只是计算指标，与实际物理性能指标相比存在误差。在建模分析过程中，应当结合物理样机试制与试验调校、验证理论模型，这是经验、数据、模型、知识积累的重要手段。在基础数据、知识的获取与积累方面，我国与欧美企业相比还存在较大差距。数据和知识的积累，将提高建模的效率和正确性，减少物理试验的次数，提高物理样机试制的成功率，进而全面提高产品开发的效率，缩短开发周期，降低研发成本。

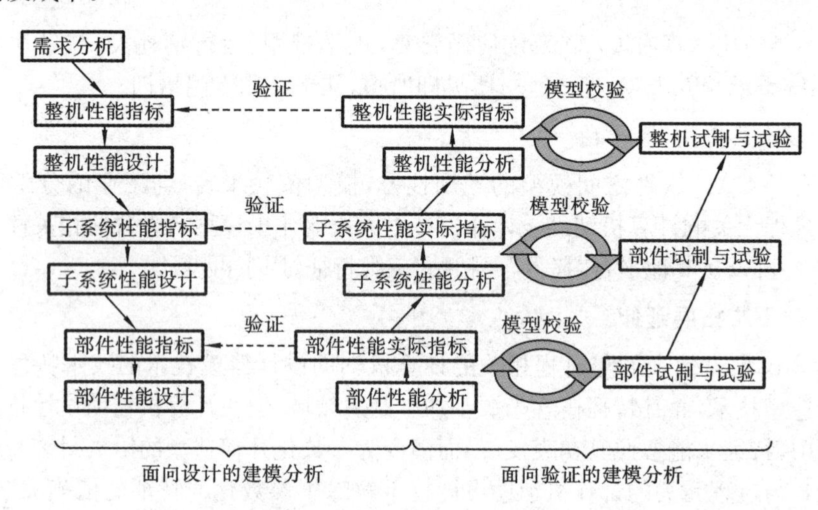

图2.6 正向设计的一般流程

1. 计算机辅助工程技术应用现状分析

正向设计分析流程可大致分为设计阶段与分析验证阶段。与之相对应，CAE软件可分为两大类：面向设计阶段的CAE软件，如Carsim、Romax、ve-DYNA等；面向分析验证阶段的CAE软件，如Adams、有限元软件等。在应用中这两类软件的侧重点不同。

1) 应用比较

面向设计阶段的CAE软件以目标性能为输入，输出下一级子系统的目标性能或部件的设计参数的初步设计值。例如：在整车设计中，输入整车的目标性能，输出悬架系统的目标性能；先确定悬架系统的目标性能，再得到悬架硬点坐标的初步设计值。

面向设计阶段的分析软件使用者是设计工程师，其职责为把握产品开发的大方向，并为各种设计参数提供初步设计值。对于以正向开发为主的产品，面向设计阶段的 CAE 软件的重要性比面向分析验证阶段的 CAE 软件更为重要，因为利用前者可以在产品开发早期发现相对重大的设计问题，避免设计工作全面返工，而利用后者只能在产品开发后期对产品进行局部微调。

面向分析验证阶段的 CAE 软件以系统或部件的详细设计参数初步设计值为输入，输出系统或部件的仿真性能，通过优化调整设计初值。

面向分析验证阶段的 CAE 软件使用者是分析工程师。模型参数来源于试验，因此验证分析工作需要试验工程师的配合。对于以逆向开发为主的产品，面向分析验证阶段的 CAE 软件比面向设计阶段的 CAE 软件重要，原因是在逆向设计中，各种设计参数的初步设计值可以直接通过测绘目标样机得到，而后期的局部调整才是设计的重点所在。

对于部件级的产品设计，设计工程师与分析工程师可以由同一组人员兼任，但正向开发过程仍需分为设计阶段与分析验证阶段，即由同一组人员在不同开发阶段分别使用面向设计阶段的 CAE 软件和面向分析验证阶段的 CAE 软件。

一般来说，因为建模工作量大、效率低，面向分析验证阶段的通用 CAE 软件并不适合设计工程师，因此在设计应用中通过面向设计流程的二次开发，可以有效提高设计师的建模效率，这也是在正向设计中用好 CAE 软件的重要途径。

2）技术路线比较

作为针对特定产品的专业化软件，面向设计阶段的 CAE 软件用于依据行业设计理论和经验，对特定产品本构作合理的简化抽象，注重把握宏观特性，在操作流程上从宏观到微观、从抽象到具体。

面向分析验证阶段的 CAE 软件与行业背景知识没有直接关系，其理论来源于计算科学，其通常是相关基础科学的软件实现，具有良好的通用性。该类软件在产品开发中长于揭示细节特性和外在特性，由于引入的假设条件极少，使得计算结果与实际表现很接近，常用于部分代替样机试验，但由于没有对产品的终端表现进行抽象，使得产品的本质规律淹没于繁复的外在细节规律中。

3）按数学特征分类

按照模型的数学形式，面向设计阶段的 CAE 软件可大致分为三类。

（1）主机设计类　该类软件用于将一个抽象的设计概念逐步具体化为产品的具体拓扑构成，并在每一阶段提出较明确的量化指标对设计过程进行约束。其模型由数量有限的解析或半解析的（图表曲线插值）表达式构成。

（2）专用类　该类软件用于在给定目标性能的情况下，确定子系统或部件的设计参数的初步设计值，或用于硬件在环仿真确定控制策略。其模型一般由解析的或半解析的表达式构成，但在必要情况下也可由数值模型构成。当模型为数值模型时，其绝大多数参数已确定，仅针对少数参数进行设计。

(3) 法规校核类　该类软件用于通过优选某些设计参数使产品设计指标满足行业法规,模型通常由较简单的解析或半解析表达式构成。

按照模型的数学形式,面向分析验证阶段的 CAE 软件可分为两类。

(1) 集中参数类　此类模型的数学形式多为微分方程或微分代数方程组,如描述液压、气动系统的一维动力学方程、机电系统方程和多刚体系统动力学方程等,多用于多功能组件集成系统的动态分析。

(2) 分布参数类　工程中存在大量的场问题,如应力-应变场、电磁场、流场等,其模型本构为偏微分方程,在计算固体力学、计算流体力学等数值计算科学中通常用有限元或差分法将其离散为代数方程求解,分布参数类 CAE 软件即多用于此类计算中。

4) 应用普及程度比较

相对来讲,面向设计阶段的分析软件没有面向分析验证阶段的软件成熟、普及程度大,原因如下。

(1) 合理构造某类产品的抽象模型存在一定的难度。许多行业的抽象模型尚不成熟,如何构造一系列的数学模型,使一个抽象的设计概念能逐步具体化为产品的具体拓扑构成,并在每一阶段都能提出较明确的量化指标对模型进行约束,有待深入研究。

(2) 两类软件的研发人员不同。研发面向设计阶段的 CAE 软件的人员既要有扎实的理论基础,又要对行业自身的设计理论有深刻理解,其通常为行业内的基础研究人员。国外行业知名企业非常重视设计分析工具的研发,通常由企业研发(R&D)中心专门负责该类分析工具的研制。此类分析工具被视为企业核心竞争力,非特殊情况不做技术转让,对一些所谓的敏感技术甚至禁止转让,尤其对中国。

目前提供设计分析技术的供应商都有很强的工业背景,以奥地利汽车发动机设计咨询商 AVL 为例,其原本就是著名的发动机制造商。随着市场竞争的加剧和制造业转移,AVL 转型为以原型样机开发和专业软件(知识咨询+软件)模式的设计服务咨询商(类似 IT 领域 IBM 公司的转型),这是发达国家工业产业以知识创新服务继续在产业高端保持技术垄断、赚取高额利润的普遍模式。

面向分析验证阶段的 CAE 软件通常是相关计算科学的软件化,其研发人员由专业的计算科学研究人员担任,软件通用性强,针对的市场面宽,多由软件公司开发,因此得到普及。

2. 我国建模分析技术应用现状

我国工业长期以“仿制”为主,实质上是一种逆向设计,这导致国内各行业将设计理论具体化为可操作的正向设计流程的能力较弱,某些行业“市场换技术”的战略抑制了自主创新设计,阻碍了正向设计技术与能力的培养和积累。因此,国内面向设计阶段的 CAE 软件开发很少,在部分大企业存在一些专门工具类软件,软件成熟度低，可持续发展能力弱。

由于我国企业长期以逆向设计为主，因此首先被引进国内的是面向分析验证阶段的CAE软件。随着国内企业对计算机辅助设计能力的重视程度越来越高，此类软件在国内的应用也越来越广泛，有些企业的应用水平已相当成熟。面向分析验证阶段的CAE软件的应用比对面向设计阶段的CAE软件的应用要广泛和成熟，因此导致一种倾向：试图以“面向分析验证阶段的CAE软件＋优化设计”的方式代替面向设计阶段的CAE软件，以此来达到实现正向设计的目的，这可能是一种误区，理由有以下几点。

(1) 由于模型直接以产品的终端功能元件构成，使得产品的本质规律被淹没在繁复的外在细节规律中，如同想通过树叶的分布去反推树干的走向，不利于理解产品设计的实质。从目前的工程实践来看，通过优化的方法所取得的效果十分有限。

(2) 对主机厂来说，不利于实现对下游供应商的量化控制；在产业分工中，主机厂下达给下游供应商的是抽象的子系统性能指标而不是终端元件的参数指标。

(3) 对供应商来说，不知道如何提高子系统的性能竞争力；对供应商来说，子系统终端元件的设计参数甚至拓扑构成是核心机密，不可能对主机厂公开，从而使供应商无法预知子系统对整机性能的影响，即通过加密方式使子系统模型对主机厂来说是“黑箱模型”，但这种方式效率比较低下。

2. 模型集成的实施与实现

模型集成的实施与实现是目前数字化设计理论方法与手段尚待研究、完善的课题，是今后数字化设计研究的重要方向。对于复杂机电系统难以直接建模，多通过模块化分治(division & conquer)实现，即自顶向下地将系统分为子系统，直至元器件(组件)，分解的基本原则是最终组件的机理通过定理、规则以及图表可直接描述。在集成电路设计领域，在模型描述方面制定了硬件描述标准语言VHDL-AMS，实现了大规模集成电路(IC)领域基于模型集成的模块化设计自动计算，有效地支撑了大规模集成电路设计的快速发展。遗憾的是，在一般工业领域，这种基于模型集成的模块化自动设计技术尚停留在设计方法学层面，缺乏完备有效的技术使能手段。目前工业界的技术应用现状是：在对复杂机电系统进行模块化分治后，不同的专业、领域，甚至设计师采用不同的(异构的)模型和软件工具，导致这些依赖于不同软件工具的模型很难以物理连接方式实现模块集成。

在缺乏工业领域模型表达标准的情况下，为了解决异构模型、软件的集成问题，信息集成成为唯一的选择。

3. 基于接口的多领域建模方法

目前使用最为普遍的多领域建模方法是基于接口的方法。该方法首先利用某领域商用仿真软件完成该领域模型的构建，然后利用各个不同领域商用仿真软件之间的接口，实现多领域建模。在仿真的时候，通常利用各领域商用仿真软件提供的协同

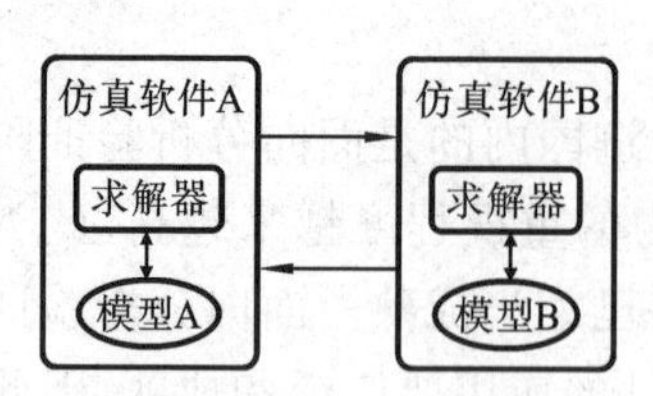

图 2.7　基于接口的协同仿真

仿真功能，实现不同领域模型之间的协同仿真，即各模型在仿真离散时间点，通过进程间通信等方法进行相互的信息交换，然后利用各自的求解器进行求解，以完成整个系统的仿真，如图 2.7 所示。

目前有不少商用仿真软件，通过提供与其他领域仿真软件之间的接口，实现多领域建模，并提供协同仿真功能。典型的如机械多体动力学仿真软件 ADAMS 提供了与控制系统仿真软件 MATLAB/Simulink、MATRIX 的接口，通过该接口可以实现机械多体动力与控制系统的多领域建模，同时利用它们提供的协同仿真功能，可以实现机械多体动力学模型和控制系统模型的协同仿真。

基于商用软件的多领域协同仿真是同基于接口的多领域建模方法相对应的，因此它具有基于接口的多领域建模方法的诸多缺点，主要体现在以下两个方面。

(1) 仿真软件必须提供相互之间的接口以实现多领域建模。如果某个软件没有提供与其他仿真软件的接口，那它们就不能实现多领域建模；当采用的商用仿真软件数目超过 3 个时，理论上要求的最大接口数目将变得非常庞大，复杂程度随之增加。

(2) 用以实现多领域建模的接口，往往为某些商业公司所私有，它们不具有标准性、开放性，而且扩充困难。

4. 基于高层体系结构的多领域建模方法

美国国防建模与仿真办公室在 1995 年 10 月制订了建模与仿真主计划，决定在国防部范围内建立一个通用的仿真技术框架来保证国防部范围内的各种仿真应用之间的互操作性。技术框架的核心就是高层体系结构（HLA，high level of architecture）。高层体系结构用于解决仿真系统的集成问题，为构造大规模仿真应用系统提供了一种应用集成方法。高层体系结构在 1996 年 8 月完成基础定义，随后为北约各国采纳，并于 2000 年 9 月被 IEEE 接受为标准。

高层体系结构标准将实现某种特定仿真目的的仿真系统称为联邦(federation)。联邦由联邦对象模型、若干联邦成员(可以是真实实体仿真系统、构造或虚拟仿真系统以及一些辅助性的仿真应用，如联邦运行管理控制器、数据收集器等)和运行时间支撑系统(RTI，run-time infrastructure)构成，如图 2.8 所示。其中，联邦是一个层次概念，它可以是更复杂系统的一个联邦成员。因此，HLA 定义的联邦系统是一个开放性的分布式仿真系统，具有系统可扩展性。根据 HLA 的规则，联邦成员之间的数据通信必须通过运行时间支撑系统，运行时间支撑系统提供了一系列服务，以处理联邦运行时成员间的互操作和管理联邦的运行。在这种结构中，运行时间支撑系统从某种程度上来说是一种“软总线”，联邦成员可以在联邦运行过程中随时“插入”。

基于高层体系结构的多领域建模方法，同基于接口的多领域建模方法一样，建模人员首先利用不同领域商用仿真软件完成该领域组件的建模，获得相应模型；但不同的是，各领域仿真模型不是采用商用仿真软件之间的接口将一个模型的输出变量映

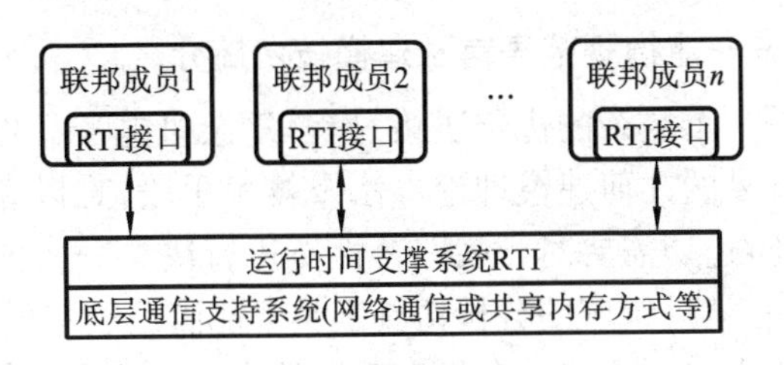

图 2.8　HLA 联邦系统结构

射到另一个模型的输入变量上，而是采用基于高层体系结构的方法将一个模型的输出变量映射到另一个模型的输入变量上，如图 2.9 所示。基于高层体系结构的多领域建模可划分为如下四个步骤。

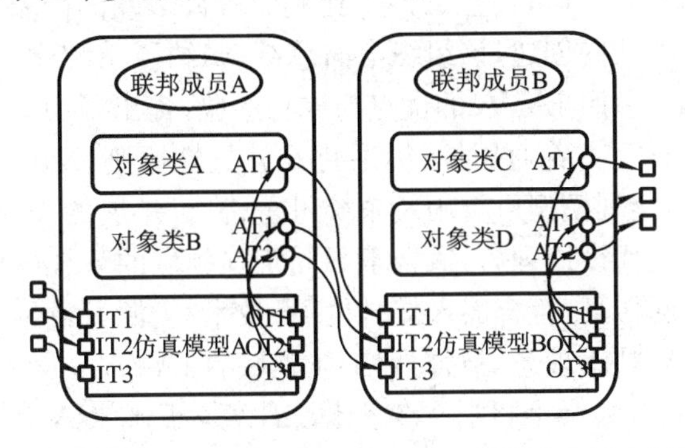

图 2.9　基于 HLA 的多领域建模：模型输入与输出变量之间的映射

(1) 利用不同领域商用仿真工具完成该领域子系统建模。

(2) 将利用不同领域商用仿真软件开发的子系统模型划分成不同的联邦成员，并确定每个联邦成员可发布的对象类以及相应的对象类属性。

(3) 将子系统模型的每个输入、输出变量同某个联邦成员的某个可发布对象类属性进行一一映射，以实现一个子系统模型的某个输出变量和另一个子系统模型的某个输入变量的一一映射，即采用基于 HLA 的方法将一个模型的输出变量映射到另一个模型的输入变量上，从而实现不同领域模型的集成。

(4) 为模型的每个输出变量发布与之相映射的对象类属性，为模型的每个输入变量"定制"与之相映射的对象类属性，以实现仿真运行时不同领域模型之间的动态信息交换。

基于 HLA 的方法虽然克服了基于接口方法的诸多缺陷，较好地实现了多领域系统的仿真建模，但仍然需要得到各领域商用仿真工具的支持与合作，并且需要人为地割裂不同领域子系统之间的耦合关系，实质上是一种子系统层次上的集成方法，而且实现起来较为困难。

上述两类多领域集成方法均属于信息集成方法，所存在的问题由信息集成所致，因此在多学科、多领域建模方面，模型集成逐渐成为技术发展方向。

5. 多领域物理统一建模规范语言及建模技术简介

产品创新设计是一个复杂的优化决策过程，复杂机电产品更是如此。计算机辅助设计技术仅提供产品的几何建模理论方法及技术手段，难以满足产品性能优化设计的根本需求。因此，迫切需要对产品综合性能进行决策分析的更高层次的数字化设计手段，现有的单一学科领域的分析仿真工具不能满足这一现实需求。鉴于此，国际上许多学者已开始投入到面向复杂机电系统的多领域建模与仿真技术的研究。以欧洲仿真协会（EUROSIM）为代表提出的多领域、连续-离散混合物理建模语言Modelica，已成为当前国际上众多研究团体、行业机构共同关注的焦点。同时，负责Modelica技术标准的制定与发展的开放式研究组织MA（Modelica Association）成立。MA由瑞典、德国、法国、荷兰、芬兰、比利时等许多欧洲国家的系统建模与仿真技术领域的资深专家共同创建，该组织全面总结、归纳了系统建模技术30年来的研究状况和成果，吸取、参照JAVA的优点与成功经验，提出了面向对象的复杂物理统一建模语言Modelica。本着通用性、标准化及开放性原则，Modelica采用面向对象技术进行模型描述，实现模型可重用及系统可重构、可扩展的先进构架体系，体现了知识积累与重用的现代设计理念，适合于不同工程领域的系统建模和多领域复杂系统的统一建模与协同仿真，符合嵌入式时代IT技术“资源可重用、系统可重构”的面向服务的架构（SOA）技术理念，被誉为“工业领域的JAVA”。2006年9月在维也纳举行的Modelica 2006大会上，国际数字化设计著名厂商CATIA宣布以Modelica为核心标准实现“知识嵌入（knowledge inside）”，欧盟亦推出其建模基础计划EUROSYSLIB/ITEA2，以Modelica为模型表达标准，构建涵盖各工业领域基础器件的模型库。

Modelica完全免费开放，资源共享。2000年Modelica协会成立，许多学者加入到Modelica语言的扩展、完善及应用研究队伍行列。此外，一些国际知名企业，如福特、丰田、宝马及德国航空航天中心等均已采用Modelica语言进行复杂系统的建模与仿真应用。鉴于Modelica语言的强大功能、良好特性和广泛的支持度，其有望成为当前复杂系统建模的主导语言和国际标准。

在Modelica语言成为事实标准之际，开展基于Modelica语言的多领域物理系统统一建模理论与仿真技术研究，有利于我国更快加入到国际合作研究队伍之列，更有效地获取国际资源。相对于传统数字化设计，基于Modelica的多领域建模与仿真是数字化设计中的一个全新的、深层次的研究方向，国外在这方面的研究也起步不久，许多领域的研究工作尚未展开，我国与国外先进国家基本处在同一起点，在这些领域有望取得跨越性的理论和技术成果。

2001年，华中科技大学CAD中心率先在亚太地区开展了基于Modelica的相关基础理论与应用研究，在研究Modelica的语法结构与系统构架的基础上，进一步开展了大规模连续-离散混合代数微分方程求解策略的研究，并基于Modelica进行了多领域物理系统混合建模实验性平台开发。

鉴于国际技术发展和国内自主创新的需要，科技部将多领域物理系统统一建模技术列入“863 计划”，并于 2008 年设立了相关的重点项目“机械系统动力学 CAE 平台”，项目总体目标是：研究、掌握、推广 Modelica 建模技术，参与 Modelica 相关标准制定；形成基于 Modelica 的机电液控耦合系统模型、机械零部件结构分析与优化模型的统一表达规范；突破机械系统动力学 CAE 平台核心关键技术，开发具有完全自主知识产权的机械系统动力学 CAE 平台，内嵌机电液控耦合系统动力学分析、机械零部件结构分析及优化模块；重点针对工程机械行业形成示范应用，在此基础上进行行业推广，并实现产品化与产业化；最终为复杂机电产品的正向设计、动态性能匹配优化设计、零部件结构优化设计，以及机电产品的多领域模型集成及多学科设计优化提供技术与平台支撑。

苏州同元软控信息技术有限公司承担了上述国家“863 计划”，研发出完全自主知识产权的多领域统一建模与计算平台 Mworks，其软件应用如图 2.10 所示。

“标准化”是目前广泛开展国际合作，实现资源共享的前提，符合当今“国际化”潮流；“标准化”也是迈出国门，突破封锁，寻求国际合作，进入国际市场的必由之路。因此，基于 Modelica 语言规范的统一建模乃大势所趋。面向复杂机电产品设计的多领域统一建模与一体化仿真是信息技术与工程技术的多学科交叉融合，体现了科学问题研究的学科交叉与综合的发展方向，具有重要的学术价值和科学意义。这一研究将促进和带动我国的数字化设计技术与理论研究，提升我国制造业的自主创新能力和核心竞争力，因而具有重要的现实意义。

6. 未来设计平台技术发展预测

随着产品复杂性的不断提高，现有设计技术——计算机辅助设计及计算机辅助工程技术在工业界普及和深入应用中也暴露出许多在技术上需要创新和完善的问题。其主要表现在如下几个方面。

（1）以几何计算为核心的计算机辅助设计技术无法支撑更高层次的设计活动，如概念设计、系统设计、功能设计等，从数学本构上无法支撑产品功能和性能描述所需要的状态空间。未来更加智能的设计工具需要从几何空间拓展到状态空间，超越现有的几何建模才能支撑产品功能建模和性能优化。

（2）现有的计算机辅助工程技术多体现为基础学科（如机械动力学、固体力学、流体动力学、电学、控制理论等）的软件化，几乎是一个基础学科对应于一类计算软件，为单领域计算工具，这有悖于复杂产品是多领域多学科物理集成这一事实。因此，未来更加智能的设计计算技术需要面向产品多领域模型集成，支撑产品系统协同设计计算与优化。

（3）现有的设计工具采用传统的应用软件开发模式，即软件开发者或基于自身的知识结构、或通过了解工具的使用者现有的业务需求（知识），然后以工程界难以普遍把握的面向中央处理器（CPU）的编程技术，将这些知识固化到软件平台中，“软件封装知识，知识依赖软件”，这在哲理上是不完美的——知识是不应当被封装的，而应

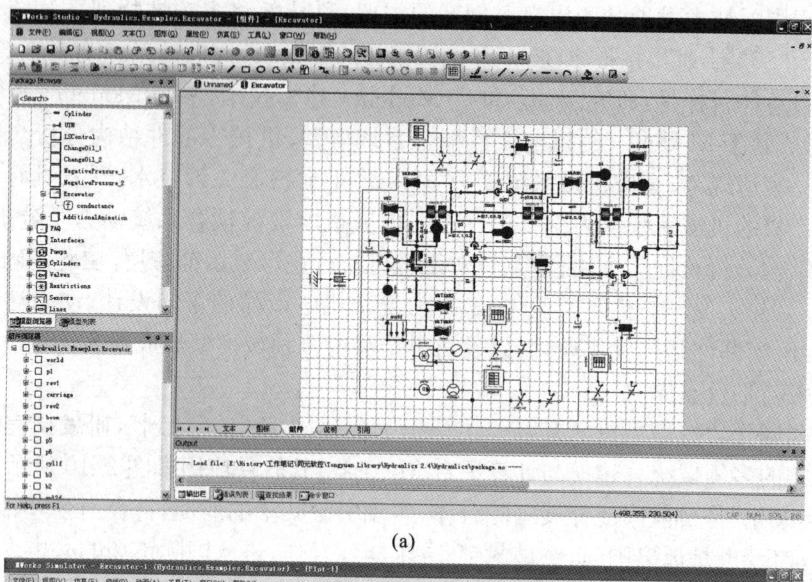

(a)

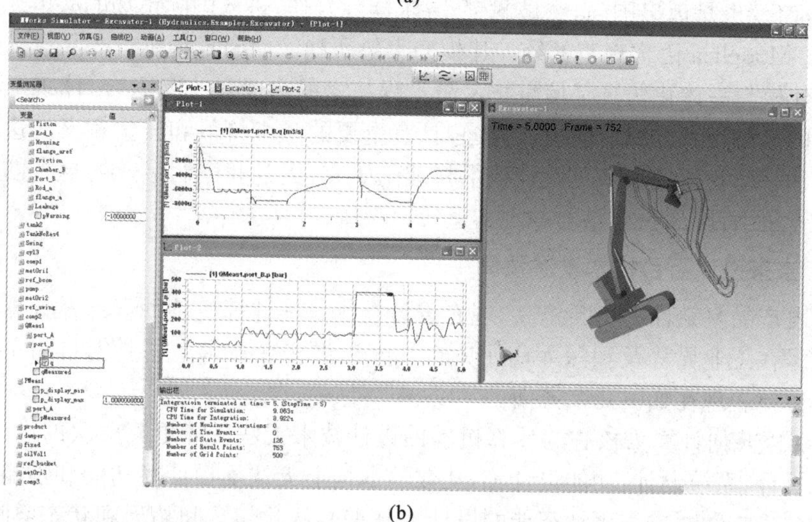

(b)

图 2.10　基于 Modelica/Mworks2.0 的挖掘机多领域建模与分析

当以某种形式(如同一个器件)生产知识、引用(采用)知识。如果将产品视为知识集成,那么关于产品设计计算应当以某种知识驱动的方式自动生成。

综上所述,对未来智能设计技术与平台提出以下技术目标。

(1) 知识与平台分离,知识以知识件(knowledgeware)形式独立于软件。

(2) 面向问题的更加智能的与计算机无关的陈述式描述语言规范,用于广泛的工业知识件的生产,以形成与平台无关的工业知识模型库。

(3) 知识件集成及知识驱动的可执行代码自动生成。

(4) 基于未来互联网的共创共享的知识云,以及基于云计算模式的协同设计。

以未来“资源可重用、系统可重构”的软件模式，知识作为一种资源，可按设计师的产品设计意图在普适性的计算平台上，重用、重构地生成蕴涵特定知识的计算工具，这种应用模式将在2020年之前成为工业界知识积累、重用和计算的基本模式。

由于未来知识件与软件分离，具有独立的知识产权，可如同今天的元器件一样专业化生产和交易。可以预见未来的智能设计(见图2.11)需要基于互联网构建开放的知识件生产和交易的社会化知识资源体系，2030年之前，这种资源体系将成为互联网的基本应用体系。

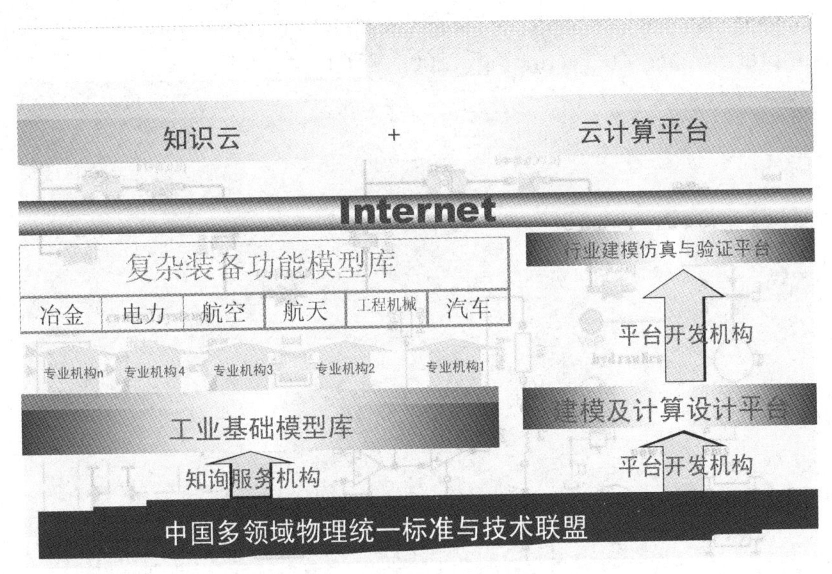

图2.11 未来智能协同的场景

参考文献

[1] FRITZSON P, ENGELSON V. Modelica-A unified object-oriented language for system modeling and simulation: proceedings of the 12th European conference. on Object-Oriented Programming[C]. Brussels: Springer-Verlag, 1998.

[2] MATTSSON S E, ELMQVIST H, OTTER M. Physical system modeling with Modelica[J]. Control Engineering Practice, 1998, 6(4): 501-510.

[3] TILLER M. Introduction to physical modeling with Modelica[M]. Boston: Kluwer Academic, 2001.

[4] FRITZSON P. Principles of object-oriented modeling and simulation with Modelica 2.1[M]. New York: IEEE Press, 2003.

[5] ELMQVIST H. A Structured Model Language for Large Continuous Systems

[D]. Sweden: Lund Institute of Technology, 1978.

[6] 丁建完,陈立平,周凡利,等.复杂陈述式仿真模型的相容性分析[J].软件学报,2005,16(11):1868-1875.

[7] 丁建完,陈立平,周凡利,等.陈述式基于方程仿真模型的约简[J].计算机辅助设计与图形学学报,2005,17(12):2696-2701.

[8] 丁建完.陈述式仿真模型相容性分析与约简方法研究[D].武汉:华中科技大学机械科学与工程学院,2006.

[9] DING J W, ZHOU F L. A component-based debugging approach for detecting structural inconsistencies in declarative equation based models[J]. Journal of Computer Science & Technology, 2006, 21(3): 450-458.

数控技术及其应用

唐小琦　李　斌

3.1　数控技术是国家安全的保障

3.1.1　数控技术是先进制造装备的关键技术

制造业是国民经济和社会发展的物质基础，是经济高速增长的发动机、产业结构优化升级的推动力。制造业的发展，依赖于先进的制造装备，其性能和水平的高低，直接影响着制造的效率、质量和效益。装备制造业基础性强、关联度高、带动性大，决定着整个制造业的水平，也在很大程度上决定着社会消耗水平、国民经济整体效益和国防实力，对国民经济的可持续发展起着重要作用。数控技术是装备制造业关键核心技术，它促使产品实现更新和升级换代，技术性能指标大幅度提高，在功能、水平、质量、品种、使用效果和价格等方面能更好地满足制造业的市场需求，增强产品的竞争能力。同时，采用数控装备易于根据市场需求组织和改变产品生产，有利于缩短新产品的生产周期，降低能耗和生产成本。因此，数控技术以其本身特有的技术优势迅速改变了现代制造产业的产品结构和生产装备结构。

3.1.2　数控机床是实现装备制造业现代化的关键设备

制造装备是工业现代化的基础装备，装备的性能质量、生产效率、成本及快速反应市场的能力对制造业发展影响极大。可以说：没有装备，就没有制造业；没有先进的装备制造业，就不可能实现工业现代化。

机床是装备制造业的工作母机，实现装备制造业的现代化，取决于机床发展水平，而数控技术的典型产品就是数控机床。数控机床作为机床工业的主流产品，随着世界科技进步和机床工业的发展，已成为实现装备制造业现代化的关键装备，它对制造业的产品结构、生产方式、管理机制和产业结构，乃至对其他各行各业和人类的劳动方式都产生了巨大的影响。数控机床的拥有量是衡量一个国家制造业现代化水平的重要标志，世界上各工业发达国家都对其给予了高度重视。数控机床的推广应用使现代制造业产生了巨大变革。

3.1.3　数控机床产业是国家的战略产业

数控技术是数控机床实现自动化、柔性化、集成化、网络化、智能化的关键技术，数控机床产业是国民经济的支柱产业。经济建设和国防建设所需要的大、特、精、小等类型的装备必须利用数控机床来加工。例如：航天航空、国防军工制造业需要大型、高速、精密、多轴、高效的数控机床；汽车、摩托车、家电制造业需要高效、高可靠性、高自动化的数控机床和成套的柔性生产线；电站设备、造船、冶金石化设备、轨道交通设备制造业需要高精度重型数控机床；IT业、生物工程等高技术产业需要纳米级、亚微米级的超精密加工数控机床；工程机械、农业机械等传统制造行业需要大量数控机床，以推动产业升级，对于民营企业的蓬勃发展更是如此。数控机床越来越广泛的应用，充分证明其对国民经济的发展、国防建设和综合国力的增强具有非常重要的意义。1987年5月发生的闻名世界的“东芝事件”，其起因就是日本东芝机械公司卖给苏联用来加工核潜艇上用螺旋桨的五轴联动数控机床，使得苏联核潜艇性能得以提高，从而导致了美国对日本的制裁。在五轴联动高档数控机床方面，西方发达国家至今仍然对我国实行封锁和限制政策。事实说明：五轴联动的高档数控机床是国家的战略物资，五轴联动机床所需要的高档数控系统是关键部件，因此，我国必须要有自主知识产权的高档数控系统。

3.2　数控技术的发展历史

1952年，美国帕森斯(Parsons)公司和麻省理工学院(M. I. T)合作研制了世界上第一台三坐标数控机床，其控制系统由电子管组成。1955年，在Parsons专利的基础上，世界上第一台工业用数控机床由美国Bendix公司生产出来，这是一台实用化的数控机床。

作为数控机床“大脑”的数控系统在微电子技术推动下，其技术水平发生了翻天覆地的变化。从1952年至今，数控系统的发展经历了五代。

第一代：1955年，数控系统主要由电子管组成，体积大、功耗高、可靠性低。

第二代：1959年，数控系统主要由晶体管组成，广泛采用印制电路板，体积缩小、功耗降低、可靠性得到提高。

第三代：1965年，数控系统采用小规模集成电路作为硬件，其特点是体积小、功耗低，可靠性得到进一步提高。

以上三代数控系统，由于其数控功能均由硬件实现，故又称为“硬线数控”。

第四代：1970年，数控系统采用小型计算机取代专用计算机，其部分功能由软件实现，这种系统首次在1970年美国芝加哥国际机床展览会上被展出。

第五代：1974年，数控系统以微处理器为核心，不仅价格进一步降低，体积进一步缩小，而且性能也有了进一步提高。

微处理器的应用，为数控系统增添了活力。随着微处理器的不断升级，数控系统的性能也在不断提高。这一代数控系统又可细分为六个发展阶段。

1974 年：系统以位片微处理器为核心，有字符显示、自诊断功能。

1979 年：系统采用阴极射线管（CRT）显示、超大规模集成电路（VLIC）、大容量磁泡存储器、可编程接口和遥控接口等。

1981 年：具有人机对话、动态图形显示、实时精度补偿等功能。

1986 年：数字伺服控制系统诞生，大惯量的交直流电机进入实用阶段。

1988 年：采用高性能 32 位机为主机的主从结构系统。

1994 年：基于 PC 的数控系统诞生，使数控系统进入了开放型、柔性化的新时代，新型数控系统的开发周期日益缩短。这是数控技术发展史上的又一个里程碑。

3.3　数控技术的基本概念

3.3.1　数控机床与数控系统

数控技术（numerical control technology）是一种借助数字、字符或其他符号对某一工作过程（如加工、测量、装配等）实现自动控制的技术。

数控系统（numerical control system）是实现数控技术相关功能的软、硬件模块的有机集成系统，它是数控技术的载体。其特点是：可用不同的字长表示不同精度的信息，可进行算术运算及复杂的信息处理；可进行逻辑运算，并可用软件来改变信息处理的方式或过程，因而具有柔性。

计算机数控系统（CNC，computer numerical control）是以计算机为核心的数控系统。

数控机床（numerical control machine tools）是采用数字控制技术对机床的加工过程进行自动控制的一类机床，它是数控技术的典型应用。数控机床主要由以下几个部分组成，如图 3.1 所示。

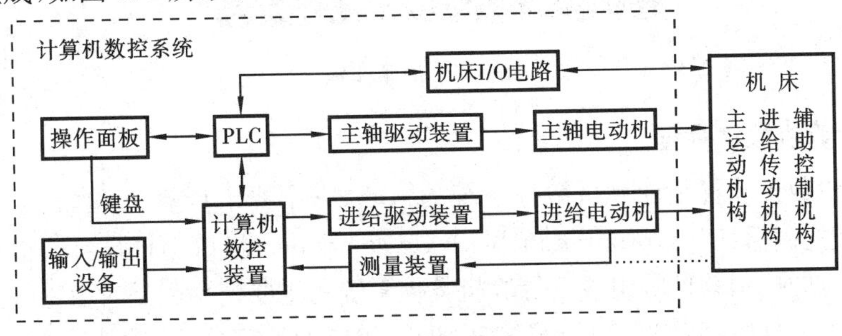

图 3.1　数控机床的组成

1. 控制介质与输入/输出设备

控制介质是记录零件加工程序的媒介，输入/输出设备是计算机数控系统与外部设备进行信息交互的装置。输入/输出设备的作用是将记录在控制介质上的零件加工程序输入到计算机数控系统，或将已调试好的零件加工程序通过输出设备存放或记录在相应的控制介质上。数控机床常用的控制介质已由早期的穿孔纸带、磁带、磁盘等发展到今天的硬盘、CF卡等电子存储介质。

现代数控系统一般都具有利用通信方式进行信息交换的能力。它是实现计算机辅助设计与制造的集成、柔性制造系统(FMS)和计算机集成制造系统的基本技术。目前在数控机床上常用的通信方式有串行通信(RS-232等串口)、网络通信(Internet、局域网LAN)等。

2. 控制面板

控制面板是操作人员与数控机床(系统)进行交互的工具，是数控机床的一个输入/输出部件，操作人员可以通过它对数控机床(系统)进行操作、编程、调试或对机床参数进行设定和修改，还可以通过它了解或查询数控机床(系统)的运行状态。控制面板主要由按钮站、状态灯、按键阵列(功能与计算机键盘一样)和显示器等部分组成，如图3.2所示。

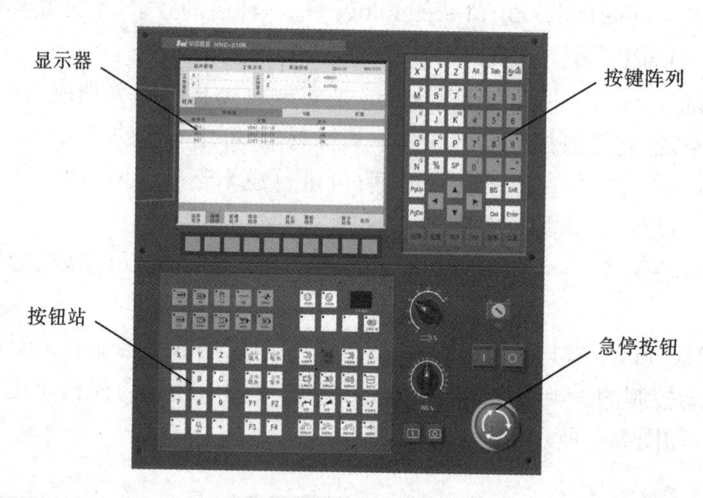

图3.2　控制面板

3. 计算机数控装置

计算机数控装置是计算机数控系统的核心，它主要由计算机系统、位置控制模块、可编程控制器(PLC，programmable logic controller)接口、通信接口、扩展功能模块以及相应的控制软件等组成。计算机数控系统的主要任务就是对由零件加工程序表达的加工信息(几何信息和工艺信息)进行相应的处理(如运动轨迹处理、机床输入/输出处理等)，将其变换成各进给轴的位移指令、主轴转速指令和辅助动作指令，控制相应的执行部件(如伺服单元、驱动装置和可编程控制器等),加工出符合要求的零件。所有这些工作都是在计算机数控装置内由硬件和软件协调配合、合理组织下进行的,整个系统由此能有条不紊地工作。

4. 进给驱动系统、主轴驱动系统和测量装置

1) 进给驱动系统

进给驱动系统包括进给驱动装置和进给电动机,其主要作用是实现零件加工的成形运动,控制量为速度和位置。它接收计算机数控系统的进给指令,经变换、放大后通过驱动装置控制机床工作台的位移和速度,提供切削过程中各坐标轴所需转矩。进给电动机有步进电动机、直流伺服电动机和交流伺服电动机。

2) 主轴驱动系统

主轴驱动系统包括主轴驱动装置和主轴电动机,其主要作用是实现零件加工的切削运动,控制量为转速。主轴驱动系统的工作要求为:高转速(最高达 100 000 r/min以上),大功率(2.2～250 kW),宽调速范围(1∶10～1∶1 000),能实现恒转矩或恒功率运转。

3) 测量装置

测量装置是指位置和速度测量装置,它是实现速度闭环控制(主轴、进给)和位置闭环控制(进给)的必要装置。测量装置通常安置在机床的工作台、丝杠或伺服电动机轴上,它通过把运动部件的实际位移情况变成电信号,反馈给计算机数控装置,并与指令值比较,产生误差信号,控制机床向消除误差方向移动,实现驱动系统的闭环控制。

5. 可编程控制器与机床I/O电路

可编程控制器由硬件和软件组成,用于完成与逻辑运算有关的顺序动作的I/O控制,对机床动作进行"顺序控制";机床I/O电路用于实现执行部件的I/O控制(由继电器、电磁阀、行程开关、接触器等组成的逻辑电路),这些执行部件共同完成以下任务:接受计算机数控系统的M、S、T指令,对其进行译码并转换成对应的控制信号,控制辅助装置完成机床相应的开关动作;接收操作面板和机床侧的I/O信号,送给计算机数控装置,经其处理后输出指令,控制计算机数控装置的工作状态和机床的动作。

数控系统采用的可编程控制器有内装型与外装型两种,内装型可编程控制器是对计算机数控与可编程控制器进行一体化设计后得到的,可编程控制器可与计算机数控共用一个中央处理器,也可使用单独的中央处理器,但二者不能分离。外装型可编程控制器是由独立专业化厂家生产的,可以使用不同厂家的可编程控制器产品。

6. 机床

机床是数控机床的主体,是数控系统的被控对象,是实现加工零件的执行部件。

它主要由主运动部件、进给运动部件(工作台、拖板以及相应的传动机构)、支承件(立柱、床身等),以及特殊装置(刀具自动交换系统 ATC、自动工件交换系统 APC)和辅助装置(如冷却、润滑、排屑、转位和夹紧装置等)组成。数控机床机械部件的组成与普通机床相似,其传动结构和变速系统较为简单,但在精度、刚度、抗振性等方面要求更高。

3.3.2 数控系统的分类

满足数控机床要求的数控系统种类很多,从不同角度对其进行考察,就有不同的分类方法。

1. 按被控对象的运动轨迹分类

1) 点位控制数控系统

点位控制数控系统仅能控制两个坐标轴,使其带动刀具相对于工件运动。被控制的运动部件从一个坐标位置快速移动到下一个坐标位置,在移动过程中不进行任何加工,对轨迹不作严格要求。为了提高生产效率,定位运动采用数控系统设定的最高进给速度。点位控制数控系统主要用于数控钻床、印制电路板钻孔、数控镗床、数控冲床、三坐标测量机等。

2) 直线控制数控系统

直线控制数控系统可控制机床刀具或工作台以适当的进给速度,实现沿平行于某个坐标轴(如 x、y、z 轴)或两轴等速的方向进行直线移动和切削加工,其中进给速度可根据切削条件在一定范围内调节。直线控制数控系统主要用于控制简易的两坐标轴数控车床(加工台阶轴)和简易的三坐标轴数控铣床(进行平面的铣削加工),现代组合机床也采用此类系统。

3) 轮廓控制数控系统

轮廓控制数控系统可控制机床实现几个坐标轴的同时协调运动,即多坐标轴联动,使刀具相对于工件按程序规定的轨迹和速度运动,能在运动过程中进行连续切削加工。可实现联动加工是这类数控系统基本特征。轮廓控制数控系统主要用于控制数控车床、数控铣床、加工中心等用来加工曲线和曲面形状零件的数控机床。现代的数控机床基本上装备的都是这类数控系统。若根据系统联动轴数还可细分为两轴联动(加工平面曲线)、三轴联动(加工空间曲面,采用球头刀)、四轴联动(加工空间曲面)、五轴联动及六轴联动(加工空间曲面)。联动轴数越多,数控系统的控制算法就越复杂,加工程序的编制就越难。通常三轴以上联动的零件加工程序只能采用自动编程系统来编程。

2. 按进给伺服系统类型分类

数控系统按进给伺服机构控制装置有无位置测量装置可分为开环数控系统和闭环数控系统两类,在闭环数控系统中根据位置测量装置安装的位置又可分为全闭环数控系统和半闭环数控系统两种。

1）开环数控系统

如图3.3所示为开环进给伺服系统简图。由图可知，开环进给伺服系统没有位置测量装置，信号流是单向的（数控装置→进给系统），故系统稳定性好。但由于无位置反馈，精度相对闭环系统来说不高，其精度主要取决于伺服驱动系统和机械传动机构的性能和精度。开环数控系统一般以功率步进电动机作为伺服驱动部件。此类系统具有结构简单、工作稳定、调试方便、维修简单、价格低廉等优点，在精度和速度要求不高、驱动力矩不大的场合下得到了广泛应用，一般用于经济型数控机床和旧机床的数控化改造。

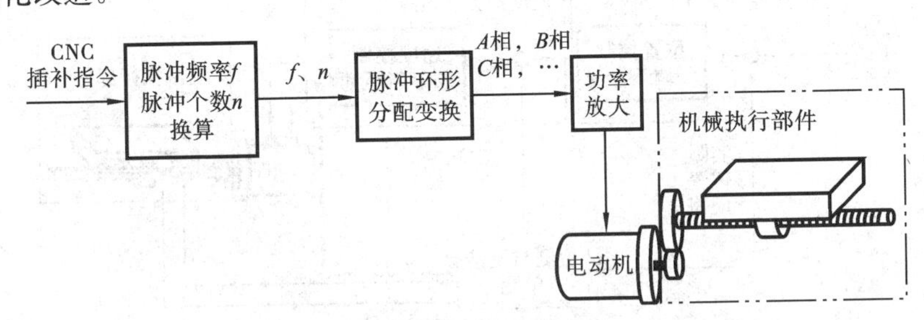

图3.3　开环进给伺服系统

2）半闭环数控系统

如图3.4所示为半闭环进给伺服系统。半闭环数控系统的位置检测点是从驱动电动机（常用交、直流伺服电动机）或丝杠端引出的，通过检测电动机和丝杠旋转角度来间接检测工作台的位移量，而不是直接检测工作台的实际位置。由于半闭环系统环路不包括或只包括少量的机械传动环节，因此系统可获得较稳定的控制性能，其稳定性虽不如开环系统，但比闭环系统要好。另外，在位置环内各组成环节的误差可得到某种程度的纠正，但位置环外的各环节如丝杠的螺距误差无法消除。对齿轮间隙引起的运动误差可通过软件来补偿，以提高系统的运动精度。

总之，半闭环数控系统精度比开环系统好，比闭环系统差，同时具有结构简单、调试方便等特点，因而在现代数控机床中得到了广泛应用。

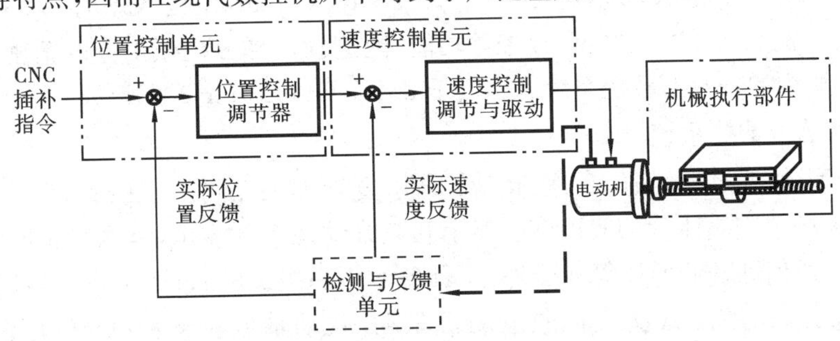

图3.4　半闭环进给伺服系统

3）闭环数控系统

闭环数控系统的位置检测点如图 3.5 所示，系统直接对工作台的实际位置进行检测。从理论上讲，该系统可以消除整个驱动和传动环节的误差、间隙和失动量，具有很高的位置控制精度，但由于位置环内的许多机械传动环节的摩擦特性、刚性和间隙都是非线性的，很容易造成系统的不稳定，因此闭环系统的设计、安装和调试都有相当的难度。该系统对其组成环节的精度、刚性和动态特性等都有较高的要求，故价格较贵。闭环数控系统主要用于精度要求很高的镗铣床、超精车床、超精磨床以及较大型的数控机床等。

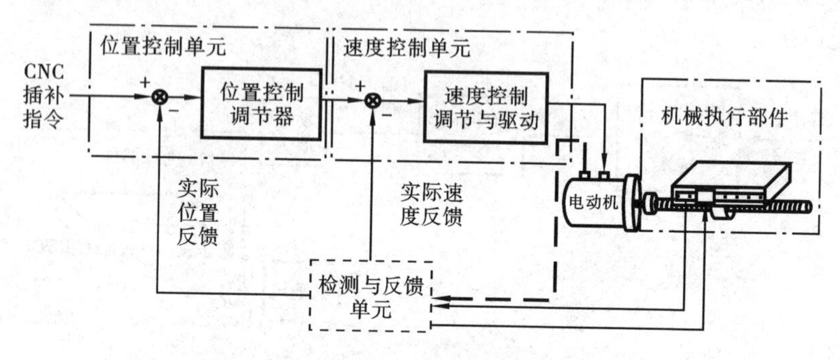

图 3.5　闭环进给伺服系统

3. 按数控系统功能水平分类

1）经济型数控系统

经济型数控系统具有基本数控操作功能，采用开环控制，控制轴数在三轴以下，主轴转速一般在 3 000 r/min 以下，快速移动速度在 24 m/min 以下，定位误差一般为 0.1～0.03 mm，能满足一般机械加工需要；系统的价格便宜，主要适用于车床等低价位机床。

2）普及型数控系统

普及型数控系统采用半闭环控制、图形彩色显示，有 RS-232 或直接数控（DNC）通信功能，由交流伺服电动机驱动，控制轴数在三轴以上（三轴联动），主轴转速在 10 000 r/min 左右，快速移动速度一般为 24～40 m/min，定位误差为 0.03～0.005 mm，具有人机对话、通信、联网、监控等功能，能达到大部分机械工业的精密、高效加工要求。典型的普及型数控系统有西门子 802C、Fanuc 0i、HNC21/22 等。

3）高档型数控系统

高档型数控系统可实施高速、高精、柔性、复合加工控制，采用 32～64 位中央处理器、薄膜场效应晶体管（TFT）液晶显示和三维动态图形显示，有网络功能；除具有人机对话、通信、联网、监控等功能外，还具备专用高级编程软件，可进行空间曲面加工、复合加工；由数字式交流伺服电动机驱动，联动轴数在五轴以上，主轴转速在 10 000 r/min 以上，快速移动速度在 40 m/min 以上；分辨率小于 0.1 μm。典型的高档型数控系统有 Fanuc 160i、西门子 840D 等。此类系统主要适用于高档铣床、加工中心、复合机床等,可满足航空航天、军工、通信、汽车、船舶等领域的重要、关键零件的加工需求。

应该指出的是,数控系统功能水平在随着信息技术、计算机技术、自动控制技术等现代科学技术的发展不断提高,今天的高档型可能是明天的普及型,今天的普及型可能是明天的经济型。

根据先进制造装备的要求和技术发展的趋势,在未来数年之内,高档数控系统将得到如下几个方面的发展。

(1) 控制精度达到纳米数量级,并继续向更高的精度发展,电动机、机床的动态、非线性行为规律的研究对提高控制精度将起决定性作用。

(2) 插补周期达到亚毫秒数量级,电流环控制周期逼近微秒数量级。

(3) 实现全数字化的数据传输,现场总线数据传输波特率达到 100 M 以上。

(4) 实现功能的复合化、控制的智能化,实现多轴、多通道、多坐标联动及误差补偿,自适应控制等智能化功能将不断完善。

(5) 具备开放式体系结构,人机交互更加友好,开发环境更加开放,具有统一的产品数据和管理信息交换标准。

4. 按数控系统体系结构分类

按体系结构分,目前世界上的数控系统大致可分为四种类型。

1) 传统封闭式数控系统

传统封闭式数控系统即早期开发的封闭体系结构数控系统。在这类系统中,尽管可以由用户开发人机界面,但必须使用专门的开发工具。系统若需扩展功能、改变和维修,都必须求助于系统供应商。目前,这类系统还占领着数控系统的大部分市场。但由于开放体系结构数控系统的发展,传统数控系统受到了越来越大的挑战,其市场份额正逐渐减小。

这类系统主要有 FANUC 0 系列、MITSUBISHI M50 和 Siemens810 等。

2) "PC 嵌入 NC"结构的数控系统

"PC 嵌入 NC"结构的数控系统,是数控系统制造商在既不愿放弃多年来积累的数控技术资源,又想利用计算机丰富的软件资源的情况下而开发出来的产品。"PC 嵌入 NC"结构的数控系统具有一定的开放性,但由于其 NC 部分的体系结构不开放,用户无法介入系统核心。这类系统结构复杂、功能强大、价格昂贵,如 FANUC16i、18i、21i,Siemens 840D,Num1060 等。

3) "NC 嵌入 PC"结构的开放式数控系统

"NC 嵌入 PC"结构的开放式数控系统由开放体系结构的运动控制卡和 PC 机构成。运动控制卡通常选用高速数字信号处理(DSP)器作为中央处理器,具有很强的运动控制和可编程控制能力,而且它本身就是一个数控系统,可以单独使用。开放的函数库可供用户在 Windows 平台下自行开发、构造所需的控制系统。因此，这种开放结构运动控制卡被广泛应用于制造业自动化控制的各个领域。

美国 Delta Tau 公司用 PMAC 多轴运动控制卡构造的 PMAC-NC 数控系统，日本 MAZAK 公司用三菱电动机的 MELDASMAGIC 64 构造的 MAZATROL 640 CNC 等均属于“NC 嵌入 PC”结构的开放式数控系统。

4）全软件型开放式数控系统

全软件型开放式数控系统是一种最新开放体系结构的数控系统，它给用户提供了最大的选择空间，具有较强的灵活性。该类系统的计算机数控软件全部装在计算机中，而硬件部分仅是计算机与伺服驱动装置和外部 I/O 之间的标准化通用接口。就像计算机中可以安装各种品牌的声卡、CD-ROM 和相应的驱动程序一样，用户可以在基于 Windows、Linux 的平台上，利用该类系统开放的计算机数控内核开发所需的各种功能，构成各种类型的高性能数控系统。与前几种数控系统相比，开放式数控系统具有最高的性能价格比，因而最有生命力。典型的全软件型开放式数控系统有美国 MDSI 公司的 Open CNC、德国 Power Automation 公司的 PA8000 NT 及华中数控的HNC-21等数控系统。

5. 按数控系统接口形式分类

1）模拟接口数控系统

模拟接口数控系统以电流和电压的模拟量形式控制伺服驱动器的速度、位置或扭矩。

2）脉冲接口数控系统

脉冲接口数控系统以脉冲串的方式控制伺服驱动器的速度和位置。

3）总线接口数控系统

总线接口数控系统以现场总线的形式控制伺服驱动器的速度、位置或扭矩。

3.3.3 数控加工特点及应用范围

1. 数控加工与传统加工

在普通机床上进行零件加工时，操作者可按照工序卡的要求，不断改变刀具与工件的相对运动轨迹和加工参数（如位置、速度等）进行切削加工，从而得到所需要的合格零件。

在数控机床上，传统加工过程中的人工操作被数控系统的自动控制所取代。其工作过程如下：首先将刀具与工件的相对运动轨迹、加工过程中主轴速度和进给速度的变换、冷却液的开关、工件和刀具的交换等几何信息和工艺信息数字化，按规定的代码和格式编成加工程序，然后将该程序送入数控系统；数控系统按照程序的要求，先进行相应的运算、处理，接着发出控制命令，使各坐标轴、主轴以及辅助动作相互协调，实现刀具与工件的相对运动，自动完成零件的加工。传统加工与数控加工过程的比较如图 3.6 所示。

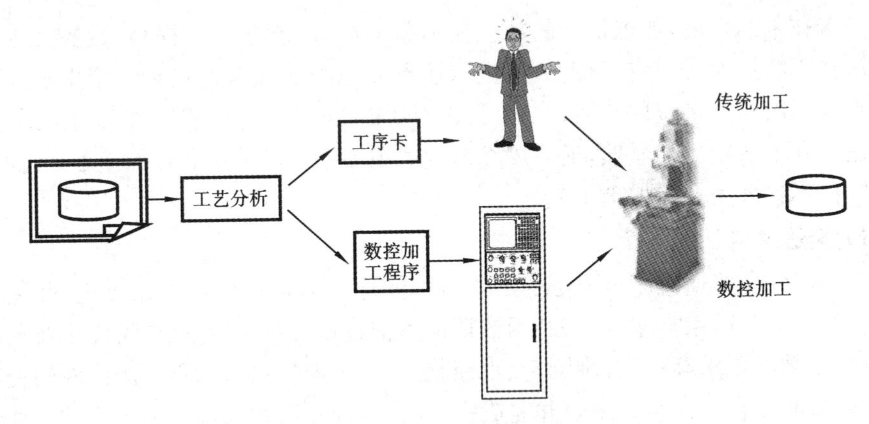

图 3.6　传统加工与数控加工过程的比较

2. 数控加工的特点

数控机床是制造业现代化不可缺少的关键设备，它使制造业产生了革命性的变化，现代数控加工技术已成为制造业实现自动化、柔性化、集成化生产的基础技术，现代的计算机辅助设计与制造、柔性制造系统和计算机集成制造、敏捷制造和智能制造等，都是建立在数控加工技术之上的。数控加工有如下特点。

(1) 有利于产品的升级。数控机床是按照被加工零件的数字化程序进行自动加工的，当被加工零件的形状、参数改变时，只要改变程序即可实现不同的加工目的，而不必更换凸轮、靠模、样板或钻镗模等专用工艺装备，这样可缩短生产周期，实现产品的快速升级、换代，提高产品的市场反应速度。

(2) 有利于提高生产效率。数控机床可以优化切削用量，能有效地节省加工工时。数控机床还有自动变速、自动换刀和其他辅助操作自动化等功能，可使辅助加工时间大为缩短，生产效率比普通机床高 3～4 倍，对大型、复杂型面零件的加工，其生产效率则可提高十几倍甚至几十倍。

(3) 有利于提高产品质量。数控机床本身的精度较高，加上利用软件进行精度补偿，可使机床在保持较高精度的同时稳定运行，而且机床是根据预先编制好的程序自动进行加工的，可以避免人为的误差，使加工质量稳定。

(4) 有利于提高经济效益。数控机床，特别是自动换刀的数控机床，在一次装夹的情况下，几乎可以完成零件的全部加工。现代的数控复合机床，实现了一机多用，可以代替数台数控机床，大大减少工序之间的运输、测量和装夹等辅助时间，节省机床的占地面积，带来较高的经济效益。

数控机床是集光、机、电、液于一体的高技术加工装备，价格较高，维护与维修难度大，加工中的编程、调整又相对复杂，要求操作、维护和维修人员具有一定的数控技术基础和技能。

3. 数控加工的适用范围

随着技术的发展，数控机床的功能在不断增加，性能在不断提高，数控加工的应用范围在不断扩大，但是在目前数控机床还不能完全取代普通机床。根据数控加工的特点及国内外大量应用实践，一般可按数控加工的适用程度将零件分为最适用类、较适用类和不适用类。显然，最适用类与较适用类零件可采用数控加工工艺，而不适用类零件不宜采用数控加工工艺。

1）最适用类

有些零件在普通机床上无法加工或虽然能加工但很难保证产品质量，此类零件为数控加工的最适用类零件。如：用数学模型描述的形状复杂的曲线或曲面轮廓零件，其加工精度要求高；具有难测量、难控制进给、难控制尺寸的不开敞内腔的壳体或盒型零件；必须在一次装夹中合并完成铣、镗、锪、铰或攻螺纹等多道工序的零件。

2）较适用类

数控加工较适用的零件包括：在普通机床上加工时极易受人为因素（如情绪波动、体力强弱、技术水平高低等）干扰，价值又高，一旦质量失控便会造成重大经济损失的零件；在普通机床上加工时必须先制造复杂专用工艺装备的零件；需要多次更改设计后才能定型的零件；在普通机床上加工需要做长时间调整的零件；用普通机床加工时，生产率很低或体力劳动强度很大的零件。对这类零件，在分析其可加工性以后，还要在提高生产率及经济效益方面进行全面衡量，一般把它们作为数控加工的主要选择对象。

3）不适用类

采用数控加工后，在生产效率与经济性方面无明显改善的零件，一般不应作为数控加工的选择对象，主要包括：生产批量大的零件（当然不排除其中个别工序用数控机床加工）；加工余量很不稳定，且与其对应的数控机床上无可自动调整零件坐标位置的在线检测系统的零件；必须用特定的工艺装备协调加工的零件。

随着数控机床品种增加、效率提高、价格降低，不适应用数控机床加工的零件必将越来越少。

3.3.4　数控机床与数控系统的指标、功能

1. 数控机床的主要指标

1）规格指标

规格指标是指数控机床的基本能力指标，主要有以下五个。

（1）行程范围　行程范围指坐标轴可控的运动区间，它反映该机床允许的加工空间，一般工件的轮廓尺寸应在加工范围之内，个别情况下工件的轮廓也可大于机床的加工范围，但工件的加工区域必须小于加工范围。

(2) 工作台面尺寸　工作台面尺寸反映该机床安装工件大小的最大范围，通常应选择比最大加工工件稍大一点的台面，这是因为要预留夹具所需的空间。

(3) 承载能力　承载能力反映该机床能加工零件的最大重量。

(4) 主轴功率和进给轴扭矩　主轴功率和进给轴扭矩反映该机床的加工能力，同时也可间接反映机床的刚度和强度能力。

(5) 控制轴数和联动轴数　数控机床的控制轴数通常是指机床数控装置能够控制的进给轴数，现在也有数控机床生产厂家认为控制轴数包括所有的运动轴，即进给轴、主轴、刀库轴等。数控机床控制轴数和数控装置的运算处理能力、运算速度及内存容量等有关。联动轴数是指数控机床控制多个进给轴，使它们按零件轮廓规定的规律运动的进给轴数目，它反映数控机床的曲面加工能力。

2) 精度指标

精度指标是综合反映机床的关键零部件和总装后的几何形状误差的指标，主要有以下四个。

(1) 定位精度　定位精度是指数控机床工作台等移动部件在确定的终点所达到的实际位置精度，其误差称为定位误差。定位误差包括伺服系统、检测系统、进给系统等的误差，以及移动部件导轨的几何误差等。定位误差将直接影响零件加工的精度。

(2) 重复定位精度　重复定位精度是指在同一台数控机床上，应用相同程序、相同代码加工一批零件，所得到的连续结果的一致程度。重复定位精度受伺服系统特性、进给传动环节的间隙与刚性及摩擦特性等因素的影响。一般情况下，重复定位精度是呈正态分布的偶然性误差，它影响着一批零件加工的一致性，是一项非常重要的精度指标。

(3) 分度精度　分度精度是指分度工作台在分度时要求的理论回转角度值和实际回转角度值的差值。分度精度既影响零件加工部位在空间的角度位置，又影响孔系加工的同轴度等。

(4) 回零精度　回零精度是指数控机床各坐标轴达到规定的零点的精度，其误差称为回零误差。同定位误差一样，回零误差包括整个进给伺服系统的误差，它直接影响机床坐标系的建立精度。

3) 性能指标

(1) 最高主轴转速和最大加速度　最高主轴转速是指主轴所能达到的最高转速，是影响零件表面加工质量、生产效率及刀具寿命的主要因素之一，尤其是对有色金属的精加工。最大加速度是反映主轴提速能力的性能指标，也是反映加工效率的重要指标。

(2) 最高快移速度和最高进给速度　最高快移速度是指进给轴在非加工状态下的最高移动速度，最高进给速度是指进给轴在加工状态下的最高移动速度，它们是影响零件加工质量、生产效率及刀具寿命的主要因素，二者均受数控装置的运算速度、机床动特性及工艺系统刚度等因素的限制。

此外，换刀速度和工作台交换速度也是影响生产效率的性能指标。

4) 可靠性指标

(1) 平均无故障工作时间(MTBF)　其计算式为

$$\text{MTBF}=\frac{1}{N_0}\sum_{i=1}^{n}t_i$$

式中：N_0——在评定周期内数控机床累计故障频数；

n——加工中心抽样台数；

t_i——在评定周期内第 i 台数控机床的实际工作时间(h)。

(2) 平均修复时间(MTTR)　其计算式为

$$\text{MTTR}=\frac{1}{N_0}\sum_{i=1}^{n}t_{Mi}$$

式中：t_{Mi}——在评定周期内第 i 台数控机床的实际修复时间(h)。

(3) 固有可用度(A_i)　其计算式为

$$A_i=\frac{\text{MTBF}}{\text{MTBF}+\text{MTTR}}$$

2. 数控系统的功能

数控系统的功能是指满足用户操作和机床控制要求的方法和手段，包括基本功能和选择功能。基本功能指数控系统基本配置的、必备的功能，选择功能指用户根据实际要求选择的功能。数控系统的主要功能如下。

1) 控制功能

控制功能即数控系统控制和联动控制进给轴的功能。数控的控制进给轴有移动轴和回转轴、基本轴和附加轴。数控车床只需要两轴联动，在具有多刀架的车床上则需要两根以上的控制轴，数控镗铣床、加工中心等需要有三根或三根以上的控制轴。联动控制的轴数越多，数控系统就越复杂，编程也越困难。

2) 准备功能

准备功能即指定机床动作方式的功能，包括基本移动、坐标设定、平面选择、固定循环、刀具补偿、程序暂停等多种操作，准备功能操作的多少反映了系统功能的强弱。

3) 插补功能

插补功能是数控系统实现零件轮廓(平面或空间)加工轨迹运算的功能，反映数控机床加工轮廓的能力，其实时性很强，关系到系统能否高速运行。现代数控系统不仅有直线、圆弧插补功能，而且有抛物线、椭圆、螺旋曲线、样条曲线插补功能等。

4) 分辨率(脉冲当量)

分辨率是指两个相邻的分散细节之间可以分辨的最小间隔。对测量系统而言，是可以测量的最小增量；对控制系统而言，分辨率是可以控制的最小位移增量，是数控系统重要精度指标，它有以下两方面的意义。

(1) 表示数控系统发出一个指令脉冲，经伺服系统的转换、放大、反馈后驱动机床上的工件(或刀具)实际移动的最小位移量,称为实际脉冲当量或外部脉冲当量,是设计数控机床和数控系统的原始数据之一,其数值的大小决定了数控机床的加工精度和表面质量。

(2) 表示内部运算的最小设定单位,称为内部脉冲当量,比外部脉冲当量小得多。数控系统在输出位移量前会自动将其转换成外部脉冲当量。

分辨率一般为0.000 001～0.01 mm,具体由机床的档次而定。在编程时,所有编程尺寸都应转换成与最小设定单位相应的数值。

5) 进给功能

进给功能指数控系统进给速度的控制功能,主要有以下三种控制功能。

(1) 进给速度控制　进给速度控制功能实现对刀具相对工件的运动速度的控制,该速度的单位为mm/min。

(2) 同步进给速度控制　同步进给速度控制功能可实现切削速度和进给速度的同步,同步进给速度的单位为mm/r。该功能要求主轴必须装有位置编码器,用于加工螺纹。

(3) 进给倍率(进给修调率)控制　通过该功能可实现人工实时修调进给速度,即通过面板的倍率波段开关在0～200%之间对其进行实时修调。

6) 自动加减速度功能

机械设备运动状态改变(如加减速、启停等)时易产生冲击,为避免或减少冲击,系统应该具有自动加减速度功能,采用的方法有直线加减速、指数加减速、抛物线加减速、鼓形加减速。加减速控制一般由软件实现,可在插补前进行(插补前加减速),也可以在插补后进行(插补后加减速)。

7) 主轴功能

主轴功能指数控系统对切削速度的控制功能,主要有以下五种。

(1) 主轴转速(切削速度)控制　主轴转速控制功能指实现刀具切削点切削速度的控制功能,刀具切削点切削速度的单位为m/min。

(2) 恒线速度控制　恒线速度控制是保证刀具切削点的切削速度为恒速的控制功能。

(3) 主轴定向控制　主轴定向控制功能是实现主轴周向定位于特定点的控制功能。

(4) C轴控制　C轴控制功能是实现主轴周向定位于任意位置的控制功能。

(5) 切削倍率(进给修调率)控制　通过切削倍率控制功能可实现人工实时修调切削速度的功能,即通过面板的倍率波段开关在0～200%之间对其进行实时修调。

8) 辅助功能

辅助功能指控制机床及其辅助装置通断(如主轴启停、转向,刀库启停等)的功能。

9) 刀具管理功能

刀具管理是实现对刀具几何尺寸和刀具寿命管理的功能,加工中心都应具有此功能。刀具几何尺寸是指刀具的半径和长度，这些参数供刀具补偿功能使用；刀具寿命指刀具的时间寿命，当某刀具的时间寿命到期时，数控系统将提示用户更换刀具；另外，数控系统都具有T功能即刀具号管理功能，它用于标识刀库中的刀具和自动选择加工刀具。

10）补偿功能

（1）刀具半径和长度补偿　数控加工程序是按零件轮廓要求，控制刀具中心轨迹进行编制的，当刀具的半径和长度发生变化（如刀具更换、刀具磨损等）时，为了应用原加工程序，必须对刀具的刀具半径或长度作相应的补偿。

（2）传动链误差补偿　传动链误差补偿包括螺距误差补偿和反向间隙误差补偿功能。可预先测出螺距误差和反向间隙，然后按要求输入数控装置相应的存储单元内，在加工过程中进行实时补偿。

（3）非线性误差补偿　非线性误差补偿是对诸如热变形、静态弹性变形、空间误差以及由刀具磨损所引起的加工误差，外界干扰产生的随机误差等，采用人工智能、专家系统等新技术进行建模，利用模型实施的智能补偿。

11）程序编制功能

将零件加工的工艺顺序、运动轨迹与方向、位移量、工艺参数以及辅助动作，按动作顺序，用数控机床的数控系统所规定的代码和程序格式，编制成加工程序单，再将程序单中的内容记录在控制介质上，输送给数控系统，从而控制数控机床自动加工，这种从零件图样到制成控制介质的过程，称为数控机床的程序编制。

12）固定循环功能

数控机床加工零件时，某些加工工序（如钻孔、镗孔等）需完成的动作循环十分典型，将实现这些典型动作的程序预先编好并存储在系统内存中，用代码进行指定，加工时调用这类已成为固定循环指令的代码，可大大简化编程工作量。

13）人机对话功能

在数控系统内配有薄膜场效应晶体管（TFT）显示屏，通过软件可实现字符和图形的显示，以方便用户的操作和使用。该功能可提供菜单结构的操作界面，零件加工程序的编辑环境，系统和机床参数、状态、故障信息的显示、查询和修改页面等。

14）自诊断功能

自诊断功能指数控系统自动实现故障预报和故障定位的功能。现代数控系统具有开机自诊断、在线自诊断、离线自诊断、远程通信诊断等功能，这些自诊断功能主要是用软件来实现的。通过这一功能，系统可以在故障出现后迅速查明故障的类型或部位，减少故障停机时间。诊断程序既可以在系统运行过程中进行检查，也可以作为服务性程序，在系统运行前或因故障而停机后进行诊断，查找故障的部位。

15）通信功能

通信功能指数控系统与外界进行信息和数据交换的功能。通常数控系统都具有

RS-232 和 Internet 接口，可传送零件加工程序或联网运行，参与柔性制造系统、计算机集成制造系统、智能制造系统(IMS)等大制造系统的集成。

3.4　数控技术的发展趋势

3.4.1　数控机床的发展趋势

1. 运行高速化

缩短加工时间、实现高效的加工已成为制造技术的重要发展趋势。运行高速化是指使进给运动、主轴转动、刀具交换、托盘交换实现高速化，并且具有高加(减)速率。目前的机床主轴转速已从以前的 8 000～12 000 r/min 提高到 100 000 r/min，并向 200 000 r/min 逼近；在进给速度方面，当分辨率为 1 μm 时，最大快速移动速度可达 240 m/min。在最高进给速度下可实现复杂型面的精确加工，在加工长度为 1 mm的小段时，最大进给速度可达 30 m/min，并且具有 1.5g(g 为重力加速度)的加(减)速率。

高速加工能否实现不仅取决于设备，还取决于机床、刀具、夹具和数控系统以及编程技术等。机床的高速化需要新的数控系统、高速电主轴和高速伺服进给驱动，以及机床结构的优化和轻量化。在提高速度的同时要求提高运动部件启动的加速度，由过去一般机床的 0.5g 提高到 1.5g～2g，最高可达 15g。直线电动机开始在机床上得到应用，主轴上大量采用内装式主轴电动机。

2. 加工高精化

要提高数控设备的加工精度，机床不仅要具有很高的几何精度，还必须具有很高的运动轨迹精度。目前对数控机床精度的要求已经不局限于静态的几何精度，运动精度、热变形和振动的监测与补偿越来越受到重视，数控机床的定位误差已由 0.01～0.02 mm 降低到 0.008 mm 左右，亚微米级机床已达到 0.0 005 mm 左右。如加工中心的定位误差为±0.4 μm，重复定位误差为±0.3 μm。纳米级机床的定位误差达到 0.005～0.01 μm，最小分辨率为 1 nm 的数控系统和机床也已问世。

近 50 年内，加工误差平均每 8 年降低一半，普通加工已由 0.3 mm 降低至 0.003 mm，精密加工已由 3 μm 降低至 0.03 μm，超精密加工则已由 0.3 μm 降低至 0.003 μm。目前的轮廓控制和定位精度已经达到了纳米量级。为提高加工精度，近年来两轴以上插补精度和速度大为提高，纳米级插补使两轴联动加工的圆弧都可以达到 1 μm 的圆度，插补前多程序预读，大大提高了插补质量，并可进行自动拐角处理。

除提高机械设备的制造精度和装配精度外，还可通过减少数控系统的误差和采用补偿技术来提高加工精度。

速度和精度是数控设备的两个重要指标，二者直接关系到加工效率和产品质量。

计算机技术的不断进步，促进了数控技术水平的提高，采用数控技术的数控装置、进给伺服驱动装置和主轴伺服驱动装置的性能也随之提高，使得现代的数控设备在运行高速化、加工高精化等方面都有了更高的水平。

3. 功能复合化

功能复合化是指工件在一台设备上一次装夹后，可通过采用自动换刀等各种措施，来完成多工序和多表面的复杂零件的全部加工工序。功能的复合包括工序复合（如车、铣、镗、钻、攻螺纹等），不同工艺的复合（集车、铣、滚齿、磨、淬火等不同工艺的复合加工机床可对大直径、短长度回转体类零件进行复合加工），切削与非切削工序复合（如铣削与激光淬火装置的复合、冲压与激光切割的复合、金属烧结与镜面切削的复合、加工与清洗融于一台机床上的复合等），多功能化（如数控车床由单主轴、单刀架功能扩展为双主轴、双刀架结构，形成卧式平行双主轴、对置双主轴或立式双主轴结构等）。复合加工不仅提高了工艺的有效性，而且由于零件在整个加工过程中只有一次装夹，大大缩短了生产过程链，工序间的加工余量大为减少，既能减少装卸时间，省去工件搬运时间，提高每台机床的能力，减少半成品库存量，又能保证并提高形位精度，从而打破了传统工序界限和分开加工的工艺规程。工件越复杂，复合加工相对于传统工序分散的生产方法的优势就越明显。由于过程链的缩短和设备数量的减少，车间占地面积和维护费用也随之减少，从而降低了固定资产的总投资和生产成本。

复合化促使新的模块化结构的机床大量出现，如五轴五面体复合加工机床（其可采用五轴五联动加工各类异形零件），六轴虚拟轴机床，串、并联铰链机床等。复合加工机床必须采用特殊机械结构，需要采用特殊的数控系统运算方式，有特殊编程要求。

3.4.2　数控系统的发展趋势

进入20世纪90年代以来，数控技术不断采用计算机、控制理论等领域的最新技术成果，朝着高速化、高精化、复合化、智能化、高柔性化及结构开放化等方向持续发展。

为了满足数控机床发展的需要，数控系统必须实现根本性变革：由有限的开放式体系结构向通用型、全开放式、全闭环控制模式发展；在集成化基础上，实现数控设备的超薄、超小型化；在智能化基础上，综合计算机、多媒体、模糊控制、神经网络等多学科技术，实现高速、高精、高效控制，并且在加工过程中可以自动修正、调节与补偿各项参数，实现在线诊断和智能化故障处理；在网络化基础上，计算机辅助设计与制造系统与数控系统集成为一体，将机床联网，实现中央集中控制的群控加工。

因此，现代数控系统将向着以下几个方面发展。

1. 体系结构开放化、柔性化

随着制造业的发展，中小批量生产需求日益增强，对数控机床的柔性和通用性提出了更高的要求，希望市场能提供满足不同加工需求，能迅速高效、低成本地构筑面向用户的控制系统，并大幅度降低维护和培训成本，同时还要求其具有网络功能，以适应未来车间面向任务和订单的生产组织和管理模式。为此，近十年来，随着计算机技术的飞速发展，各种不同层次的开放式数控系统应运而生，发展很快。

开放式体系结构数控系统是开放式、高性能、智能化、网络化数控系统的通称。其核心是开放式，即系统各模块与运行平台的无关性、系统中各模块之间的互操作性和人机界面及通信接口的统一性。开放式体系结构使数控系统有更好的通用性、柔性、适应性、扩展性，并向智能化、网络化方向发展。数控系统向通用计算机即开放式体系结构方向发展已成为不可抗拒的潮流，开放式体系结构将成为最具生命力的技术平台。开放式体系结构数控系统的基本特点就是：系统互换性(interchangeability)、可伸缩性(scalability)、可移植性(portability)、互操作性(interoperability)和可扩展性(expandability)。

现代开放式数控系统的体系结构技术要求：采用通用型开放式闭环控制模式；采用通用计算机组成总线式、模块化、开放式体系结构，利用开放式的数控技术软、硬件平台，可视需要通过重构、编辑调整系统的组成，便于“裁剪”、扩展和升级；功能可专用也可通用，可组成不同档次、不同类型、不同集成程度的数控系统；功能价格比可调；可集成用户的技术诀窍等。

柔性化包含两方面内容：一是数控系统本身的柔性，数控系统采用模块化设计，功能覆盖面大，可满足不同用户的需求；二是群控系统的柔性，同一群控系统能依据不同生产流程的要求，使物料流和信息流自动进行动态调整，从而最大限度地发挥群控系统的效能。

2. 高速、高精、高效化

数控系统必须满足制造装备高速、高精、高效的要求，而高可靠性是制造装备运行的基本保证。因此控制系统必须集成高速运算技术、超高速通信技术、高速主轴技术、高分辨率位置检测技术、高响应数字伺服控制技术、高可靠性技术，具体有如下措施。

(1) 采用位数、频率更高的高速中央处理器芯片、精简指令集计算机(RISC)芯片、多中央处理器控制系统，以提高系统的运算速度和数据处理能力，即提高插补运算的速度和精度。

(2) 使数控系统插补和补偿方式多样化。多种插补方式如直线插补、圆弧插补、圆柱插补、空间椭圆曲面插补、螺纹插补、极坐标插补、NURBS插补(非均匀有理B样条插补)、样条插补、多项式插补等；多种补偿功能如间隙补偿、垂直度补偿、象限误差补偿、螺距和测量系统误差补偿、与速度相关的前馈补偿、温度补偿、带平滑接近和退出及相反点计算的刀具半径补偿等。

(3) 采用带高分辨率绝对式检测元件的全数字交流伺服系统和直线电动机伺服进给方式，提高动态响应速度。

(4) 采用前馈控制技术，使跟踪误差大大减小，改善拐角切削的加工精度。

(5) 数控机床采用电主轴，实现变频主轴电动机与机床主轴一体化。

3. 控制智能化

现代数控系统是一个高度智能化的系统，为满足制造业生产柔性化、制造自动化的发展需求，数控系统应具有模拟、延伸、扩展智能行为的知识处理能力。数控系统的智能化体现在以下几个方面。

(1) 高速加工时引入提前预测和预算功能、动态前馈功能，在压力、温度、位置、速度控制等方面采用模糊控制技术，提高数控系统的控制性能，从而达到最佳控制的目的。

(2) 实现加工过程自适应控制。通过监测加工过程中的刀具磨损和破损、切削力、主轴功率等信息并反馈，利用传统或现代的算法进行调节运算，实时修调加工参数或加工指令，使设备处于最佳运行状态，以提高加工精度、降低工件表面粗糙度、提高设备运行的安全性。例如数控电火花成形机床的自适应控制器，是利用基于模糊逻辑的自适应控制技术，自动控制和优化加工参数；在电火花数控系统中，用专家系统代替操作人员进行加工过程监控，从而降低了对操作者具备专门技能的要求。

(3) 对加工参数的智能优化与选择。将专家或技工的经验、切削加工的一般规律与特殊规律，按人工智能中知识表达的方式建立知识库并存入系统中，以加工工艺参数数据库为支撑，建立专家系统，并通过它提供经过优化的切削参数，使加工系统始终处于最优和最经济的工作状态，从而可达到提高编程效率和加工工艺技术水平、缩短生产准备时间的目的。

(4) 具备故障自诊断功能。故障诊断专家系统是诊断装置发展的最新动向。在整个工作状态中，应随时对数控系统本身以及与其相连的各种设备进行自诊断、检查，为数控设备提供一个包括二次监测、故障诊断、安全保障和经济策略等方面在内的智能诊断及维护决策的信息集成系统。该系统采用智能混合技术，一旦出现故障，立即采取停机等措施，并进行故障报警，提示发生故障的部位、原因等，还可以自动使故障模块脱机，并接通备用模块，以确保实现无人化工作环境的要求。

(5) 具备智能化交流伺服驱动装置。智能化交流伺服驱动装置是能自动识别负载、自动调整参数的智能化伺服系统，包括智能主轴交流驱动装置和智能化进给伺服装置。这种驱动装置能自动识别电动机及负载的转动惯量，并自动对控制系统参数进行优化和调整，使驱动系统获得最佳运行效果。

4. 交互可视化

为使设备的易操作、维修，数控系统应该具备以下三个特点。

(1) 用户界面图形化，可通过窗口和菜单进行操作，以便于蓝图编程和快速编程、三维彩色立体动态图形显示、图形模拟、图形动态跟踪和仿真及不同方向的视图和局部显示比例缩放功能的实现。

(2) 计算可视化，使信息交流不再局限于用文字和语言表达，而可以直接使用图形、图像、动画等可视信息，使系统满足参数自动设定、刀具补偿和刀具管理数据的动态处理和显示，以及加工过程的可视化仿真和自动编程设计等要求。

(3) 数控编程自动化，CAD/CAM图形交互式自动编程和CAD/CAPP/CAM集成的全自动编程是数控技术发展的新趋势。

5. 通信网络化

为了实现机床联网，实现中央集中控制的群控加工，数控系统应该有强的网络功能，通过联网，可在任何一台机床上对其他机床进行编程、设定、操作、运行，不同机床的画面可同时显示在每一台机床的屏幕上，可进行远程控制和无人化操作，实现信息共享，兼容多种通信协议，既能满足单机需要，又能满足柔性制造单元、柔性制造系统、计算机集成制造系统对基层设备的要求，同时便于形成"全球制造"的基础单元需要。

3.5 我国数控技术的发展及产业化进程

3.5.1 我国数控技术发展的回顾

1. 我国数控技术发展的三个阶段

1) 第一阶段——封闭式发展阶段

从1958年到1979年的21年中，我国数控技术处于自我封闭式发展状态。由于国外的封锁，数控机床和主要配套产品均靠国内开发和生产，技术水平低、质量差，因此，在这21年里，数控技术的发展几经波折，未能得到广泛应用，数控技术和数控机床发展缓慢。

2) 第二阶段——引进技术、消化吸收，初步建立起产业体系阶段

自从1980年实行改革开放政策以来，数控技术和数控机床开始出现较大的发展，经过"六五"至"九五"期间对数控技术的引进、吸收、自主开发及产业化攻关等努力，已初步建立起数控产业体系基础。到"八五"末期，我国数控机床产量已由1980年的692台发展到1995年的7291台，增长了10.5倍，数控机床的品种达到500多种，数控系统主要生产企业有10多家，数控机床主要生产企业有40多家，数控机床配套产品主要生产企业有100多家，我国数控产业的发展已经有了一定的基础。

3) 第三阶段——实施产业化工程，进入市场竞争阶段

自20世纪90年代以来，随着经济持续、稳定、高速发展，国民经济各部门对数控机床的需求量迅猛增长，强大的市场需求为我国数控技术的发展和数控产业的建立提供了良好的机遇，但是由于我国数控产品水平和质量与国外差距较大，缺乏市场竞争力，因此，在国内市场需求迅猛增长的同时，数控机床的进口也增长很快，这对我国数控产业的发展产生了严重冲击。

2. 我国数控技术的现状

通过“六五”至“十五”五个五年计划的实施，我国数控技术及其产业的发展有了长足的进步，数控产业已具备相当规模，取得了令人瞩目的成就，其整体情况如下。

1) 数控机床产值和产量快速发展

(1) 数控机床产值从“九五”末的4.9亿美元增加到“十五”末的21.8亿美元，年平均增长34.8%。数控金属加工机床的产量从“九五”末的1.4万台增加到“十五”末的6.0万台，年均增长达到33.5%。到2007年，国产金属加工机床产量达到了12.6万多台，同比增长32.6%，占全部金属加工机床产量(606 835台)的比重由2005年的13.3%增长到2007年的20.7%。按照年平均汇率折算，我国机床销售产值达到107.5亿美元，机床产值数控化率从2004年的32.7%提高到2007年的43.7%，比上年同期增加5.2个百分点，产值继续保持世界第三的位置。

最近连续几年，数控机床产量快速上升，也带动了出口的增长。2007年，数控金属加工机床出口5.0亿美元，同比增长48.2%，占金属加工机床出口总额的30.0%。不仅一般数控机床，高档数控机床也相继出口，如四川长征机床集团的GMC2000H/2五轴联动高速、高精重型龙门加工中心被美国艾勒德机械工程公司购买，齐齐哈尔二机床集团有限公司的TK6920重型数控镗铣床打入欧洲市场，济南二机床集团有限公司的冲压生产线出口到巴西和美国等，标志着中国机床产品出口结构开始发生变化。数控机床进口增幅回落，进出口逆差有了首次缩小。

(2) 有了一定规模的产业基地，产业组织结构也得到了明显优化，已由一批具有自主版权的数控系统生产厂家，形成了一批数控机床生产的主导企业。2005年，数控机床年产量达到1 000台的企业已有11家。数控机床年产量前10名企业的产量集中度达到45.9%。沈阳机床集团公司年产数控金属加工机床达到10 008台，占全国总产量的16.8%，大连机床集团公司年产数控金属加工机床4 734台，占全国总产量的7.9%，两机床集团公司双双进入世界数控金属加工机床生产大企业行列。在数控系统生产方面，以华中数控、广州数控为代表的企业，开发生产了具有自主版权的中、高档系统，突破了国外封锁，使得国产数控系统市场占有率迅速提高。截至2006年6月，共有大连机床、沈阳机床、秦川机床、上海电气机床集团、哈尔滨量具刃具集团公司、北京第一机床厂、杭州机床集团公司等7家国内企业，先后并购了10家国外知名的机床工具企业，在国际化经营中迈出了可喜的一步，提高了中国机床工业在国际上的知名度，为行业引进技术、发展成套设备和扩大出口创造了条件。

(3) 总量供给能力不凡，市场占有率有了根本性的改观。2007年，随着我国机床行业的产品结构的优化，市场竞争力进一步提升。国内企业终于夺回了机床市场的半壁江山，从2001年以来国产机床市场占有率首次突破50%。表3.1所示为“十五”期间各年度国产数控机床市场占有率状况。2006年开始市场占有率稳步增长，到2010年突破50%。

表 3.1 国产金属加工机床市场占有率

年　份	2001	2002	2003	2004	2005
国产数控机床市场占有率/%	29	28.9	28.1	26.9	30.4

普及型及经济型数控机床发展很快，尤其是经济型数控机床已能完全满足国内需求。

(4) 产品品种多，覆盖面广。至2007年底，数控产品达1 500种，覆盖超重型机床、高精度机床、特种加工机床、锻压设备、前沿高技术机床等领域。

2) 研制、开发出了一批"高、精、尖"重、大型数控机床

目前，我国已完成了20种"高、精、尖"重、大型数控机床的科技攻关，为国民经济和国防建设提供了一大批关键装备。

(1) 五轴联动数控机床产品已陆续推向市场，如五轴联动数控重型落地镗铣床、重型复合车铣床、龙门式铣镗床、加工中心等。

(2) 数控超重型机床已开发成功并投入使用。如可加工直径达16 m工件的数控立式车床，可加工重300 t、直径4.5 m工件的卧式车床，可加工重200 t、直径2.2 m工件的数控轧辊磨床等数控超重型机床，由此我国成为少数几个超重型机床供应国之一。

(3) 立式、卧式加工中心类约占数控金属加工机床需求总量的30%的加工装备，在我国约有40家企业生产，有几百个通用品种可批量生产，少数厂家已有高精度型、大规格型立式或卧式加工中心进入市场。在第5届中国数控机床展览会(CCMT 2008)上，我国展出了加工中心共179台，其中有立式加工中心111台，卧式加工中心37台，龙门加工中心21台，其他加工中心8台。

(4) 数控车床同样是数控机床中占比重最大者之一，我国有近50家企业生产，品种齐全，质量稳定可靠。

(5) 在数控齿轮加工机床方面，六轴五联动数控滚齿机、七轴五联动蜗杆型砂轮磨齿机、七轴六联动弧齿锥齿轮磨齿机，都是最近三年来进入批量生产的世界先进水平的机床新品。在第5届中国数控机床展览会上，我国展出了数控磨床100多台、数控齿轮加工机床30多台。

3) 掌握了具有世界水平的现代数控技术

我国已掌握数控系统、伺服驱动、数控主机、专机及其配套件的基础技术，其中大部分技术已具备进行商品化开发的基础，部分技术已经实现产业化，主要体现在以下方面。

(1) 突破和掌握了多项数控前沿技术和共性关键技术，成功地开发了具有网络功能的开放式数控系统，通过对开放式数控系统的体系结构和规范的研究，建立了开放式体系结构的硬件平台和基于Linux、Windows等多种操作系统的软件平台。其中华中世纪星采用了以工业PC机为基础构成的总线式、模块化、开放型、嵌入式的硬件体系结构和多通道软件技术的数控体系结构，其功能扩展及剪裁方便，可用于不同档次、不同品种数控系统的开发，不仅具备中档数控系统的功能，还可进行多轴联动控制，标志着我国已完成了具有自主版权的数控系统的开发，使我国数控技术的发展进入了一个新阶段。

(2) 通过自主开发和引进技术，掌握了数字交流伺服驱动单元和交流主轴控制系统的部分关键技术，完成了系列产品型谱设计，设计开发了部分规格的数字交流伺服驱动单元和交流主轴控制单元，并形成了批量生产能力。

(3) 在高端数控机床关键技术方面取得了重大突破，五轴联动技术、复合加工技术及装备的实际应用领域不断扩大，代表产品有五轴联动横梁移动式高速龙门铣床、五轴联动龙门加工中心、五轴联动车铣中心、五轴联动立式叶片加工中心、五轴联动卧式加工中心、六轴五联动弧齿锥齿轮磨床等。五轴联动编程技术和应用技术的突破，不仅打破了国外对我国的技术封锁，而且使该技术的应用进入实用化阶段。与此同时，复合加工技术的研究也取得了一定进展，已研制完成的五轴联动车铣复合中心、五轴五面体加工中心、双主轴双刀架车削中心等关键设备也已实现商品化。

(4) 高速加工技术(HSM)的研究与应用取得重要进展。通过对高速主轴、直线电动机、高速加工刀柄(HSK)等单元技术开展研究，完成了 8 000～10 000 r/min 的分离式主轴单元和 10 000～18 000 r/min 的内装电动机电主轴单元的开发和加工制造工艺的研发，实现了在国产加工中心和数控机床上的应用。研制成功了适合高速机床加工的 HSK 工具系统，并已将其转化成国家标准。直线电动机关键技术研究开发与应用技术的研究取得了实质性进展，基本掌握了负载变化扰动、热变形补偿、隔磁和防护等部分关键技术。

由于上述高速加工单元技术的突破与应用，使国产数控机床的技术水平有了较大提高。目前，立式加工中心主轴最高转速已由 6 000～8 000 r/min 提高到 10 000～15 000 r/min，最高可达 24 000 r/min；快速进给从 16 m/min 提高到 24～40 m/min，最高可达 60 m/min。数控车床主轴最高转速从 3 000 r/min 提高到 4 500 r/min，车削中心转速最高可达 7 000 r/min；快速进给速度已从 8 m/min 提高到 15 m/min，最高可达 40 m/min。国产数控机床与国外同类产品差距的缩短，并部分地替代了进口。

(5) 精密和超精密加工技术的研究不断深入。如用于导航系统关键零件加工的超精密加工技术与装备的研究获得突破，不仅打破了国外对我国的技术封锁，而且满足了国防建设的急需。

4) 产品研发手段有较大提高

目前，计算机辅助设计、计算机辅助工艺过程设计技术已在国内主要机床制造企业中得到普及，技术人员开始注重将产品开发与市场相结合，开发思想有了根本性的转变。通过工业造型计算机辅助设计技术的研究与应用，开展智能化辅助网络协同造型设计，将产品设计与市场需求紧密结合，较大幅度地提高了国产数控机床的外观造型水平。由我国十一家产业化机床厂共同研发的数十种产品，投入市场后取得了显著效果，用户普遍反映我国数控机床的直接观感连续上了几个台阶，具有时代感和实用性，大大增强了市场竞争力。

5）数控机床的可靠性增长技术研究取得较好效果

"十五"期间，我国对数控机床的可靠性增长技术继续进行了深入研究和应用实践，同时对数控系统的可靠性增长技术进行了研究与应用，并在上述应用和实践的基础上开展了可靠性技术评定规范的研究，目标是使国产数控机床的可靠性指标（MTBF）比"九五"末期提高15%～20%。由于国产数控机床的可靠性不断提高，增强了广大用户对使用国产数控机床的信心。在近三年来国内企业的技改投资中，在通用型的数控车床、加工中心、大型数控机床等方面大多采用的是国产设备。

6）建立了相关技术规范

在开展数控配套技术研究的同时开展了相关技术规范的研究，如对精密加工中心、数控车床和车削中心、开放式数控系统体系结构、关键功能部件的相关技术规范的研究，并有部分研究成果形成了国家标准。

3. 我国数控技术产业发展中存在的问题

国产数控机床总量虽然增加很快，但核心竞争力不强，市场占有率不高。我国是机床生产大国，但不是机床制造强国，国产机床的发展仍然难以支撑国民经济和国防军工的需要。尽管近几年国产机床市场销售量不断提高，但直至2005年进口机床在国内市场占有率仍高达60%，其中汽车、航空、航天、兵器、造船、通用机械等行业是主要进口大户。2002—2006年，连续五年我国都是世界最大的机床进口国。以2004年为例，该年我国从日本、德国进口的数控机床量分别占国内市场的19.7%、8.6%。国产高档数控机床在品种、水平和数量上远远满足不了国内发展需求。目前经济型数控机床基本自给，但高档数控机床绝大部分依靠进口，在普及型数控机床中，进口产品也占很大比重。从行业总体来看，我国数控技术产业与数控技术发达国家的差距主要表现在以下几个方面。

1）产业化水平不高

（1）国产数控机床品种不全，总量不大，企业生产规模较小，新产品推向市场的速度不快。目前国产数控机床按价值量计算占国内市场不足三分之一，经济型、普及型数控机床品种比较齐全，但高档数控机床刚刚起步，高水平的产品品种数只相当于德、日等国的10%左右。

（2）产业结构不合理，专业化配套和协作水平低，没有形成数控产业发展的功能部件支撑体系。

（3）机床工具行业自身技术装备比较落后，全行业的装备数控化率（按设备台数计）平均值仅为3%～5%，企业信息化管理水平不高。

（4）行业生产效率较低，企业的赢利能力较差，多数企业尚未进入良性循环。

2）功能部件发展滞后

数控机床的发展需要高水平、专业化、规模化生产的功能部件做基础。目前我国低端数控机床，如经济型数控装置、滚珠丝杠、四方刀架等所需的功能部件基本可以满足配套需要，但为中档及中高档数控机床如加工中心用刀库和机械手、数控车床转塔刀架、高速主轴单元、高速传动单元、数控回转工作台、高速工具系统等配套的功能部件几乎都是从国外购买的。多年来，我国数控机床功能部件产品开发能力弱，设计与制造技术水平不高，发展速度较慢，没有形成适应主机产业化需要的开发、专业化生产和社会化服务配套体系，在技术高起点、生产专业化、产量规模化方面，与国际功能部件生产企业有较大差距。根据行业调查，各类功能部件国内配套比例为15%～50%，而在普及型和高级型数控机床中，国产关键功能部件配套比例更低。功能部件产业发展滞后，已经明显阻碍了国产数控机床的发展。没有高水平功能部件，就不可能生产高水平的数控机床；没有功能部件的产业化，就不可能实现数控机床的产业化。

3）技术开发能力不足

国有企业经济效益相对较低，对基础研究、技术攻关和新产品开发的投入严重不足。根据行业调查，我国主要企业年平均科技投入金额不足年销售收入的2%，直接影响了创新能力的提高；民营企业大多处在发展的初级阶段，技术开发能力相对较弱，需要技术和资金积累的过程；三资企业的技术开发多受制于外方。从行业总体来看，主要有以下三点。

(1) 产品开发能力不足，高级型数控机床开发还停留在引进技术或引进产品的消化和吸收上，技术转化和创新进展缓慢，导致高水平数控机床品种发展不快。

(2) 产品结构不合理，目前国产数控金属加工机床的经济型台数与普及型和高级型(中高档)台数之比约为7∶3，而相应国内市场消费台数之比约为4∶6。

(3) 全行业科技人才不足，特别缺乏技术带头人，基础开发理论研究、基础工艺研究和应用软件开发不能适应数控技术快速发展的要求。

4）高档数控系统发展缓慢

高档数控系统发展缓慢是数控机床发展的软肋。

随着改革开放和市场经济的逐步建立，国外知名数控系统生产企业相继在国内建立了合资企业，利用其强大的技术、资金和人才优势，扩大在国内的生产和销售量，市场份额逐年增加。为主机配套的国产数控系统主要是为数控车床配套(二至三轴)，配套比例达90%以上；加工中心和数控铣床用数控系统由于技术难度较高(三至四轴)，配套比例大约为30%；高档数控系统配套比例更低，约为1%。目前，我国国产高档数控机床仅占数控机床总产量的1.5%，占数控机床总价值量的2.5%，航空航天、船舶、发电设备、轨道交通等领域所需的大型专用数控机床及工艺装备基本依赖进口，汽车及关键零部件成套生产设备的70%依赖进口，非常不利于国民经济建设和国防安全。我国数控技术产业必须自主发展，其中发展高档数控机床、高档数控系统是关键。因此，提高系统技术性能和可靠性，引导和大力推动国产数控系统的配套成为当务之急。

5）综合服务能力不强

机床行业大部分企业的管理水平都不能适应市场要求，需要运用信息化手段提高企业基础管理水平。由于体制、机制改革不到位，企业员工的积极性和创造性没有得到充分发挥，因而影响了企业生产效率、成本、质量的改善。同时，服务体系不健全，对用户的服务工作不规范，服务人员素质和基本功不强，没有形成全方位服务能力，主要表现为在新的市场开拓、成套技术服务、快速反应能力等方面不能满足用户要求。

3.5.2 我国数控产品的市场概况

1. 经济、国防建设对高性能机床的需求

1）能源开发设备制造业需要超大型数控车床

能源是国家经济发展的关键资源，将热能、水能、核能、风能转化为电能，离不开大型的发电设备。2005年底，我国发电装机容量达到 5×10^9 kW，年发电量 2.4×10^{12} kW·h，二者均居世界第二位。在大型发电中，汽轮机、燃气轮机、水轮机是能源转换的关键设备，我国已经能够制造 70×10^4 kW 至 100×10^4 kW 的超临界超大型机发电机组，在三峡发电站中，巨型水轮机转轮的重量达550 t。这些超大型装备中的大型复杂曲面零部件及其他特大型零部件的加工制造需要超大型、自动化程度高的数控立式车床和数控车床来完成。

2）船舶制造业需要大型数控曲轴加工机床

我国造船吨位居世界第二，2005年船舶工业完成工业总产值首次突破千亿元，达到1 256亿元。大型低速船用柴油机是大型船舶的心脏，其一根曲轴的重量就达数十吨，一个大型的螺旋桨重达150～200 t。进口一台大型曲轴的机床装备需6 000万元人民币，进口一套加工柴油机的机身的成套制造装备需要上亿元人民币。

3）大型飞机制造业需要高性能大型数控机床

未来20年中国大型飞机需求量将为1 200架，而近年对大型军用运输机的需求量就在200架以上。飞机机身、侧壁、机翼等大型薄壁复杂曲面的加工需要高速、多轴联动的、复合的龙门式加工中心来完成。

4）钢铁制造业对高性能重型数控装备的需求

自1996年以来，我国钢铁产量一直居于世界首位，是世界上唯一年产钢量超过两亿吨的国家。钢铁制造需要大量设备，例如冷轧薄板的生产设备。冷轧薄板是汽车、家电生产的重要原材料，我国冷轧薄板市场缺口很大，每年需从国外大量进口。2005年我国冷轧薄板的消费量超过 $2\ 000\times10^4$ t，预计到2010年我国冷轧薄板的需

求量将达到 $3\ 500\times10^4$ t。精密冷轧辊是大型冷轧设备中的关键部件，目前大的冷轧辊重量达 250 t，直径为 2 000 mm，长度为 14 000 mm，圆度偏差为 0.005 mm，其加工需要由精密的、高性能的重型数控精密磨床来完成。

5）汽车制造业对高性能成套数控机床需求巨大

我国机床消费量的 50%为汽车工业所占有。汽车制造要求有高效、精密、可靠、成套、实用、柔性、环保的数控加工中心、数控齿轮加工机床等。

由数控机床组成的柔性生产线是汽车制造的需求重点，它对生产线有四个方面的要求：一是速度高，其中主轴转速为 8 000～24 000 r/min，进给速度为 40～60 m/min，换刀时间为 2～3 s；二是可靠性高，平均无故障时间为 1 000 h 以上；三是成套性好，配备夹具、刀具、工艺软件和控制软件；四是要求精度高，产品加工的一致性好。目前，我国轿车关键零部件生产线的 80%是从国外引进的，从国外引进一条发动机缸体生产线的价格高达 1.3 亿元人民币，引进一条活塞生产线也需要 8 000 万元人民币。

6）铁路及轨道交通设备制造业需要高性能大型数控加工机床

我国轨道交通发展非常迅速，城市轨道交通建设现在已进入高峰期，有 25 个城市规划了轨道交通网络，总里程长达 5000 km。到 2020 年，我国铁路营业里程将达到 100 000 km，铁路车辆需求量将大幅增加。随着轨道交通、高速轮轨、磁悬浮列车等现代交通工具的发展，对加工超长轨道梁的大型先进的数控机床，加工制造地铁、隧道大型掘进机的大型数控机床制造装备的需求量将加大。

7）IT 制造业需要大量高性能数控装备

迅猛发展的 IT 制造业需要大量的制造设备。据预测，用于小型精密塑料、冲压模具制造和 IT 产品上的精密机械零件加工的高速、高精的数控机床，未来几年年增长率将在 50%以上。适用于加工 IT 行业机械的数控机床的特点如下。

（1）精度高，达微米、亚微米级，采用全闭环控制。

（2）规格小，工作台小于 400×800 mm。

（3）多坐标控制，采用三至五轴联动。

（4）速度高，主轴速度在 30 000 r/min 以上，进给速度在 60 m/min 以上。

（5）自动化程度高，配备有换刀机械手、自动上料系统。

（6）生产效率高，以秒为单位计算生产节拍。

2. 我国数控机床的生产情况

在国家的大力扶持下，近八年来我国机床行业得到了高速发展，尤其是代表装备制造业先进水平的数控机床更是乘势而上，成绩喜人。2007 年，我国数控机床产量达到 12.3 万台，提前三年超额完成“十一五”规划的年产 10 万台的目标，数控机床年产量已居世界首位；国产数控机床国内市场占有率达到 48%，同比增长 10 个百分点。同时，行业规模不断壮大，中低档数控机床基本立足于国内，高档数控机床研发取得突破性进展,国产中高档数控系统取得重大突破。这些都充分说明,我国数控机床整体水平已全面提升。我国机床工业区域特征比较明显,形成了各具特色的六大发展区域。

1) 东北地区:数控机床主要开发生产区

东北地区是我国数控机床、量刃具的主要开发生产区。沈阳机床(集团)有限责任公司、大连机床集团有限责任公司两企业机床产值占全国机床产值的26%,数控金属加工机床产量占全国数控金属加工机床产量的25.4%。其中,数控车床产量约占全国数控车床产量的35%、加工中心产量约占全国加工中心产量的21%。齐齐哈尔重型数控装备有限公司生产的大、重型数控车床,产量约占全国大、重型数控车床产量的48%,产值约占全国大、重型数控车床产值的50%。齐齐哈尔二机床集团有限责任公司生产的大、重型数控镗床,产量约占全国数控镗床的35%,产值约占全国数控镗床的30%。东北地区四个企业的金属加工机床产值约占全国金属加工机床产值的31.7%,对我国金属加工机床行业发展影响巨大。

2) 东部地区:数控磨床产量占全国的3/4

长江三角洲地区是磨床(数控磨床)、电加工机床、板材加工设备、工具和机床功能部件(滚珠丝杠和直线导轨副)的主要生产基地,其中以上海、无锡、杭州三市为主,形成了我国数控磨床的生产开发基地。上海机床厂有限公司、杭州机床集团、无锡开源机床集团有限公司三家企业的磨床产值占全国磨床产值的65%,磨床产量约占全国磨床产量的42%,其中数控磨床产量占全国数控磨床产量的74%。苏州地区已成为电加工机床生产基地,其代表企业是苏州三光科技有限公司、苏州电加工研究所等。扬州地区已成为以板材加工设备为主的锻压设备生产基地,其代表企业是江苏扬力集团有限公司、扬州锻压机床有限公司、江苏金方圆数控机床有限公司和江苏亚威机床集团有限公司,四家企业合计机床产值占全国锻压机床产值的16%。

环黄海山东地区主要发展以机械压力机为主的锻压机械和数控车床、高速龙门铣床、龙门加工中心。济南二机床集团有限公司重点生产薄板冲压生产线的机械压力机和数控高速龙门铣床。济南捷迈数控机械有限公司重点发展数控转塔冲床、数控激光切割机、数控液压折弯机等板材加工设备。济南一机床集团有限公司和威海华东数控有限公司重点发展数控车床和各种数控机床。

3) 西部地区:重点发展齿轮加工机床

西南地区重点发展齿轮加工机床、小型机床、专用生产线以及工具。重庆机床集团有限责任公司重点发展各类齿轮加工机床,2005年其产值占全国齿轮加工机床产值的41%,产量占全国齿轮加工机床产量的32%,其中数控齿轮加工机床占全国产量的29%。成都市的宁江机床集团有限公司重点发展小型加工中心、小型数控纵切自动机、小型滚齿机等产品以及专用自动生产线。成都成量工具集团有限公司和成都工具研究所等重点发展各类工具。

西北地区主要发展齿轮磨床、数控车床和加工中心、工具和功能部件。以秦川机床集团公司为主，重点发展各种齿轮磨床；宝鸡机床厂重点发展数控车床；宁夏银川大河数控机床有限公司、青海一机数控机床有限责任公司重点发展数控铣床和加工中心；汉川机床有限公司重点发展数控镗床和加工中心；汉江工具有限责任公司重点发展工具；陕西汉江机床有限公司重点发展数控磨床和滚珠丝杠副等功能部件。

4）中部地区：重型机床产值占全国的17%

中部地区主要发展重型机床和数控系统。武汉重型机床集团有限公司重点发展重型机床，重型机床数量占全国数量的11%，产值占全国重型机床产值的17%。武重机床集团为船舶制造业自主研发的CK53100数控船体加工机床，解决了非正圆壳体随动加工技术难点，又为核电设备制造业研发了CKX53613数控核电加工专用机床。武重机床集团已经生产了5台数控16 m立车，其中有3台已经实现车铣复合加工，达到当代世界先进水平。最近成功制造世界上最大规格的DL250型5 m数控超重型卧车，其最大回转直径达5 m，承重量可达500 t，总重达1 450 t，主轴端面跳动和径向跳动均在0.008 mm之内，是迄今为止世界上最大规格的超重型数控卧式车床，多项技术达到国际先进水平。

数控系统生产代表企业是武汉华中数控股份有限公司。

5）环渤海地区：主要发展加工中心和液压压力机

环渤海地区包括北京、天津等。北京主要发展加工中心、数控精密专用磨床、重型数控龙门铣床和数控系统，其中代表企业是北京第一机床厂、北京机电院高技术有限公司、北京二机床厂有限公司、北京凯恩帝机电技术有限公司、北京发那科机电有限公司等。天津主要发展锥齿轮加工机床和各种液压压力机，其中代表企业是天津第一机床厂、天津精诚数控机床制造有限公司和天津市天锻压力机有限公司。天津市天锻压力机有限公司研发了THP10-10000型万吨数控等温锻造液压机。

6）珠江三角洲地区：数控车床等生产基地

珠江三角洲地区形成数控车床和数控系统、功能部件生产基地。广州机床工具有限公司重点生产数控车床；广州数控设备有限公司重点发展二轴以上控制数控系统，是经济型数控系统主要生产企业，产量占全国的60%左右；广东高新凯特精密机械有限公司重点发展滚珠丝杠、直线导轨等功能部件。

3. 我国数控系统产品情况

1）经济型数控系统主导国内市场

近两年，我国经济型数控系统年产量达到6万多套，国内市场占有率高达95%，且部分出口东南亚等国家。经济型数控系统适应我国目前市场需求，功能实用、价格低廉，可靠性较好，有很大的竞争优势，得到了广大用户的认同。

某些国外的公司也推出了几款低价格的经济型数控系统，但价格上、服务上还是没有优势，进行市场推广时竞争不过国产系统。

2) 普及型数控系统产量快速增长

近几年在国家的支持下，通过联合攻关和行业的努力，企业加大了系统开发和市场开拓力度，使普及型数控系统的可靠性得到了极大的改善。目前，我国数控系统生产主导企业的普及型数控系统已实现批量生产，具备全数字交流伺服驱动系统和主轴伺服驱动系统等配套能力。从技术水平上看，国产普及型数控系统的功能、性能与国外系统相比并不逊色，在价格和服务方面还有较大优势，可靠性与国外系统的差距也已显著缩小。因此，其产品占有率得到了大幅度提高，已在数控铣床、加工中心等中档数控机床上得到了批量配套应用，销售到终端用户后反映良好。与国外品牌相比较，国产普及型数控系统的主要缺陷如下。

(1) 用户对国产品牌认同度低，表现为普及型数控系统市场大部分被国外占领。如2006年，国产普及型数控系统在我国的销售量为7 000余套，所占市场份额约为17%；国外的普及型数控系统在我国的销售量为35 000余套，所占市场份额约为83%。

(2) 生产工艺、管理技术、生产检测手段、可靠性考核手段、质量控制等规模化生产技术落后，并影响到产品的可靠性、质量的稳定性，表现为前期故障率较高，磨合周期较长。

3) 高档数控系统实现零的突破

当前我国已掌握了高档数控系统的部分核心技术，近年来在新品开发上取得了重大突破。华中数控股份有限公司、大连光洋科技工程有限公司等企业均开发了一些高档数控系统产品，并在我国著名军工企业得到了实际应用。如华中数控与桂林机床厂合作开发的五坐标数控龙门铣床已用于南昌飞机公司，迫使国外放松了对我国五坐标数控系统的限制。华中数控与武汉重型机床集团公司联合开发的重型七轴五联动车铣复合加工中心可加工8 m船用螺旋桨，已用于镇江推进器厂。2008年，在第五届中国数控机床展览会上，作为国产中高档数控系统龙头企业代表的华中数控股份有限公司，展出了一批配套其高档数控系统的国产数控机床，其中TX-6数控砂带磨床更是吸引了系统厂、主机厂和用户的三方汇聚。这台由华中数控提供系统、北京胜为弘技数控装备有限公司制造、德阳东汽工模具有限公司使用的高档数控机床，在上述三方的共同努力下，实现了从硬件结构、控制系统到专用编程后置处理软件的完全自主知识产权，打破了国外对五轴联动数控砂带磨床的技术封锁。然而，高档数控系统虽然在技术上取得了突破，但在市场方面的表现与国外产品的差距仍然较大。2006年，国外公司在我国销售高档数控系统约2 000台，占市场份额的99%，而国产高档数控系统销售仅占市场份额的1%。由于受到西方出口许可限制的约束，在中国市场销售的绝大部分高档数控系统都是西门子的840D产品。

国产高档数控系统与国外品牌比较的主要差距有以下几种。

(1) 功能差距，功能还不够完善，还未在实际应用中得到全面的验证。

(2) 性能差距，主要表现在高速(快速进给速度40 m/min以上)、高精(分辨率

0.1 μm 以下)、多通道控制、双轴同步控制方面。国外的高档系统已经采用总线技术以适应高速、高精加工,而国产系统则以模拟量或脉冲量接口居多。

(3) 产品的系列化差距,如伺服电动机、伺服驱动设备、主轴及主轴驱动设备从小到大各种规格不全。

(4) 电主轴、直线电动机、力矩电动机等功能部件方面的差距。

数控技术是装备制造业关键核心技术,它促使产品实现更新和升级换代,技术性能指标大幅度提高,在功能、水平、质量、品种、使用效果和价格等方面能更好地满足制造业的市场需求,增强产品的竞争能力。机床是装备制造业的工作母机,实现装备制造业的现代化、数字化,取决于机床发展水平。数控技术的典型产品就是数控机床,随着世界科技进步和机床工业的发展,数控机床作为机床工业的主流产品,已成为实现装备制造业现代化的关键装备,它对制造业的产品结构、生产方式、管理机制和产业结构,乃至对其他行业和人类的劳动方式都会产生巨大的影响。

参考文献

[1] 梁训瑄. 我国机床工业已跨入世界行列第一方阵[J]. 组合机床与自动化加工技术,2003(8):1-5.
[2] 李佳特. 现代 CNC 发展趋势[J]. 制造技术与机床,2003(4):5-7,15.
[3] 王鹤,王海英,郑淑萍. 对国内立式加工中心可持续发展之思考[J]. 制造技术与机床,2008(9):46-48.
[4] 彭芳瑜,邹孝明,丁继东,等. 面向特征的整体叶轮五轴数控加工技术[J]. 中国制造业信息化,2007(1):51-56.
[5] 叶伯生. 计算机数控系统原理、编程与操作[M]. 武汉:华中理工大学出版社,1999.
[6] 周济,周艳红. 数控加工技术[M]. 北京:国防工业出版社,2003.
[7] 杨克冲,陈吉红,郑小年. 数控机床电气控制[M]. 武汉:华中科技大学出版社,2006.
[8] 张伯霖. 高速切削技术及应用[M]. 北京:机械工业出版社,2003.
[9] 舒长兵. 交流伺服运动控制系统[M]. 北京:清华大学出版社,2006.
[10] 陈吉红,杨克冲. 数控机床实验指南[M]. 武汉:华中科技大学出版社,2003.
[11] 朱玉尔. 计算机控制系统[M]. 北京:电子工业出版社,2005.
[12] 陈蔚芳,王宏涛. 机床数控技术及应用[M]. 北京:科学出版社,2006.
[13] 廖效果. 数控技术[M]. 武汉:湖北科学技术出版社,2000.

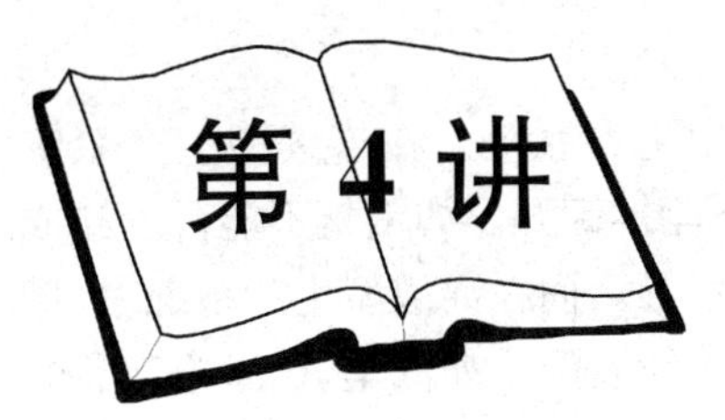

第4讲 现代(先进)制造技术

宾鸿赞

4.1 引　　言

4.1.1 制造、制造业及其产品

1. 制造的概念与制造业的产品

制造(生产)是现代工业社会中人类活动最基本和最重要的功能之一。据各工业国家统计,制造业创收占各国国民经济总收入的30%～45%,在有的国家甚至高达60%。

在制造系统中起本质作用的因素,可大致分为四类。

(1) 制造(生产)关系对象　制造(生产)活动的对象包含原始材料和辅助材料,原始材料是指产品的原材料,辅助材料是指附加到原始材料上的材料,如油漆、润滑油、电、光等。

(2) 制造(生产)劳动　制造(生产)劳动指人的劳动,包括单个工作者的体力、脑力劳动。

(3) 制造(生产)手段　如制造(生产)设备(如机器、设备、仪器、夹具与工具、动力机械等),非直接制造(生产)手段(如土地、道路、建筑物、仓库等)。

(4) 制造(生产)信息　制造(生产)信息包括经济信息、生产过程的知识(如制造(生产)工艺、方法,工程规律与规范、技术等),信息在制造(生产)中的作用越来越大。

关于制造与生产的学术定义目前尚无定论。简而言之,制造(生产)是使某些东西变成一种新东西的过程,如用面粉、糖及相应的原料制造点心;用布、线、扣等制造衣服;用钢棒制造螺丝钉等的过程。制造是供应元素与需求元素的汇合。供应元素即前述的四类因素;需求元素是从客户方面提出的,如顾客对产品类型、交货期、质量、个性化、多样化的要求等。假设顾客需要一台红色富康轿车,就要求汽车制造工厂提供能制造(生产)富康轿车的供应元素,将供应元素与需求元素汇合,就形成了轿车制造(生产)过程。

制造(生产)系统分为连续型生产系统和离散型生产系统。在连续型生产系统中,最终产品的成分构成不容易辨识,最终产品也不能拆卸开。如钢材不能再拆卸成矿石、焦炭、添加剂等,酒不能再拆卸成粮食、酵母、水等。而在离散型生产系统中,最终产品是由一系列的离散零件组成的,可以拆卸与重新装配。如汽车、机床等产品的生产系统即为离散型生产系统。离散型生产系统有利于实现零部件重新使用等可持续制造策略。

制造业的产品包括两大类,一类是可触及的物理制品,如手机、计算机,顾客均可以实实在在地感觉到,是具体的物理存在;另一类是不可触及的服务,如手机、计算机各自的说明书内容。值得强调的是,产品的功能中隐含有服务,所有服务的总和即功能,作为制造业产品的服务也是能创造产品附加价值的。

服务型制造模式是一种现代的制造模式,其内涵如图 4.1 所示,由三大主模块构成。

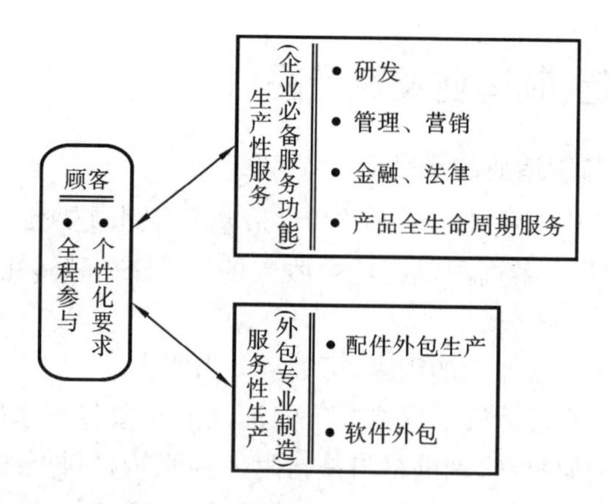

图 4.1　服务型制造模式内涵

(1) 生产性服务　生产性服务包括科研开发、管理咨询、工程设计、金融、保险、法律、会计、运输、通信、市场营销、工程和产品维护等内容,是一个企业进行生产必备的服务功能。

(2) 服务性生产　企业将产品制造的一部分或全部环节外包给专业化的制造商来完成,这里的专业化制造商所从事的即是服务性生产活动。目前已有越来越多的专业化制造服务外包商为其他企业提供制造外包的服务。

(3) 顾客全程参与　通过顾客全程参与方式,制造企业能感知和发现顾客的新需求,找到制造用武之地,很好地将需求元素与供应元素融合。

有时,人们谈到的制造是指大制造(manufacturing in the large)。所谓的大制造,涵盖了基本制造功能和商务功能(如市场、营销、顾客服务等)。服务型制造的产业实践证明,服务能创造价值。

IBM 公司一直定位于“信息技术产品制造商”。仅 20 世纪 90 年代的最初三年,

IBM就亏损了160亿美元。20世纪90年代中期起，通过业务结构调整，IBM重新定位于“提供硬件、网络和软件服务的整体解决方案供应商”。通过IT系统的设计、为客户提供全方位服务，2005年IBM公司的服务收入占比超过50%，利润年增长率高达10%以上。

我国海尔集团通过提供高质量的五星级售后服务，在产品同质化的时代，通过为产品嵌入服务内涵，实现差异化竞争，取得了强大的竞争优势。海尔集团为顾客提供全方位服务，树立了海尔集团的产品形象，带来了巨大的经济价值。目前，海尔集团已经成为中国最大、世界第二的家电生产企业，冰箱、冷柜、空调、洗衣机四大主导产品国内市场份额均达到30%左右。其成功来源于产品与客户、供应商的有机结合，来源于实施服务型制造。

2. 我国制造业的现状

经过几代人的前仆后继、数亿人的发奋努力，我国制造业总体生产规模已居世界前列，制造的拖拉机、小型柴油机、集装箱、农用车、电视机、空调器、冰箱、微波炉、洗衣机、太阳能热水器、摩托车、自行车、VCD机、DVD机以及钢、水泥、合成氨、化纤、纱布、服装等的产量已居世界第一位。在重大装备的配套能力方面也大有提高，具体成果例如：为上海磁悬浮列车项目提供了由8台数控落地镗铣床组成的轨道深加工线；年产(1～2)千万吨级不同开采工艺的露天矿采掘和年产500万吨级井下矿采掘成套设备；大秦线重载列车装备；3.5万吨级浅吃水和1.2万吨级超浅吃水运煤船；葛洲坝枢纽工程170 MW、转轮直径11.3 m轴流式水电机组；岩滩电站302 MW、转轮直径8 m混流式水力发电机组；300 MW秦山核电站成套设备；500 kV交流输变电成套设备；宝钢三期工程250 t氧气转炉、1 450 mm板坯连铸机、1 420 mm冷连轧板机和1 550 mm冷连轧板机；1.2万吨自由锻造水压机；年产50万吨腈纶大型化工成套设备；6 000 m电驱动沙漠钻机；水下机器人；激光照排设备；北京正负电子对撞机；先进程控交换机；曙光、银河、神威、联想巨型计算机；主战坦克；“新舟60”新一代支线客机；飞豹轰炸机；核动力潜艇；“两弹一星”；“神舟6号”载人飞船……不胜枚举。

以上事实表明，我国已成为世界的制造大国，我国境内的制成品在国际市场占有的份额迅速增长。许多经济学家预测中国将成为继英国、美国、日本后的又一个“世界工厂”。值得指出的是，“世界工厂”并不表示我国就是世界制造强国了。制造强国的主要标志可归纳为六个方面，如图4.2所示。对照制造强国的标志，我国在制造业中的主要差距是自主创新少，有国际竞争力的产品、企业为数不多，制造企业的劳动生产率较低等，与世界制造强国的差距仍很大。

4.1.2 制造的发展历程与机械制造技术的类别

18世纪前，人们对工艺技术的理解很差，采用的是手工业生产方式，工匠使用手锤和砧座制造产品。

19世纪发明了蒸汽机，人们对工艺技术有了进一步认识，制造在城市中的工厂

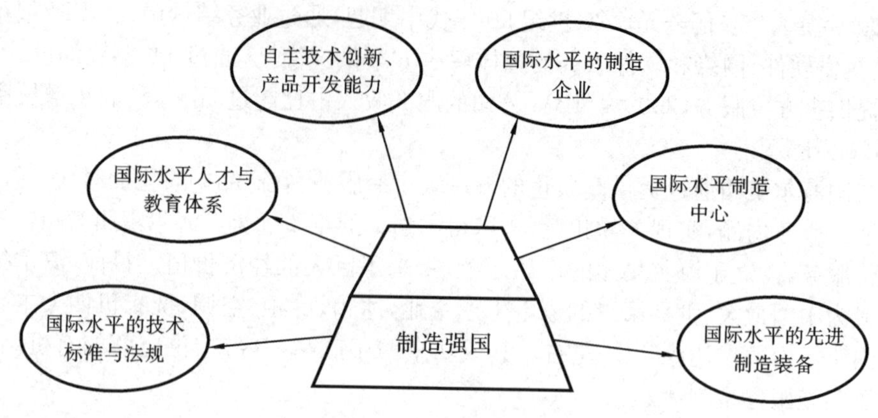

图 4.2　制造强国的标志

条件下进行，形成制造机械化。

20 世纪，计算机技术引入制造业，数控技术突破了传统的机械挡块控制的传统模式，计算机辅助设计、计算机辅助工艺过程设计、计算机辅助制造出现，使用闭环控制的部分工艺模型出现，工厂自动化程度增加，制造柔性化增强。

21 世纪，制造系统网络化、信息化、智能控制获得广泛应用，生物制造业快速发展，环保成为制造业必须面对的核心问题，可持续制造策略与方法成为制造业关注的焦点，全球化企业和虚拟制造公司出现。

纵观制造技术的发展，加工方法的进步里程为：机械加工→物理与电物理加工→化学与电化学加工→生物或仿生加工。机械制造技术主要类别如表 4.1 所示。

表 4.1　机械制造技术主要类别

制造类别	主要的工艺方法	主要工艺方法简介
增量制造（亦称增材制造、生长型制造、分层制造、快速原型制造，SFF）	立体光刻（SLA）	使用激光照射光敏树脂而固化
	分层实体制造（LOM）	使用激光或刀片切割有黏性的层片而黏结成形
	选择性激光烧结（SLS）	使用激光熔化粉末状的金属或其他物质
	熔融沉积成形（FDM）	将热塑料通过喷嘴挤出而后固化成形
减量制造（亦称减材制造，是传统的金属或材料切除法）	车削	采用材料去除技术，如切削加工等，在加工过程中，通过一定的方式逐渐切除毛坯上的多余材料，获得具有一定形状、尺寸、性能的零件，是当今最主要的加工域活动
	钻削	
	铣削	
	磨削	
	电火花加工（EDM）	
	电化学加工（ECM）	

续表

制造类别	主要的工艺方法	主要工艺方法简介
等量制造(亦称变形过程)	轧制	如将铝锭轧制成厨房用铝箔
	板材成形	如将板材切割弯曲成肥皂盒
	挤压	不同横截面的材料通过模具挤压成形
	锻造	热锻、冷锻均是在模腔中塑性变形
相变过程	铸造	将熔化的金属注入铸型中凝固成形
	注塑成形	将热液塑料注射到模腔成形
结构变化过程	镀层	用化学、物理方法在基体表面上镀一层其他材料(如镀铬),改变基体性能
	表面合金化	
	感受残余应力	使表面合金化或做喷丸处理
固化连接过程	粉末冶金	金属粉末在模具中经烧结成形
	复合材料	如不同碳纤维板的层叠
	焊接	通过局部熔化而将相邻板材连接
生物制造(或仿生加工)	原子操作技术	21世纪,生物技术、生命科学、材料科学不断融入先进制造技术(如人体脏器的制造),将引起一场新的制造革命
	克隆制造	

4.1.3 制造业涵盖的领域

制造业是一切生产和装配制成品的企业群体的总称,是工业的主体。根据我国《国民经济行业分类》(GB/T 4754—2002)标准,制造业共包括30个行业,如表4.2所示。不同的制造行业,由于其加工对象不同,制造工艺技术差异很大,分属不同的学科研究范围。

表4.2 制造业涵盖的行业

	标准序号	行业名称
制造业	13	农副食品加工业
	14	食品制造业
	15	饮料制造业
	16	烟草制品业
	17	纺织业
	18	纺织服装、鞋、帽制造业
	19	皮革、毛皮、羽毛(绒)及其制品业
	20	木材加工及木、竹、藤、棕、草制品业
	21	家具制造业
	22	造纸及纸制品业

续表

	标准序号	行业名称
制造业	23	印刷业和记录媒介的复制
	24	文教体育用品制造业
	25	石油加工、炼焦及核燃料加工业
	26	化学原料及化学制品制造业
	27	医药制造业
	28	化学纤维制造业
	29	橡胶制品业
	30	塑料制品业
	31	非金属矿物制品业
	32	黑色金属冶炼及压延加工业
	33	有色金属冶炼及压延加工业
	34	金属制品业
	35	通用设备制造业
	36	专用设备制造业
	37	交通运输设备制造业
	38	电气机械及器材制造业
	39	通信设备、计算机及其他电子设备制造业
	40	仪器仪表及文化、办公用机械制造业
	41	工艺品及其他制造业
	42	废弃资源和废旧材料回收加工业

若按学科划分，制造业大致可分为：机械制造（如航空、航天、汽车、机车、船舰、工程机械和装备制造）、流程工业（如冶金、化工、石油、水泥）、电子制造（如微电子、光电子、家电计算机）、轻工纺织、制药和农产品加工、食品等。

如图 4.3(a)所示的胶鞋、汽车轮胎等橡胶制品，如图 4.3(b)所示的轻工日用品，如图 4.3(c)所示的工艺品的制造都需要复杂形状的模具，而这些模具的设计与制造都可通过学习本学科的知识解决。

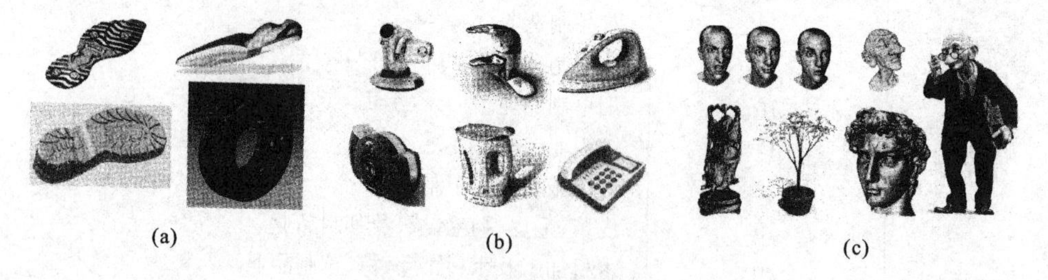

(a)　(b)　(c)

图 4.3　若干工业产品实例

4.1.4　制造行为的“三域活动”

1. 加工域活动

加工域活动是指直接改变产品形状、尺寸、性能的行为活动，是制造行为的基础域活动。经过近200年的技术积累与进步，特别是迅猛发展下的现代科技的促进，加工域的活动内容已相当广泛。

2. 物流域活动

物流是物料的流动过程。物流按其物料性质不同，可分为工件流、工具流和配套流三种。其中：工件流主要由原材料、半成品、成品等构成；工具流由刀具、夹具等构成；配套流由托盘、辅助材料、备件等构成。

物流域活动是指工件流、工具流和配套流的移动和存储，主要完成物料的存储、输送、装卸等功能。据统计，在制造业中，从原材料入厂到成品零件出厂整个过程中，机床作业时间仅占5%，工件处于等待和传输状态的时间占95%。物料传输与存储费用占整个产品加工费用的30%～40%。所以，物流域活动在制造过程中非常重要。

3. 信息域活动

随着计算机科学和技术的快速发展，网络化和信息化进程的迅速推进，制造业也面临着巨大的挑战和机遇。先进制造技术及先进制造系统以“数字化”技术为基础并将会最大限度地“数字化”。因此，信息域活动亦可认为是数字化活动。

信息是人们运算和处理问题时所需要的条件、内容和结果，表现为数字、数据、图表和曲线等形式。信息也可以作为通信的消息来理解，它告诉对方其某些预先不知道的东西，如知识与经验等。

4.2　先进(现代)制造技术

4.2.1　先进制造技术的内涵

目前对先进制造技术尚无统一的定义，“先进”只是相对“传统”而言的。作者认为，加工域活动、物流域活动、信息域活动中任一域的先进技术或多域综合的先进技术均可称为先进制造技术。例如，高速切削技术、干式切削技术虽只是产生在加工域活动中的先进技术，快换刀夹技术虽只是产生于物流域活动中的先进技术，多传感器信息融合监视加工过程技术虽只是产生在信息域活动中的先进技术，但这些技术均可称为先进制造技术。像柔性制造系统、计算机集成制造系统这样的多域综合的先进技术，当然应属于先进制造技术。

图4.4所示机床结构形式的变化，也说明了制造装备由传统机床(见图4.4(a))

到现代并联机床(见图 4.4(b))的演化过程。传统机床各部件是串联而成的,机床刚性有限,而作为先进制造装备的并联机床采用的是并联结构,增强了机床的刚度,同时也带来了工作空间小、控制复杂等不足。

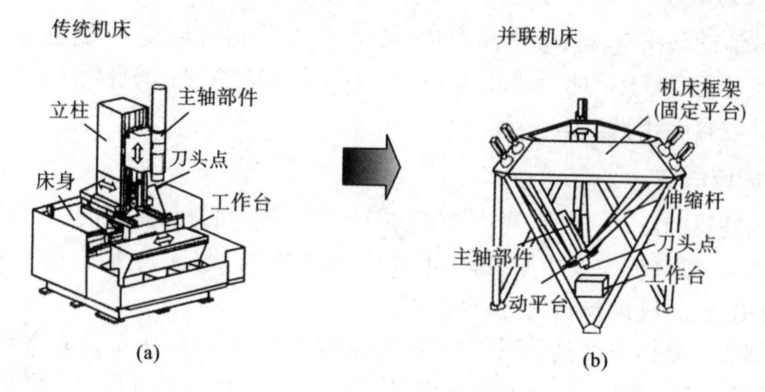

图 4.4　机床结构形式的变化

4.2.2　先进制造技术的特征

为了更好地理解先进制造技术的内涵,有必要分析先进制造技术的主要特征。

1. 集成性特征

先进制造技术是由多学科相互渗透、交叉、融合而成的,是集机械、电子、信息、材料和管理技术为一体的新型学科,其中机械学科是使能学科,其他学科主要起辅助作用。

2. 动态性特征

制造行为三域中每一域活动的先进技术都在不断发展、进步,它们单独地或综合地促进了先进制造技术的动态变化,如数控加工、生长型制造的出现,使先进制造技术有了突破性进展。

3. 数字化特征

先进制造技术的制造哲理是使制造过程离散化或数字化,计算机辅助技术是实现先进制造的重要工具,传统制造中的许多定性描述都要转化为数字化定量描述,在这一基础上逐步建立不同层面的系统的数字化模型,并进行仿真。数字化特性也体现出柔性化的特征。

4. 可持续性特征

先进制造技术应符合可持续发展策略,能实现资源的充分利用与洁净生产,采用能耗少、附加值高的制造模式。

图 4.5 很清楚地表明,先进制造技术由两大块构成,即制造工艺技术与辅助技术群。制造工艺技术是使能技术,它起到主导作用,高新技术群起辅助作用,为制造工艺技术服务。

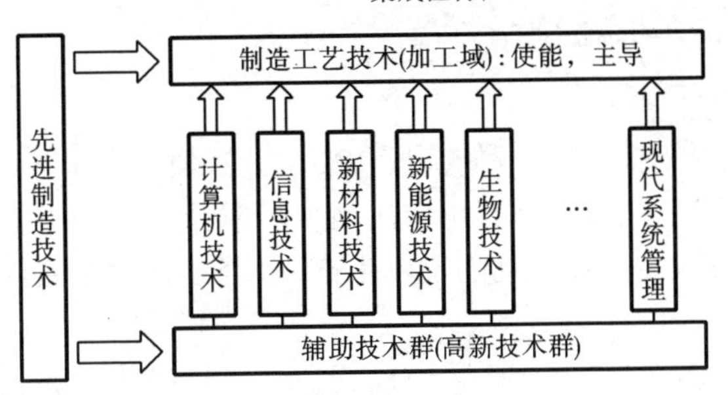

图 4.5　先进制造技术的集成特征

4.2.3　评价指标

对先进制造技术的评价，首先要强调自主创新。只有具有自主知识产权的技术才能获得好的效益，才能称得上是有价值的先进制造技术。因此，先进制造技术的产生，应该是科技创新的结果。科技创新一般分为基础型创新、集成(综合)型创新和改进型创新三种类型。基础型创新又称原始型创新，是对自然界规律的新认识，包括从实验数据中总结与归纳出的规律；集成(综合)型创新是多学科知识、技术的集成(综合)、融合而创新的科技；改进型创新是对现有技术、系统(包括引进的技术、系统)单一改进或综合改进而产生的创新。对工程技术创新而言，集成(综合)型创新、改进型创新是最主要的创新方式。

可用世界级水平制造技术(WCMT，world class manufacturing technology)的五项指标来评价先进制造技术，如图 4.6 所示。

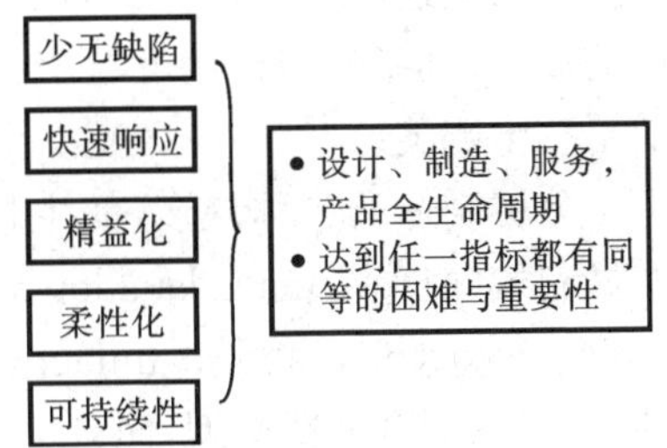

图 4.6　世界级水平的制造技术

1. 少无缺陷

世界级水平制造技术应保证制造过程少无缺陷，其要求是缺陷率为 0.03%～0.1%，即每百万次采样数的缺陷率(DPMO，defects per million opportunities)为 300～1 000，也就是说，生产 1 百万件，允许缺陷件为 300～1 000 件；或有 1 百万道工序，允许产生缺陷的工序为 300～1 000 道。为了达到这么高的制造质量，就应：具有高质量的输入、输出与工艺过程；进行 100%的检验；广泛采用傻瓜型(fool-proofing)设备，出现故障及时报警，防止缺陷扩散；产品设计不仅满足顾客需求，也考虑易于制造，且不易产生缺陷、废品，即具有优良的可制造结构工艺性。

2. 快速响应

世界级水平制造技术要能快速响应市场需求。在世界级水平制造技术条件下，客户的订单处理时间短，总的制造提前期(lead time)比传统已有方式缩短一半。为此，需保障物流通畅，减少或消除一些不必要的过程，保持制造过程流线化，并加强网络通信，尽快获得市场动态信息。

3. 精益化

当生产相同质量与数量的产品时，应比传统方法使用少得多的资源。因此，要尽量减少库存、场地空间、机器、人员，可应用高生产率、高产出的生产方式解决；在管理上采用“拉动式”生产，按市场驱动的定单生产；培养多技能工人，精简非直接工作人员。

4. 柔性化

所谓柔性化，其关键是在很短的调整时间内，从一种生产模式变换成另一种生产模式。计算机数控、柔性制造系统具有软件的柔性化特征，而可重构制造系统(RMS)则具有硬件、软件两方面的柔性特征。为了达到高的柔性，要求在生产计划安排、制造设备的布局、设备本身的可重构、可调整等方面进行改进与创新。

5. 可持续性

世界级水平制造技术要求运行不仅高效，而且可实现清洁生产，保证环境安全，符合可持续发展策略：产品可循环、可修理、可重新制造、可重用、可生物降解，实现无废弃物的制造（生产），符合科学发展观，也充分体现出机械制造离散型生产的特点。

4.3 分层制造

分层制造（LM，layered manufacturing）是 20 世纪末出现的一次制造技术突破性的创新，其影响与作用可与 20 世纪 50 年代另一项突破性制造技术创新——数控加工技术媲美。

分层制造的名称众多，如生长型制造（MIM，material increase manufacturing）、增材制造（MAM，material additive manufacturing）、快速原型制造（RPM 或 RP&M，rapid prototyping and manufacturing）等。目前，分层制造技术的实现方法有数十种，不仅只用来制造原型，而且可以制造工业直接使用的零件，是一个迅速发展的技术门类，用“分层制造”这一称谓更为合理。

分层制造方法有多种，每一种分别有各自的特点，它们对设备、造型原料等的要求不尽相同，生成的实体零件用途也有差异。与传统的加工方法比较，分层制造技术具有以下共同特点和优点。

(1) 设计、加工的快速性，与传统的加工方法比较，分层制造只需要几个小时到几十小时，大型的较复杂的零件只需要上百小时即可完成。分层制造技术与其他制造技术集成后，新产品开发的时间和费用将节约 10%～50%。

(2) 产品的单价几乎与产品批量无关，特别适用于新产品的开发和单件小批量生产。

(3) 产品的造价几乎与产品的复杂性无关,这是传统的制造方法所无法比拟的。

(4) 制造过程可实现完全数字化。

(5) 分层制造技术与传统的制造技术(如铸造、粉末冶金、冲压、模压成形、喷射成形、焊接等)相结合,为传统的制造方法注入了新的活力。

(6) 可实现零件的净形化(少无切削余量)。

(7) 不需金属模具即可获得零件,这使得生产装备的柔性大大提高。

(8) 具有发展的可持续性,分层制造技术中的剩余材料可继续使用,有些使用过的材料经过处理后可循环使用,对原材料的利用率大为提高。

4.3.1 分层制造原理

分层制造的原理如图 4.7 所示。当设计者欲设计制造某个产品(零件),首先利用 CAD 软件在计算机上设计出三维模型,再将三维模型用平面切成一定厚薄的薄片;为了便于求取二维薄层的廓形,将三维模型的外表面用三角面片进行离散化,对切平面与三角形面片两个平面求交,交点较易求取;选择合适的零件材料与加工方法,在数控技术辅助下,制造出二维薄层的实物,当一薄层制备完毕后,在数控技术辅助下,完成相继层的二维制造,并实现两相继层的连接。如此循环,至三维形状零件制造完成为止。

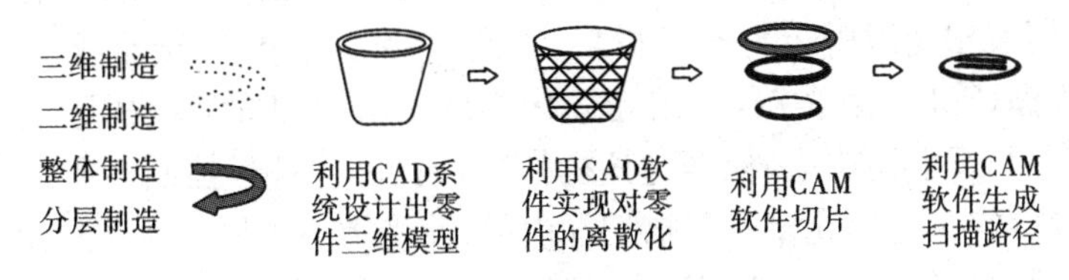

图 4.7 分层制造原理

分层制造是一种将三维制造转化成二维制造的技术,是一种将整体制造转化成分层制造的技术,是制造哲理上的突破,它将复杂问题简单化,可实现“一天制造”(即在 24 h 内,实现从设计到实物制造完成的全过程)的目标,快速响应市场需求。

图 4.8 所示为分层制造过程示意图。它由三部分构成:计算机辅助设计部分、计算机辅助制造部分与后处理部分。通过计算机辅助设计完成零件三维设计、零件离散化处理,对某些分层工艺要求的支撑结构设计等,通过计算机辅助制造完成平面廓形的生成和扫描路径的规划与控制,然后控制计算机数控系统完成二维薄层的制造,后处理部分用于三维零件的某些处理与清理。

由图 4.7、图 4.8 可知,分层制造是多学科集成创新的成果,它综合了计算机技术、计算机数控技术、材料科学与技术、能源技术等技术,创造出了种类众多的分层制造技术。

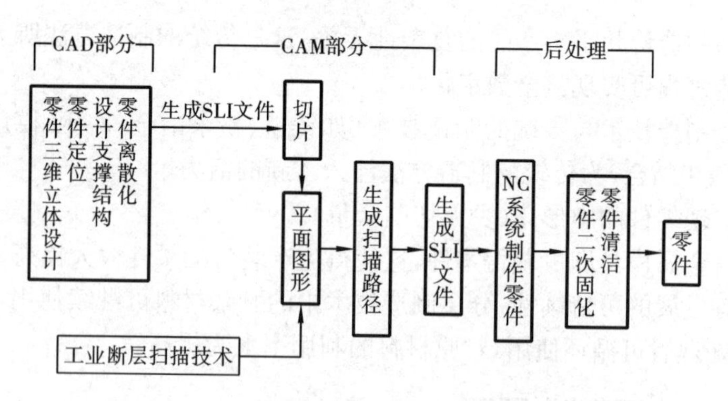

图 4.8　分层制造过程示意图

4.3.2　几种典型的分层制造工艺

根据二维薄层的成形工艺方法不同,可对分层制造技术进行分类。商品化的典型分层制造工艺有如下四种。

1. 立体光刻法

立体光刻成形(SLA,stereo-lithography apparatus)技术由 Charles Hull 于 1986 年研制成功,1987 年获美国专利,1987 年由 3D Systems 公司实现商品化。立体光刻的工艺是使用液相光敏树脂为成形材料,采用氦镉(HeCd)激光器或氩(Ar)离子激光器,抑或固态(Solid)激光器,利用光固化原理一层层扫描液相树脂成形。扫描系统由激光部件和反射镜构成,根据计算机指令,通过反射镜,控制激光束在 x-y 平面遵循切片轮廓,按一定填充模式扫描切片内部,使光敏树脂暴露在紫外激光下产生光聚合反应后固化,形成一个薄层截面。然后,通过计算机控制升降台移动,使固化层下降,再对其上面的液相层进行扫描,与前一层固化在一起。这样,通过控制激光 x-y 方向的水平运动和升降台的垂直运动将一层层的液相薄层扫描、固化后黏结在一起,直到零件制作完毕。激光器作为扫描固化成形的能源,其功率一般为 10~200 MW,波长为 320~370 nm(处于中紫外至近紫外波段)。图 4.9 为立体光刻工艺示意图,图中的刮平器起打断表面的拉力、保证表面平整的作用,并减少每一层处理的时间。由于是在液相下成形,对于制件截面上的悬臂部位,一般还需要设计支撑结构。

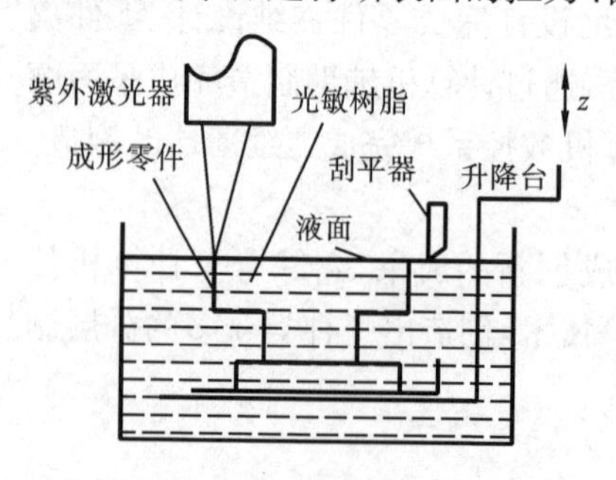

图 4.9　立体光刻工艺示意图

由于立体光刻所制造的零件采用的是树脂材料,故只能用做模型或原型,设计者通过对原型的观察,很容易发现设计过程中的某些缺陷。

2. 分层实体制造

分层实体制造(LOM, laminated object manufacturing)是美国 Helisys 公司的 Michael

Feygin于1987年研制成功的，1988年获得美国专利。该方法以纸、塑料薄膜或复合材料膜为材料，由送进机构的递进器和收集器将薄层材料送入工作平台，利用激光在加工平面上根据零件的截面形状进行切割，非零件部分切割成网格便于成形后去除废料，完毕后工作平台下降一个层的厚度，再由送进机构送入新的一层薄层材料，进行激光加工，并由热辊在每层加热加压黏紧。就这样一层层加工最终完成实体模型，如图4.10所示。

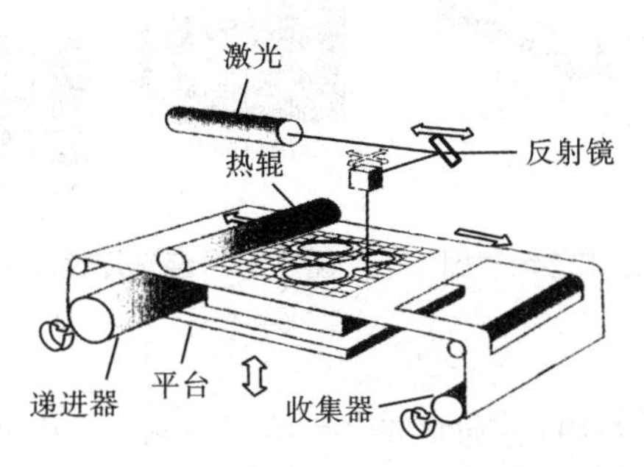

图4.10　分层实体制造工艺示意图

该方法的优点是：材料适应性强，可切割从纸、塑料到金属箔材、复合材料的各种材料；不需要支撑；零件内部应力小，不易翘曲变形；由于只是切割零件轮廓线，因而制造速度快；易于制造大型原型零件。其缺点是层间结合紧密性差。

3. 选择性激光烧结

选择性激光烧结(SLS，selective laser sintering)方法是美国德克萨斯大学奥斯汀分校的C. R. Deckard于1989年首先研制出来的，同年获美国专利。DTM公司于1992年首先推出了选择性激光烧结商品化产品“烧结站2000系统”。选择性激光烧结的原理与立体光刻十分相似，主要区别在于所使用的材料及其性状。选择性激光烧结使用粉末状的材料，这是其主要的优点之一，因为理论上任何可熔的粉末都可以用来烧结成形。

目前，可用于选择性激光烧结的材料主要有四类：金属类、陶瓷类、塑料类、复合材料类。

图4.11所示为选择性激光烧结的工艺示意图。用CO_2激光束对粉末状的成形材料进行分层扫描，受到激光束照射的粉末被烧结。当一层被扫描烧结完毕后，工作台下降一层的高度，提供粉末的容器内活塞推动粉末上升，回收粉末容器内活塞下降，铺料滚筒将待烧结粉末推至烧结工作区，形成一层均匀密实的粉末层，多余的粉末被推入回收容器内。激光束一层一层地烧结，并将相继两层固化成实体，如此反复，直至完成整体烧结。在烧结过程中，未经烧结的粉末对原型的空腔和悬臂部分起着支撑作用，不必像立体光刻工艺那样另行设计支撑结构。而且，未烧结的粉末可以重用。

图4.12所示为经选择性激光烧结工艺制造的部分产品。选择性激光烧结技术的应用范围很广，它是最有应用前景的分层制造技术。

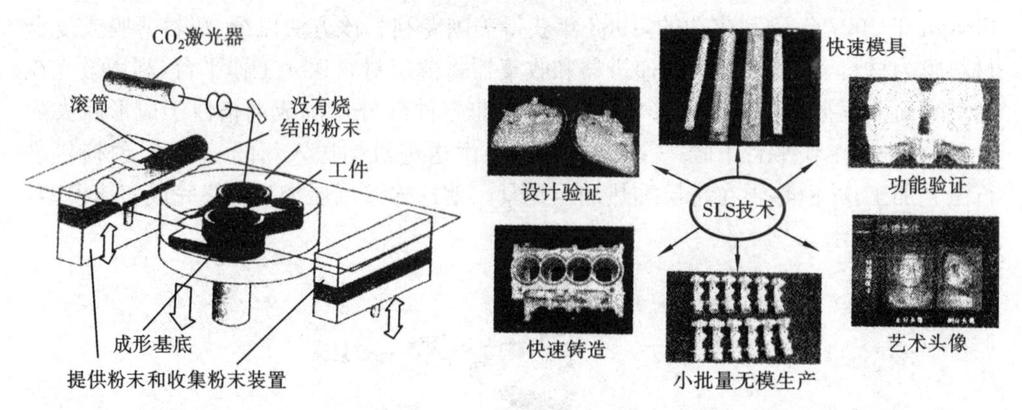

图 4.11　选择性激光烧结工艺示意图

图 4.12　经选择性激光烧结工艺制造的部分产品

4. 熔化沉积造型

熔化沉积造型(FDM,fused deposition modeling)是美国学者 Dr. Scott Crump 于 1988 年研制成功的。熔化沉积造型方法的特点是不使用激光,而是用电加热的方法加热材料丝。材料丝在喷嘴中加热变为黏性流体,这种连续黏性材料流通过喷嘴滴在基体上,经过自然冷却,形成固态薄层。从理论上来说,热熔材料都可以用来作熔化沉积造型的原材料。

熔化沉积造型方法对材料喷出和扫描速度有较高的要求,并且从喷出到固化的时间很短,温度不易把握。熔融温度以高于熔点温度 1℃较为合适。熔化沉积造型方法的优点是成本低(由于不需激光器件),速度快,可加工材料范围广泛。熔化沉积造型方法最先由 Stratasys 公司商品化。

图 4.13 为熔化沉积造型工艺原理示意图,图 4.14 为利用熔化沉积造型工艺所制造的样件,这样复杂样件的制造是采用传统工艺无法完成的。

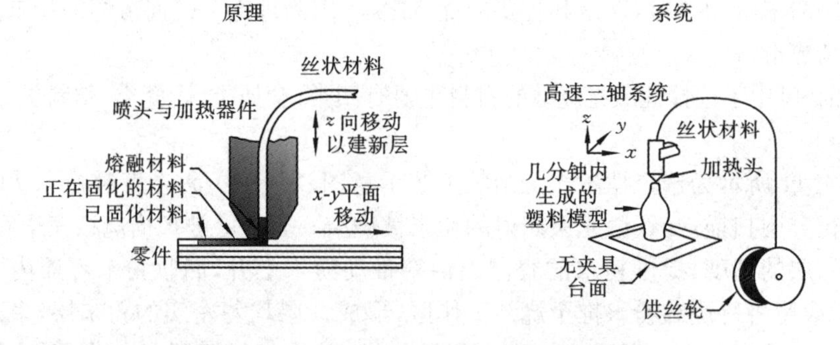

图 4.13　熔化沉积造型工艺原理示意图

4.3.3　直接分层制造

基于选择性激光烧结原理,可直接烧结金属粉末制造成工业实用零件,即直接分

图 4.14　利用熔化沉积造型工艺制造的样件

层制造。由于造价昂贵，目前直接分层制造技术只用于航空和国防领域、医学领域和某些特殊用途薄壁件，其原理如图 4.15 所示。大功率 CO_2激光束集中照射产生烧结热能，粉末通过送料喷嘴送至需烧结的零件相应部位，计算机控制系统控制完成选择性激光烧结过程。由于直接分层制造的零件大多是金属件，故需要有基板衬底，零件烧结完成后，再将其从基板上切割分离。多个粉末喷嘴可分别输送不同成分的粉末材料，实现合金化金属零件烧结。为了防止烧结时金属氧化，烧结在密闭空间完成，操作人员可通过手套对烧结过程进行必要的操作。

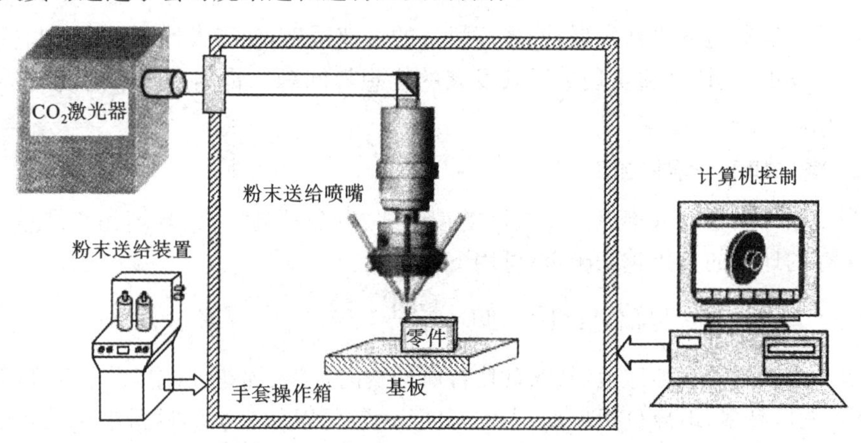

图 4.15　直接分层制造原理示意图

如果用其他高能粒子束取代激光，如用电子束、等离子束来直接分层制造零件，其烧结原理是一致的。图 4.16 所示为电子束熔融(EBM)工艺的过程概述图，通过计算机辅助设计的三维零件，经过商品化的电子束熔融装置，即能制造出所设计的零件。电子束熔融工艺过程如下。

(1) 电子由加热到温度高于 2 500 ℃的丝极释放出来，再通过阳极加速到光速的一半。

(2) 感应区域的透镜将电子束带至聚焦线圈。

(3) 磁场控制电子束的偏转，实现二维轮廓扫描。

通过三维CAD软件或对患者的断层扫描结果进行设计；CAD文件存储为STL文件模式，STL文件将被转换为SLC文件，并传输到电子束熔融系统

通过电子束熔融设备逐层熔化金属粉末

快速得到所需要的金属零件

图 4.16　电子束熔融过程

(4) 当电子轰击金属粉末时，动能转化为热能，将金属粉末熔化并形成所需的零件。

在电子束熔融工艺中，是通过电流来控制电子束能量的。

目前商品化的电子束熔融系统适用于众多的粉末材料，烧结的零件具有冶金组织，其致密度达到100%。航天领域的应用起落架组成部分、火箭发动机部件均可由电子束熔融制造完成。

4.3.4　制造技术的发展特点

由于分层制造的迅猛发展，许多高科技的快速涌现，使得人们开始思考制造技术应该怎样发展，应该如何实现关于其发展的构想等问题。将制造技术的发展特点归纳为三点。

1. 减材加工→增材加工

当今世界面临三大难点——人口增长迅速、资源消耗巨大、环境污染严重，人类赖以生存的地球的负担越来越重，可用下式解读：

$$环境总负担=人口\times\frac{GDP}{人口}\times\frac{环境负担}{GDP}\times K_{zh}$$

每一个人生活在地球上，其衣食住行所耗费的食物、棉花、房屋、汽车等都需由地球提供，人口越多，地球负担越重；人均 GDP 大致可以作为生活质量的衡量指标，人类不断追求提高生活质量，必然要求相应的环境付出；单位 GDP 的环境负担可说明生产方式的优劣，如单位 GDP 能耗愈低，说明生产方式愈先进；K_{zh} 是一个大于 1 的系数，是对地球所发生的不可抗拒的灾害(如地震、洪水、疾病灾害等)影响的考虑。为了在保护地球的生态环境的同时，又能充分利用地球资源不断满足人类生活质量的提高需求，就必须改变传统的生产方式，实现科学发展。采用增材加工生产方式，能节省资源、减少污染，因此，增材加工技术应得到大力研究发展。

2. 制造死物→制造活物

传统的制造业一直是在制造无生命的死物。而现代社会基于对人类疾病抗争的需要，希望制造业能承担起制造有生命活物的重任。因此，制造活物应成为目前制造技术发展的一个方向,如人体脏器、人造骨骼、人造皮肤等都应成为制造业的产品对象。

3. 他成形→自成形

所谓他成形是在外界的强制下成形,现有的制造方式绝大多数都是他成形的,例如螺纹加工是在强迫主轴转动一转而刀具移动一个导程的强制关系下进行的,铸造、模锻等工艺也是他成形的。所谓自成形是像生物一样生长、发育、细胞并行分裂、自生长成形,是由脱氧核糖核酸(DNA)中的基因控制的。

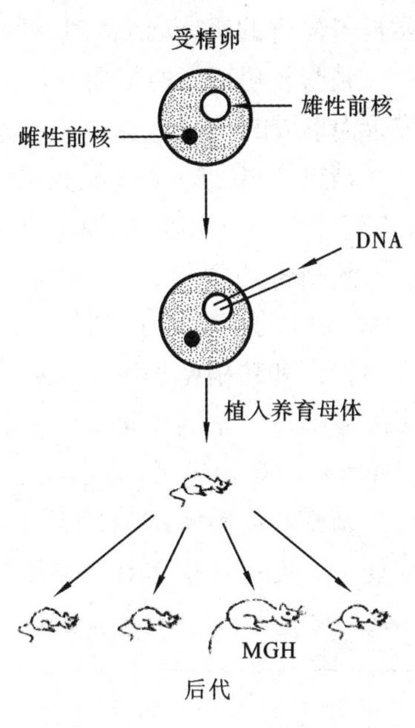

图 4.17　"超大鼠"创造过程

如图 4.17 所示的"超大鼠"创造过程是典型的自成形过程。老鼠的受精卵由母体中移出;再将携带 MGH(将老鼠的遗传信息融合到大老鼠的生长激素中的一种融合物)的 DNA 注射入这些卵中,再将卵植入养育的母老鼠体内;最后,老鼠后代之一呈现出 MGH 结构,且长成一个非正常体型的"超大鼠"。整个过程是由老鼠体内的 DNA 作用自生长而实现的。

综合三个方向的技术发展趋势,技术最密集、最能体现制造技术发展水平的是生物制造,如图 4.18 所示。

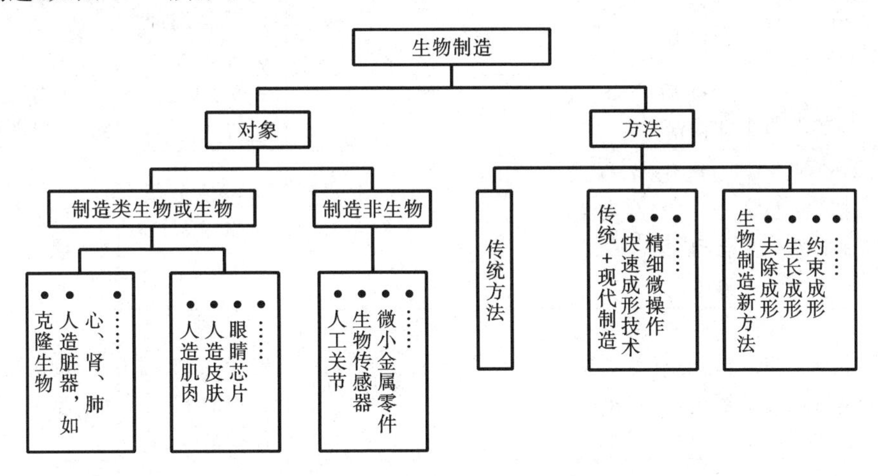

图 4.18　生物制造对象与方法简图

4.4　精密和超精密加工技术

制造精度是制造技术的永恒不变的追求,实现精密、超精密加工其技术的关键是要具备先进的机床、精密超精密刀具、开放型可靠的计算机数控技术。

精密和超精密切削加工是在传统切削加工技术基础上，综合应用近代科技和工艺成果而形成的一门高新技术，是现代军事电子装备制造中不可缺少的重要基础技术。

精密切削加工，一般是指切削加工误差为 0.1～10 μm，表面粗糙度 *Ra* 为 0.025～0.1 μm 的切削加工方法。

超精密切削加工，一般是指切削加工误差为 0.01～0.1 μm，表面粗糙度 *Ra*＜0.025 μm 的切削加工方法。

精密和超精密切削加工是精密和超精密加工中最基本的加工方法。超精密加工中的微细加工是当今世界上最精密的制造技术，制造误差在亚微米(0.1 μm)至纳米(1 nm=10^{-3} μm)级，这已经是用单纯的切削加工方法难以达到的了。

精密和超精密切削加工方法是指能达到上述切削加工水平的刀具切削加工和磨削加工。常用的精密和超精密切削加工方法如表 4.3 所示。

表 4.3 常用的精密和超精密切削加工方法

<table>
<tr><th colspan="2">加工方法</th><th>加工工具</th><th>误差/μm</th><th>表面粗糙度 Ra/μm</th><th>被加工材料</th><th>应用</th></tr>
<tr><td rowspan="4">刀具切削加工</td><td>精密、超精密车削</td><td rowspan="3">天然单晶金刚石、人造聚晶、金刚石、立方氮化硼、陶瓷和硬质合金刀具</td><td rowspan="3">0.1～10</td><td rowspan="3">0.008～0.1</td><td rowspan="3">金刚石刀具：有色金属及其合金等软材料；其他材料刀具：各种材料</td><td>球面、曲面、磁盘、反射镜</td></tr>
<tr><td>精密、超精密铣削</td><td>多面棱体、多面镜</td></tr>
<tr><td>精密、超精密镗削</td><td>孔</td></tr>
<tr><td>微孔钻削</td><td>硬质合金、高速钢钻头</td><td>10～20</td><td>0.2</td><td>低碳钢、铜、铝、石墨、塑料</td><td>印制线路板、石墨模具</td></tr>
<tr><td rowspan="5">磨料加工</td><td>精密、超精密磨削</td><td>氧化铝、碳化硅、立方氮化硼、金刚石等砂轮、砂带</td><td>0.5～5</td><td>0.008～0.1</td><td>黑色金属、硬脆材料、非金属材料</td><td>外圆、孔、平面、磁头</td></tr>
<tr><td>精密、超精密研磨</td><td>铸铁、硬水、塑料、油石等研具；氧化铝、碳化硅、金刚石等磨料</td><td>0.1～10</td><td>0.008～0.01</td><td>黑色金属、硬脆材料、非金属材料、有色金属</td><td>外圆、孔、平面、型腔</td></tr>
<tr><td>精密、超精密抛光</td><td>抛光器、氧化铝、氧化铬等磨料，抛光液等</td><td>0.001～5</td><td>0.008～0.01</td><td>有色金属、黑色金属、非金属</td><td>外圆、孔、平面、型面、型腔</td></tr>
<tr><td>超精加工</td><td>磨条、磨削液</td><td>0.1～1</td><td>0.025～0.01</td><td>黑色金属等</td><td>外圆</td></tr>
<tr><td>精密珩磨</td><td>磨条、磨削液</td><td>0.1～1</td><td>0.025～0.01</td><td>黑色金属等</td><td>孔</td></tr>
</table>

精密和超精密切削加工的特点如下。

(1) 精密和超精密切削加工是一门多学科的综合性高技术。它包括机、电、光等多种高技术，是一个内容极其广泛的制造系统工程，不仅要考虑加工方法、加工设备、加工刀具、加工环境、被加工材料、加工中的检测与补偿等，而且还要研究其切削机理及其相关技术。

(2) 加工和检测一体化。精密和超精密切削加工的在线检测和在位检测极为重要。因为加工精度很高，表面粗糙度值很低。如果将工件加工完毕卸下来后再检测，若发现问题就很难再进行加工了，因此要进行在线检测和在位检测。

(3) 精密和超精密切削加工与自动化技术联系紧密。采用计算机控制、误差分离与补偿、自适应控制和工艺过程优化等技术可以进一步提高加工精度和表面质量。避免机器本身和手工操作引起的误差，保证加工质量及其稳定性。

(4) 精密和超精密切削加工机理和一般切削加工不同。精密和超精密切削加工是微量切削，它的关键是在最后一道工序能够从被加工表面去除微量表面层，去除的微量表面层越薄，则加工精度越高。

4.4.1　精密和超精密切削

1. 金刚石刀具超精密切削特点

金刚石刀具是最适合超精密切削加工的刀具，到目前为止还没有发现比天然金刚石更合适的精密切削刀具。金刚石刀具超精密切削具有如下特点。

(1) 金刚石刀具具有极高的硬度、耐磨性、高温强度和硬度。在前、后刀面和切削刃磨至表面粗糙度 Ra 为 0.01～0.02 μm 的情况下，能长期保持刀刃锋利。

(2) 加工精度高、表面粗糙度低。这是由于：①切削刃圆弧半径可以磨得很小，能够切除极薄的金属层；②金刚石与被切削的铜、铝等金属熔附性小，不易形成积屑瘤；③金刚石导热性好，线膨胀系数小，切削热引起的加工表面形状和尺寸变化极小。

(3) 加工表面硬化层的硬度和深度较小。用金刚石刀具切削时金属变形较小，故加工硬化较轻。在相同切削用量条件下，与用硬质合金刀具切削相比，加工表层硬度低，硬化层深度仅为硬质合金刀具切削的1/3。

(4) 对机床、夹具的精度要求高。金刚石刀具切削应在精密或超精密机床上进行，主轴跳动和机床振动都应很小。对使用的夹具应进行动平衡，其重量应尽可能轻。还要控制环境温度，以免影响机床精度。

2. 铝合金零件的精密和超精密车削

目前，人们一般认为尺寸精度达到相当于IT5级以上精度的车削就称为精密车削。计算机外部设备磁盘存储器的盘片、录像机中的磁鼓、光盘机的寻道机构、激光器中的激励腔等，有的尺寸和形状误差分别小于0.1 μm和0.025 μm，表面粗糙度 Ra 达到0.004 μm。这类零件的加工单位已为亚微米级，故称为精密和超精密加工。

1) 镜面和虹面车削

镜面和虹面车削主要用来加工铝合金或铜合金零件。这种方法也可用于钢、石墨、塑料等材料的加工，但效果不如加工铝合金或铜合金好。镜面车削的典型形状有平面和二次曲线面。

2) 磁盘车削

硬磁盘机是目前使用最多的计算机外部存储设备。其主要特点是存储容量大，存取速度快。影响磁盘存储容量和存取时间的主要因素，从机械结构上看有磁头寻道定位机构、磁头的形状及其浮动机构、磁盘旋转机构以及磁头与盘片的加工水平等。要使磁头与 3 600 r/min 的磁盘间稳定地保持 0.3 μm 以下的间隙，磁头能快速、正确无误地存取信息，就要求精密机械技术实现磁头与盘片的精密和超精密加工。磁盘基片的加工要求是：平面度为 0.025 μm，表面粗糙度 *Ra* 为 0.004 μm。近年来，国外为了把磁盘记录密度再提高 20 倍以上，正在开发新的磁头走行方式，即磁头跳跃走行方式。目前世界上磁头跳跃的最小间隔为 3 nm，使磁头与磁盘之间没有空气层，间隙接近于零。为了减轻直接接触磨损等机械损伤，又研究开发了负荷轻的超小型磁头。由于磁头超小型化，对磁头和盘片平面质量的加工要求更高了，因此必须有特殊的构造和工艺加以保证才行。

磁盘基片是用平面度好的铝合金圆盘做毛坯，通常是经以下主要加工阶段制造而成的。

(1) 基片的表面加工，铝板的两面用金刚石车刀车削后，进行退火清除残余应力，再进行两面抛光加工。

(2) 磁性材料的涂敷，使基片高速旋转，通过离心作用把涂料涂敷在磁盘基片上，然后进行烘烤固化，使之保持足够的强度和硬度。

(3) 涂层表面的精加工，为了使磁性材料涂层面的厚度符合规定值，并使表面光滑，涂敷磁性材料后的磁盘表面必须进行研磨和抛光。

4.4.2　精密和超精密磨削加工

磨削加工是加工精密和超精密工件的重要方法。它主要是对钢铁等黑色金属和半导体等硬脆材料进行精密和超精密磨削、研磨和抛光等加工。在军事电子装备制造中，精密和超精密磨削加工多用于对铝合金、铜和铜合金工件进行精密和超精密磨削、研磨和抛光。

精密和超精密磨削可使用砂轮和砂带，磨料采用聚晶金刚石(PCD)、立方氮化硼(CBN)等。

近年来，非球面化已由轴回转对称形状发展为非轴回转对称形状，成为三维自由曲面。这样加工机床就必须有更多的运动自由度才能进行加工。而且这些零件大多是用在光学系统中，加工精度要求高，形状误差不大于 0.1 μm，表面粗糙度 *Ra* 为 0.01 μm。

超精密三维曲面加工机工作台的进给采用高刚性静压导轨、空气静压轴承、超精密滚珠丝杠和超精密数控直流伺服马达驱动。

对大型非球面、特别是自由曲面的超精密加工，抛光常常是最终的加工工序。在传统机械抛光基础上，近年来研究出许多新型抛光方法，是多学科技术集成融合的成果，如表4.4所示。

表4.4　若干新型精密和超精密抛光方法

抛光方法	抛光工具	加工特征	加工误差/μm	表面粗糙度 *Ra*/μm	应用举例
软质磨粒抛光	抛光器、抛光液	聚氨酯球弹性发射、机械化学和化学机械抛光	0.1	0.000 5	硅片、陶瓷、蓝宝石
液体动力浮动抛光	抛光器、抛光液	靠抛光器高速回转，油楔的动压及带磨粒的抛光液流的双重作用抛光	0.1～0.01	0.008～0.025	玻璃基板、铁氧体有色金属零件
磁流体抛光	非磁性磨粒、磁流体	主要是磁流体作用和磨粒的刮削作用	1～0.1	0.01	黑色金属、有色金属、非金属零件的平面
水合抛光	石墨、杉木、水、水蒸气	在50～200℃水蒸气中，于工件上生成软化水和膜去除的抛光	高精度	镜面	蓝宝石、氧化铝
计算机辅助抛光	微细砂粒、小片工具、水	按设计值和实测值的误差由计算机控制修正抛光	高精度	镜面	振荡器基板、固体激光棒、光应用元件、X射线反射镜、激光核聚变用光学零件
液中研抛	超微细砂粒、超纯水、中硬橡胶或聚氨酯等材料制成的抛光器	在恒温液中用抛光器抛光	0.1～1	0.01	同上
砂带研抛	砂带、接触轮	由卷带轮带动砂带极缓慢移动，接触轮产生压力，激振器使接触轮在轴线方向产生振动，形成振动砂带研抛	0.1～1	0.008～0.01	外圆、孔、平面、型面
超精研抛	研具	用研抛机研抛	0.1～1	0.008～0.01	磁盘基片、金属模、镜片、棱镜

4.4.3 微细加工技术

1. 微细加工

从广义的角度来说，微细加工包含了多种与传统精密加工方法完全不同的新方法，如切削加工、磨料加工、电火花加工、电解加工、化学加工、超声波加工、微波加工、等离子体加工、激光加工、电子束加工、离子束加工、光刻加工、电铸加工等。从狭义的角度来说，微细加工主要是指半导体集成电路制造技术，因为微细加工和超微细加工是在半导体集成电路制造技术的基础上形成并发展的，它们是大规模集成电路和计算机技术的技术基础，是信息时代、微电子时代、光电子时代的关键技术之一。因此，其加工方法多偏重于集成电路制造中的一些工艺，如化学气相沉积、热氧化、光刻、离子束溅射以及整体微细加工技术。

微细加工和一般尺寸加工是不同的，主要表现在以下几方面。

1）精度的表示方法

一般尺寸加工时，精度是用其加工误差与加工尺寸的比值（即精度比率）来表示的，如现行的公差标准中，公差单位是计算标准公差的基本单位，它是基本尺寸的函数，基本尺寸愈大，公差单位也愈大。因此，属于同一公差等级的公差，对不同的基本尺寸，其数值也不同，但认为其具有同等的精确程度，所以公差等级就是确定尺寸精确程度的等级。

在微细加工时，由于加工尺寸很小，精度就必须用尺寸的绝对值表示，即用去除的一块材料的大小来表示，从而引入加工单位尺寸的概念。加工单位尺寸简称加工单位，指去除的一块材料的大小。所以，微细加工 0.01 mm 尺寸零件时必须采用微米加工单位进行加工，微细加工微米尺寸零件时必须采用亚微米加工单位进行加工，现今的超微细加工已采用纳米级加工单位。

2）微观机理

以切削加工为例，从工件的角度来看，一般尺寸加工和微细加工的最大差别是切屑大小不同。一般加工时，由于工件较大，允许的吃刀量比较大，因此切屑较大。在微细加工时，从强度和刚度上都不允许有大的吃刀量，因此切屑很小。当吃刀量小于材料晶粒直径时，切削就得在晶粒内进行，这时晶粒就作为一个个不连续体被切削。通常金属材料是由微细的晶粒组成的，晶粒直径为数微米到数百微米。一般切削时，吃刀量较大，可以忽视晶粒本身大小而将其作为一个连续体来看待。由此可见，一般微细加工的微观机理是不同的。

3）加工特征

一般加工时多以尺寸、形状、位置精度为加工特征，在精密加工和超精密加工时也是如此，所采用的加工方法偏重于能够形成工件的一定形状和尺寸。微细加工和超微细加工却以分离或结合原子、分子为加工对象，以电子束、离子束、激光束三束加工为基础，采用沉积、刻蚀、溅射、蒸镀等手段进行各种处理，这是因为它们各自所加工的对象不同。

2. 纳米技术

纳米技术是指有关纳米级(0.1～100 nm)材料、设计、制造、测量、控制和产品的技术。

纳米技术是科技发展的一个新兴领域，它不仅仅意味着加工和测量精度从微米级提高到纳米级，而且意味着人类对自然的认识和改造方面从宏观领域进入到物理的微观领域，深入了一个新的层次，即从微米层次深入到分子、原子级的纳米层次。在深入到纳米层次时，所面临的绝不是几何上的“相似缩小”的问题，而是一系列新的现象和新的规律。

纳米技术的研究开发可能在精密机械工程、材料科学、微电子技术、计算机技术、光学、化工、生物和生命技术以及生态农业等方面产生新的突破。这种前景使工业先进国家对纳米技术给予了极大的重视，各国均投入了大量人力、物力进行纳米技术的研究开发。

3. 纳米级加工技术

纳米级加工的物理实质和传统的切削磨削加工有很大不同，一些传统的切削磨削方法和规律已不能用在纳米级加工中。

欲得到1 nm的加工精度，加工的最小单位必然在亚纳米级。由于原子间的距离为0.1～0.3 nm，纳米级加工实际上已到目前加工精度的极限。纳米级加工中试件表面的一个原子或分子将成为直接的加工对象，因此纳米级加工的物理实质就是要切断原子间的结合，实现原子或分子的去除。各种物质是以共价键、金属键、离子键或分子结构的形式结合而组成的，要切断原子或分子的结合，就要研究材料原子间结合的能量密度，切断原子间结合所需的能量必须超过物质的原子间结合能，因此需要的能量密度是很大的。

传统的切削、磨削加工消耗的能量密度较小，实际上是利用原子、分子或晶体间连接处的缺陷而进行加工的。用传统切削和磨削的方法进行纳米级加工，要切断原子间的结合就相当困难了。因此直接利用光子、电子、离子等基本能子加工，是纳米级加工的主要方向和主要方法。但如何实现纳米级加工要求达到的精度，使用基本能子进行加工时如何进行有效的控制以达到原子级的去除等，是实现原子级加工的关键。

近年来纳米级加工有很大的突破，例如：在用电子束光刻加工超大规模集成电路中已实现0.1 μm线宽的加工；离子刻蚀已实现微米级和纳米级表面材料的去除；扫描隧道显微技术已实现单个原子的去除、搬迁、增添和原子的重组。纳米级加工现在已成为现实的、有广阔发展前景的全新加工领域。

4.5　高速切削加工技术

4.5.1　概述

高速切削是个相对的概念，究竟对其应如何定义，目前尚无共识。根据高速切削机理的研究结果，当切削速度达到相当高的区域时，切削力下降，工件的温升较低，热变形较小，刀具的耐用度提高。高速切削不仅大幅度提高了单位时间的材料切除率，而且还带来了一系列的其他优良特性。因此，高速切削的速度范围应该定义在能给加工带来一系列优点的区域。切削过程是一个非常复杂的过程，对于不同的加工工序和机床、不同的零件和刀具材料，常规切削对应有不同的速度范围；而高速切削速度是个相对的概念，同样受到加工工序、材料和机床等因素的影响，所以很难给出一个确定的速度范围。

1. 定义

关于高速切削的定义目前沿用的主要有以下几种。

(1) 1978 年，CIRP 切削委员会提出以线速度为 500～7 000 m/min 的切削为高速切削。

(2) 对铣削加工而言，从刀具夹持装置达到平衡要求(平衡品质和残余不平衡量)时的速度来定义高速切削。根据 ISO1940 标准，主轴转速高于 8 000 r/min 为高速切削。

(3) 德国 Darmstadt 工业大学生产工程与机床研究所(PTW)提出以高于 5～10 倍普通切削速度的切削定义为高速切削。

(4) 从主轴设计的观点，以沿用多年的 DN 值(主轴轴承孔直径 D 与主轴最大转速 N 的乘积)来定义高速切削。DN 值达(5～2 000)$\times 10^5$ mm · r/min 时为高速切削。

(5) 从刀具和主轴的动力学角度来定义高速切削。这种定义取决于刀具振动的主模态频率，它在 ANSI/ASME 标准中用来进行切削性能测试时选择转速范围。

高速切削不仅仅要求有高的切削速度，而且还要求具有高的加速度和减速度。因为大多数零件在机床上加工时的工作行程都不长，一般在几毫米到几百毫米，只有在很短的时间内达到高速和在很短的时间内准确停止才有意义。因此在衡量机床的高速性能时还需要考察机床进给速度的加、减速性能。

普通机床的进给速度一般为 8～15 m/min，快速空行程进给速度为 15～24 m/min，加、减速度一般为 $0.1g$～$0.3g$ (g 为重力加速度，$g=9.8\ \text{m/s}^2$)。目前高速切削机床的进给速度一般在 30～90 m/min 以上，加、减速度为 $1g$～$8g$。随着科学技术的不断发展，高速加工采用的切削速度会越来越快。

2. 高速切削的优点

与常规切削相比,高速切削有以下优点。

1) 提高了生产率

随着切削速度的大幅度提高,单位时间内的材料切除率显著增加,机床快速空行程速度大幅度提高,有效地减少了加工时间和辅助时间,从而极大地提高了生产率。

2) 提高了加工精度

高速切削时,在切削速度达到一定值之后,切削力会降低30%以上,工作的加工变形减小,95%～98%的切削热来不及传给工件就被切屑飞速带走,工件可基本上保持在较低的温度,不会发生大的热变形。所以高速切削有利于提高加工精度,也特别适合于大型框架件、薄板件、薄壁槽件等易热变形零件的高精度加工。

3) 能获得较好的表面质量

高速切削时,在保证相同生产效率时可采用较小的进给量,可降低加工表面的粗糙度;同时在高速切削状态下,机床的激振频率特别高,远远离开了“机床-刀具-工件”工艺系统的固有频率范围,工作平稳、振动小,所以能加工出非常精密、光洁的零件。零件经高速车、铣加工后其表面质量常常可达到磨削的水平,留在工件表面上的应力也很小,故可省去常规铣削后的精加工工序。

4) 可加工各种难加工材料

航空和动力部门大量采用镍基合金和钛合金,这类材料强度大、硬度高、耐冲击、加工中容易硬化、切削温度高、刀具磨损严重,在普通加工中一般采用很低的切削速度。如采用高速切削,则其切削速度可提高到100～1 000 m/min,为常规切削的10倍左右,不但可大幅度提高生产率,而且可有效地减少刀具磨损,提高零件加工的表面质量。

5) 降低了加工成本

高速切削时单位时间的金属切削率高、能耗低、工件加工时间短,从而有效地提高了能源和设备利用率,降低了生产成本。

近年来,世界各地的工业国家都在大力发展和应用高速加工技术,并且首先在飞机制造业和汽车制造业成功应用。生产实践表明,在铝合金和铸铁零件的高速加工中,材料的切除率可高达100～150 $cm^3/(min \cdot kW)$,比传统加工工艺的工效高3倍以上。动力工业中常用特种合金来制造发动机零件,这类材料强度大、硬度高、加工容易硬化、切削温度高、极易磨损刀具,属于难加工材料,用传统的加工方法效率特别低。如果采用高速加工,工效可以提高10倍以上,还可以延长刀具寿命,改善零件的加工质量。同样,在加工纤维增强塑料的时候,采用常规的加工方法存在很多问题且刀具磨损十分严重,如果采用高速切削,这些问题可以得到很好的解决。目前,在钢的高速加工方面还存在一些困难,还没有开发出适合钢材高速加工的高熔点、高强度的新型刀具材料。在加工轻合金、不含铁金属和工程材料时,高速加工可用于零件加工的全过程(包括粗加工和精加工)。在加工铸铁、钢和难加工材料的时候,多用于零件的粗加工。

目前高速切削主要应用于汽车工业、航空航天工业、模具工具制造、难加工材料和超精密微细切削加工领域。

4.5.2 高速切削加工的关键技术

实现高速切削加工是一项系统工程。如图 4.19 所示,实现高速切削加工必须有相应的工艺系统做保证,要对机床、刀具、夹具、工件所构成的封闭系统进行相应的创新,而且需对软件(涉及工艺、切削理论、监控与测试等)领域的发展进行系统、深入的研究。

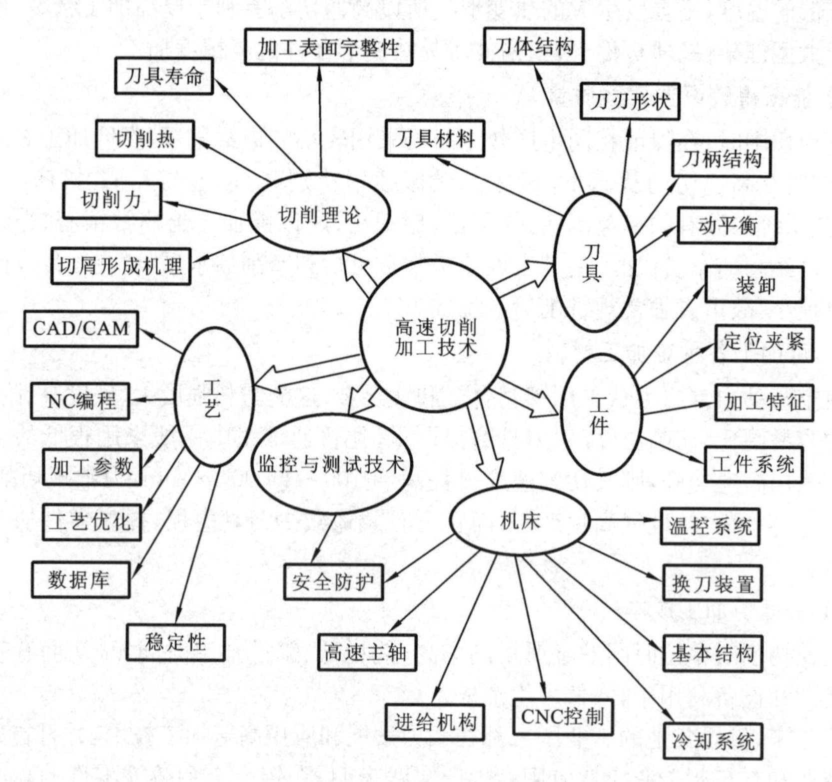

图 4.19 高速切削加工的相关技术体系

4.5.3 高速切削对机床的特殊要求

高速切削机床是实现高速加工的前提和基本条件,高速机床一般都是数控机床和精密机床。高速机床与普通数控机床的最大区别在于高速机床要能够提供很高的切削速度和加速度,并能够满足高速加工要求的一系列较为特殊的要求。高速加工对机床提出的要求主要有以下几点。

(1) 主轴转速高,输出功率大。高速切削不但要求机床主轴转速高,而且要求主轴能够传递足够大的功率和扭矩，以满足高速铣削、高速车削等高效、重负荷切削工序的要求。高速切削机床主轴转速为常规机床的10倍左右，一般都大于10 000 r/min，有的高达60 000～100 000 r/min。主电动机的功率为15～80 kW。

(2) 进给速度高。为了保证工件的加工精度和表面质量，需要保持刀具每齿进给量不变。在主轴转速大幅度提高以后，进给速度也必须大幅度地提高。高速切削机床的进给速度也为常规机床的10倍左右，一般在60 m/min以上。

(3) 主轴转速和进给速度的加速度高。零件加工的工作行程都不长，一般为几毫米到几十毫米，而在进给速度变化过程中不能进行零件加工，所以不允许有太长的加速和减速过程。因此在高速机床上，无论是主轴还是工作台，往往要在瞬间完成速度的提升或降低，这就要求高速运动部件有极大的加速度。高速切削机床的主轴从启动到达到最高转速或从最高转速降到零要在1～2 s内完成，工作台的加、减速度由常规的$0.1g$～$0.2g$提高到$1g$～$8g$。

(4) 机床的静、动态特性好。高速切削时，机床各运动部件之间做速度很高的相对运动，运动副结合面之间将发生急剧的摩擦和发热，高的运动加速度也会对机床产生巨大的冲击，因此在机床设计时，必须在结构和传动上采取一些特殊措施，使高速机床的结构除具有足够的静刚度以外，还具有很高的动刚度和热刚度。

(5) 机床的其他功能部件性能高。高速机床需要与之匹配的快速运动部件，这样才能充分发挥高的效率，如快速刀具交换、快速工作台交换以及快速排屑等装置。同时由于切削速度过高，需要采取一定的安全保护、检测措施等。

为满足高速切削加工要求，电主轴应运而生。所谓电主轴是将电动机与主轴合二为一，使传动链为“零”，故又称“零传动”或直接电动机驱动。

图4.20所示为电动机直接驱动的旋转工作台，电动机的转子即为主轴，能达到

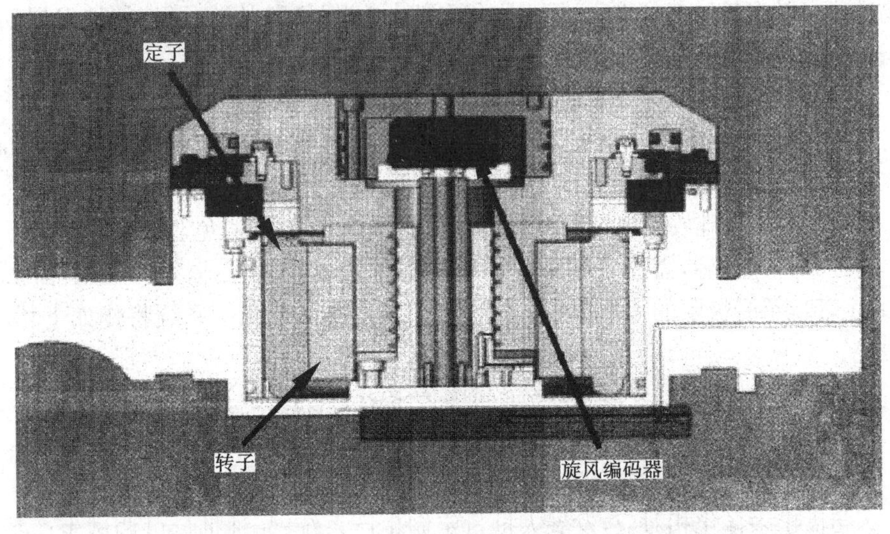

图4.20　电动机直接驱动的旋转工作台示意图

最大转速为 100 r/min，功率 3.5 kW。它不用传统的蜗轮副传动而获得足够大的扭矩，且消除了机械传动所引起的误差。

要将电主轴可靠地应用于机床结构上，还必须解决高速轴承、高速电动机的动平衡、润滑、冷却、内置脉冲编码器(车螺纹等相位控制)、高频变频装置、高速条件下的刀具装卡方式等技术问题，电主轴也是一个多学科集成、融合的创新产物。

4.6　可持续制造技术

可持续制造技术是一种符合可持续发展策略的制造技术，是基于现代的多学科的先进科技成果的综合技术，是一种与环境友好的、洁净的、节省资源的先进制造技术，是满足当代人需求又不危及子孙后代需求的先进制造技术。

可持续制造技术并不一定特指某一种加工方法，如传统制造中的车削加工、磨削加工等那样，而是从产品制造的整个过程来考虑是否符合可持续发展策略。例如，某一产品在车削加工、磨削加工过程中都未使用冷却液而采用干式切削与干式磨削，则可称为可持续制造技术。同样的车削加工、磨削加工，在传统生产模式下，由于使用了大量冷却液，不仅造成资源(如石油、水等)的耗费，而且污染了环境，就不能称之为可持续制造技术。

4.6.1　数年后的新型加工技术预测

1. 以环保为核心的生产系统

21 世纪在很大程度上可以说是以环保为核心的世纪。从大量消费、大量产生废弃物的经济社会转变为资源循环利用的经济社会，保证科学地、可持续地发展，必须具备以下三个条件。

(1) 可重复利用的资源应在重复利用资源的框架内消费。

(2) 对于不可重复利用的资源，需要尽可能地以可重复利用的资源去替代，而且应在与生产量保持平衡的范围内去消费。

(3) 废弃物的排放量应控制在自然净化的可能范围内，避免造成环境质量下降。

为达到这些目标，需建立循环利用型的生产系统，实现零辐射及耗用能源最小化，确定环境承受极限的评价技术。包含加工技术在内的生产系统将作如下相应的发展。

· 与信息化相对应，发展独立分散型生产系统。

· 与非熟练者与老龄化相对应，发展自动化生产系统、以人为本的生产系统。

· 与环保相对应，发展资源循环利用型生产系统、低辐射生产系统。

· 与需求多样化相对应，发展大批量定制生产系统、品种批量可调试生产系统、确定订货生产系统。

2. 新型加工技术预测

2010年人们将从重视资本生产效率转变为更加重视资源生产效率,资源效益将摆在首位,而历来强调的成本效益将退之次席。尽管如此,加工技术的一贯发展方向——高精度化、高速化、高效率化、高功能化,仍然是人们追求的技术目标。

新型加工技术将涉及以下几方面。

(1) 坯件的精密化　以飞机发动机零件等为对象的恒温锻压和精密热锻技术,可使坯件精密化,目的是尽可能提高昂贵材料的利用率,此项研究工作始于20世纪60年代,现在应加深对此项技术重要性的认识。通常制作毛坯和反复加工会耗费大量的能源与排放大量废弃物,工件材料也随之被大量浪费。但精密铸锻所要求的高精度的模具,只有在大批量条件下生产才可获得良好效益。因此,在小批生产中,目前最有效的手段就是采用已达到实用化水平的成形模拟技术,通过模拟可最大限度地利用型材和零散材料。精密成形技术已成为当前制造业普遍追求的一种新技术潮流。

(2) 微细化　为了制作微型机床,正在开展机械加工、电加工、激光加工、成形加工等加工技术的深入研究。加工技术正沿着微细化、大面积化、三维化、适应多种材料加工的方向发展。所谓微细化,是指达到10 nm级的加工指标。如利用原子力显微镜的微细加工尽管已经很微细,但生产率很低,尚需解决进一步实现高速化和轻量化的问题。目前,利用激光进行加工,在加工精度和纵横尺寸比方面可望得到改善。如用同步辐射(SR)光进行膜片加工,可降低制作成本,若在成形加工技术方面再加以改进是可以达到实用化水平的。在三维化加工方面,利用同步辐射光的加工和利用离子束的蚀刻加工等,均可望取得较好的效果。适应多种材料的主要加工方法仍然是成形加工,如10 μm～10 nm的结构体的纵横尺寸比达到10的复制加工,将在今后10年的仿生、信息机械行业占重要地位。复制材料包括功能陶瓷、不可涂覆的金属(一种非常适用于生物体的材料)、玻璃(派拉克斯耐热玻璃和石英玻璃)、新型聚合物等。

同步辐射是接近光速运动的荷电粒子在磁场中改变运动方向时放出的电磁辐射,1965年后开始走向实用,它是人类历史上第四次对人类文明带来革命性推动的新光源(前三次的光源依次为电灯、X射线、激光)。同步辐射的波长范围为1 μm～0.01 nm。同步辐射是洁净的光源,目前使用成本较昂贵。

(3) 与材料相对应的加工技术　材料技术与相应的加工技术有如下连接点:①相应于加工的超高精度和高稳定性要求,需进一步加强有关材料学的研究;②随着纳米级粒子技术的进展,纳米级结构体、薄膜及复合材料的制作等将得到进一步发展,加工和材料开发工程相一致的领域增多;③开发对各种新材料的循环利用加工技术。

(4) 综合化技术　生产技术的创新在市场竞争环境中极为重要,综合化技术的开发是加工技术创新的手段。将不同工艺综合应用到同一个工艺规程的作业之中，进而满足高效率化、低环境影响等要求，取得与单一技术复合迥然不同的综合化效应。例如，将坯件精密成形及高速干式加工、激光焊接、镀层厚板的冲孔加工等不同工艺综合利用，可取得非常理想的环保效果。

4.6.2 误差补偿制造技术

当一台机器装备，特别是精密机床等设备经长期使用后，其性能大大降低，已满足不了使用者要求时，需使其退役。然而，该机器装备的结构、几何性能仍是稳定的，可以继续使用。采用误差补偿技术对将退役的机器设备进行改造，可使其重新恢复到在役水平，这样就延长了设备的使用寿命，符合可持续发展的策略。

误差补偿技术除了用于翻新将退役设备外，还用于提高新设备的精度。例如对三坐标测量机、多坐标数控机床、精密丝杠磨床等设备，采用误差补偿技术可消除重力、运动误差、热变形等的影响，能达到成本低、柔性好的效果，也符合可持续发展策略，不会造成环境污染等弊端。

基于信息技术的现代误差补偿技术，为应用低档次机器制造高档次零部件提供了一条可行的技术途径，是延伸资源传递链的一种高科技措施，是一种能广泛推广的可持续制造技术。

误差补偿的实现，需综合应用传感技术、信号处理技术、多传感器信息融合策略、运动合成机构或系统等多学科技术。为了保证良好的误差补偿效果，被补偿对象的几何、结构稳定性或重复性是必须保证的。

误差补偿系统至少应具备三个功能装置。

(1) 误差信号发生装置，以产生出被补偿对象固有误差的误差图 E^{+}-t（见图 4.21），作为补偿系统中附加误差的依据。

(2) 信号同步反向装置，以保证附加的误差输入与补偿对象的固有误差同步反向，即在任一时刻，这两个误差理论上数值相等而相应相差 180°，如图 4.21 中的误差图 E^{-}-t 所示。

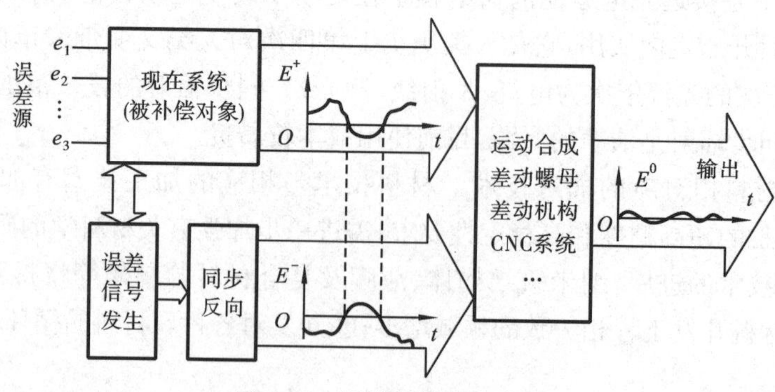

图 4.21 误差补偿原理示意

(3) 运动合成装置,以实现附加误差运动与系统固有误差运动的合成,输出为两个误差抵消后的结果,如图 4.21 中的误差图 E^0-t 所示。

4.6.3 可重构制造系统

20 世纪 80 年代末至 90 年代,制造业所面临市场的变化开始变得不可预测,其原因有:新产品的频繁面世,现有产品的零部件变化,产品需求和种类的极大波动,政府的安全、环境法规的变化以及工艺技术的变化。为了适应这些变化,解决生产效率与制造柔性之间的矛盾,并充分利用已有的资源,产生了可重构制造系统(RMS, reconfigurable manufacturing system)与可重构机床(RMT, reconfigurable machine tool)的策略与实践。

目前,在企业中主要存在两类制造系统,即专用制造系统和柔性制造系统。专用制造系统成本较低,能进行多刀加工,故生产效率高,但没有柔性,系统的软件、硬件都是为特定零件而设计的,不能扩展。柔性制造系统则具有软件柔性,能控制固定的硬件设备,使之完成众多加工功能,及时响应市场变化;其缺点是造价昂贵,软件冗余大,只能进行单刀加工,生产效率较低。

为响应市场或不确定需求的突然变化,迅速调整出一个零件族内的生产能力和功能,并快速改变系统结构以及硬件和软件组件,构成一种综合上述两种制造系统优点的可重构制造系统。在这种系统中硬、软件均可重构,可进行多刀加工,系统造价适中,但硬件有冗余。可重构制造系统能充分利用资源,符合可持续制造策略。

可重构制造系统必须从一开始就设计成可重构的。为保证快速而可靠地集成硬件模块和软件模块,可重构制造系统必须具备以下几个关键特征。

1. 模块性(modularity)

在一个可重构的制造系统里,所有主要部件(如结构件、轴、控制软件和刀具等)都是模块,模块化技术是实现系统可重构的核心技术,在某种程度上系统可重构性的质量取决于模块设计的质量。如果有必要,各部件可以分别更换以满足新的要求,而不必改动整个生产系统。模块化思想使得整个系统易于维护并降低了成本,但是,如何划分模块,以及采用什么系统合成方法还有待进一步的研究。

2. 集成性(integrability)

设计机器和控制模块具有组元集成的接口,系统的性能取决于其组元的给定性能和软件模块与机器硬件模块的接口的性能。因此,必须建立起一系列系统集成方法和原则,这些方法和原则应涉及从整个生产系统到部分控制单元和机床的范围,还要加强对系统布局和生产工艺流程的研究。

3. 定制性(customization)

定制性包括定制柔性和定制控制。定制柔性围绕着正在被制造的零件族里的零件构造机器并只提供这些特定零件所需要的柔性,因此能降低成本;定制控制借助于开放体系结构技术集成控制组件，从而可准确地提供所需要的控制功能。

4. 转换性(convertibility)

在一个可重构制造系统中，可以利用已有的生产线来生产同一零件族中的不同产品。同时，在改变生产品种时所需的变换时间要尽量短，变换内容包括刀具、零件加工程序、夹具等。这些都需要有先进的传感、检测系统，以进行自动监控和标定。

5. 诊断性(diagnosability)

由于可重构生产系统需要经常改变其布局格式，系统应具有对重新布置好的系统进行相应的修正和微调的能力，以确保产品的质量。因此，可重构生产系统必须具备可诊断性。产品质量检测系统必须和整个系统有机地结合，这样有助于快速找到影响质量的原因，并借助统计分析、信号处理和模式识别等技术来保证高质量产品，检测不合格的零件，对减少可重构制造系统的斜升时间起到重要作用。这里，斜升时间指的是新建或重构制造系统运行开始后达到规划或设计规定的质量、运转时间和成本的过渡时间，它是制造系统重构可行性的一个重要性能测度指标。

可重构制造系统的以上这些特征决定了重构制造系统的难易程度和成本，具备这些关键特征的制造系统具有较高的可重构性。其中，模块性、集成性、诊断性有利于减少用于重构的时间和精力，定制性、转换性有利于减少重构的成本。

国内外学者对可重构制造系统进行了大量的研究，取得了一些初步成果，提出了若干概念系统与机床模型，完全意义上的可重构制造系统虽尚未商品化，但可重构制造系统的理念是先进的、可操作的。

相对而言，软件的重构是比较容易实现的。因此，可以有这样的结论：可重构制造系统的成败关键是硬件模块的重构与连接，是电、液、气等动力源的接口与切换。

4.7 虚拟制造

4.7.1 定义与分类

虚拟制造(VM，virtual manufacturing)是使用计算机模型对制造过程的仿真，以辅助被制造产品的设计与生产，包括从产品设计开始就实时地、并行地对产品结构、工作性能、工艺流程、装配调试、作业计划、物流管理、资源调配及成本核算等一切生产活动进行仿真，检查产品的可加工性和设计的合理性，预测其制造周期和使用性能，以便及时修改设计，更有效地灵活组织生产。虚拟制造可以缩短产品的研制周期，获得最佳的产品质量、最低的成本和最短的开发周期。

随着计算机技术的迅猛发展，虚拟现实环境的完善，虚拟制造已能对加工制造过程进行物理仿真，如切屑的形成，力、热和几何因素对制造误差的影响等的仿真，包括力学、热力学、运动学、动力学等的可制造分析。

虚拟制造技术主要给人提供视觉、听觉信息，达到“所见即所得”的效果，也就是说，在计算机上所看到的三维图形、制造过程将分别是现实制造出的实物、现实的制造过程。

虚拟制造所需的资金有工作人员的工资、计算机硬件设备与计算机软件等费用，故成本不高。不需要使用真实的设备，不需要真实的原材料，不会像传统制造过程那样制造真实的样件或样机，因此，不会浪费材料资源、能源，不会造成环境污染。因此，作为现实制造的辅助工具，虚拟制造技术是一种生态型制造技术，符合可持续发展策略，是一种可持续制造技术。

当然，不能夸大虚拟制造的功能，它只是一种辅助手段，用以避免在现实制造过程中走弯路，减少资源的浪费，减轻环境的负担。因为任何现实环境中的产品是靠现实制造技术做出来的。“画饼”不能“充饥”，“画饼”只能以可视的方式传达“充饥”的信息要求，而真正能充饥的是实在的饼，按“画饼”的信息要求由做饼的师傅来做。

按照与生产各个阶段的关系，虚拟制造可分成三类：以设计为核心的虚拟制造、以生产为核心的虚拟制造和以控制为核心的虚拟制造。这三类虚拟制造的比较如表4.7所示。

表4.7　三类虚拟制造的比较

类　别	特　点	主要目标	主要支持技术
以设计为核心的虚拟制造	在设计阶段提供制造信息，使用基于制造的仿真以优化产品和工艺的设计，通过在计算机上制造产生软样机	评价可制造性	特征造型技术 面向数学模型设计技术 加工过程仿真技术
以生产为核心的虚拟制造	将仿真能力用于制造过程模型，以便低费用、快速地评价不同的工艺方案，用于资源需求规划、生产计划的产生及评价的环境	评价可生产性	虚拟现实技术 嵌入式仿真技术
以控制为核心的虚拟制造	将仿真加到控制模型和实际处理中，可无缝地仿真，使得实际生产周期不间断地优化	评价可控制性	对离散制造，基于仿真的实时动态调度技术；对连续制造，基于仿真的最优控制技术

4.7.2　曲面铣削的虚拟制造

曲面的数控铣削是一种广泛用于车间的加工技术。曲面数控铣削的虚拟制造可以用来检验数控铣削的合理性，也可以用来培训新的操作人员，国内外已有了相应的数控加工培训软件商品。图4.22所示为虚拟数控铣削加工的构成示意图。如前所述，虚拟制造是在计算机中“制造”，信息技术与仿真技术将成为虚拟制造的支撑技术，包括以下几个方面。

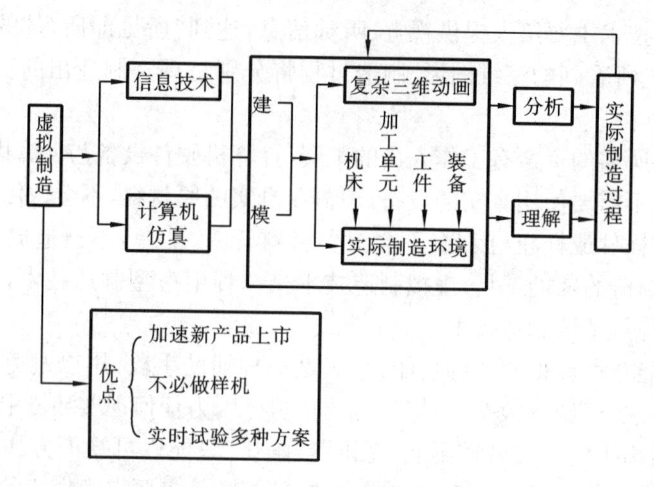

图 4.22　虚拟制造构成框图

1. CAX/DFX 技术

CAX 技术主要是指一系列的计算机辅助技术，如计算机辅助设计(CAD)、计算机辅助制造(CAM)、计算机辅助工程(CAE)、计算机辅助工艺过程设计(CAPP)等。

DFX 技术主要是强调在产品设计中尽早地考虑其下游的制造、装配、检测、维修等各个方面的需要而形成的一系列技术，如面向制造的设计(DFM)、面向装配的设计(DFA)、面向测试的设计(DFT)等。

2. 建模、仿真、优化技术

1) 建模

虚拟制造系统应当建立一个健壮的信息体系结构，包括产品模型、生产系统模型等虚拟环境下的信息模型。

必须对实际制造环境中的机床、刀具、工件、夹具等工艺系统组成部分建立三维模型。图 4.23 所示为数控铣床模型，图 4.24 所示为球头铣刀建模。

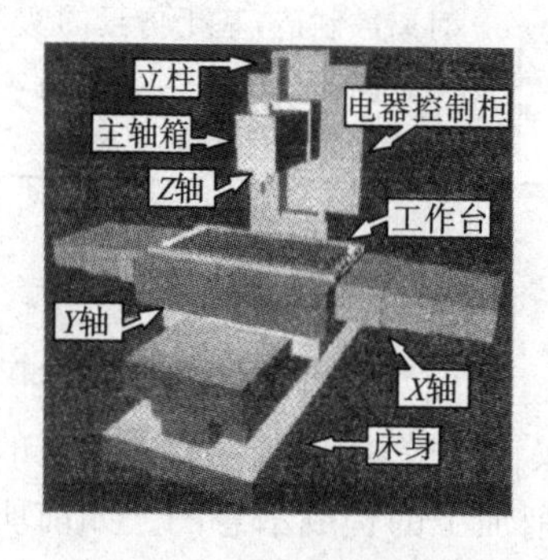

图 4.23　数控铣床模型

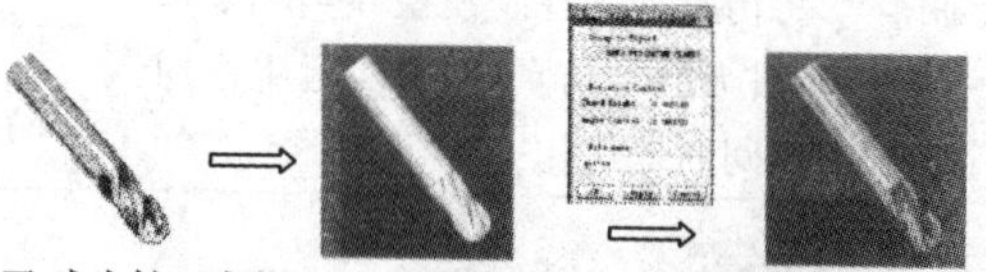

图 4.24　球头铣刀建模

在工件曲面和夹具的建模中，可根据曲面构成方式，将模型直接安装在铣床的工作台上。

2) 仿真

建立系统的模型,然后在模型上进行试验的这一过程称为系统仿真。根据模型的种类不同,系统仿真可以分成物理仿真、模型仿真、物理-数学仿真(半实物仿真)、数学仿真(计算机仿真)和基于图形工作站的三维可视交互仿真等从实物到计算机仿真的五个阶段。计算机仿真技术是以数学理论、相似原理、信息技术、系统技术及其应用领域有关的专业技术为基础,以计算机和各种物理效应设备为工具,利用系统模型对实际的或设想的系统进行试验研究的一门综合性技术。

曲面的数控虚拟铣削只是模型仿真,没有考虑力、热所引起的变形。

3) 优化技术

优化技术是一种以数学为基础,用于求解各种工程问题优化解的应用技术,涉及工程问题的形式化描述、数学模型的定义及优化求解算法的创建和选用三大关键问题。

根据曲面的性质,可选用不同的刀具路径,路径的规划即是一个优化问题。

4.8 制造业的信息化

人类社会经历了农耕社会、家庭手工业社会、在工厂中操作机器的现代工业社会,到现在进入远程制造(利用 Web)的后现代工业社会,制造也相应地经历了技艺、技术、科学、商务等阶段的发展。21 世纪的大制造的概念,其内涵不只局限于金属加工、芯片蚀刻、计算机装配、生物反应器(bioreactor)的控制,还要包括有关的商务,制造将是拓展的社会企业的完整部分,将推动经济全球化的发展。

随着人类社会的发展、科学技术的进步,21 世纪的制造业将是信息化的制造业,它的最终目标不是功能单一的局部信息化,而是整个企业的全面、综合信息化,从而达到企业运行的整体优化。

制造业涉及的主体功能有五个方面:设计、制造、材料、信息交换、管理。为了实现这五个方面信息化改造,以适应信息化技术的发展,不仅要对这五个方面进行信息化技术改造,而且还要对这五个方面的技术本身进行改造,如图 4.25 所示。

设计信息化领域是制造业信息化较早且较好的领域。计算机辅助设计技术是企业信息化的核心,其作用是形成产品数据。在几何模型的表示、几何建模方法、产品形状可视化、产品设计计算方法(如有限元法、边界元法等)、产品设计图文及产品数据管理(PDM)等方面仍有信息化改造的任务。

制造信息化以计算机辅助制造为代表,是制造业信息化的重要单元;数控加工已相当普遍;计算机辅助工艺过程设计作为计算机辅助设计与制造集成的桥梁获得了发展。数控化的装置(机床、机器人等)的自动化、智能化、柔性化和集成化,可重构制造系统与可重构机床的设计与应用、加工过程的数控、开放式数控系统与数控加工、网络制造、可持续制造等,都有大量的信息化改造工作,也要求人们改变制造技术本

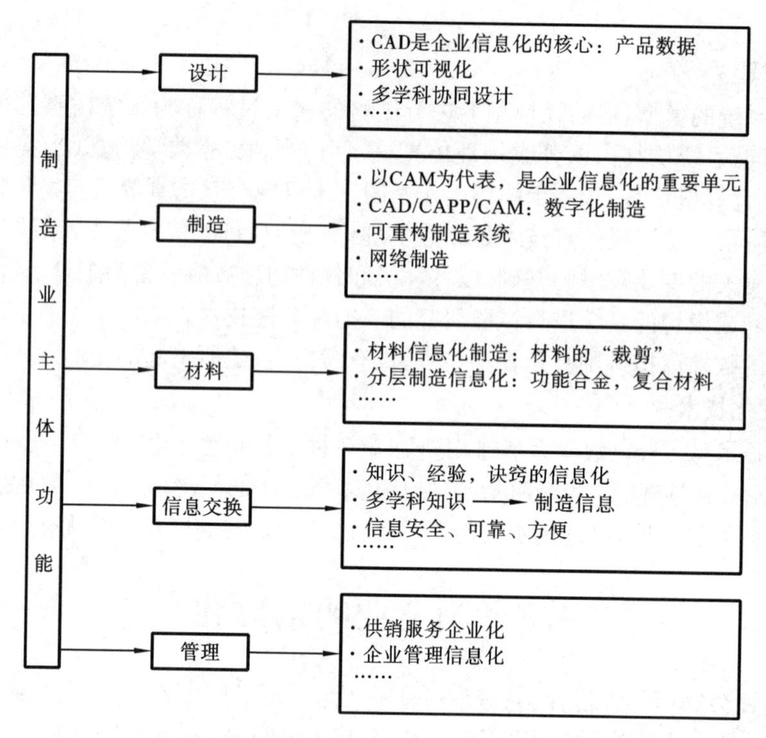

图 4.25　制造业信息化内涵

身的传统模式，实现数字化制造。

材料的信息化制造犹如裁制衣服一样，服装设计师将颜色搭配协调、美观、适用的衣料制成服装，材料也能按信息要求而设计。自 20 世纪 90 年代分层制造技术工程化以来，有一些学者认为通过选择性激光烧结工艺、激光熔结工艺，理论上可以按合金成分配方直接从合金粉末烧结成产品，也可以按不同部位的材料性能要求选用不同的合金成分配比。随着激光功率的提高、激光成本的降低，有学者预测将来钢铁生产不需要用现有的钢铁生产技术与钢铁工厂了。新型复合材料的设计与制造，更能体现出信息化对制造业中材料制造的重大影响。

信息交换的信息化问题，在制造业中需要解决的有：制造者的经验、知识、诀窍的信息化及其处理；如何利用多学科的知识、信息为制造业服务；如何保证信息处理、传输、控制的可靠性、实时性、安全性；网络技术的应用等。信息交换的优劣，取决于信息化支撑体系的进展，硬件技术、软件技术、网络技术、数据库技术、信息安全技术的进步，必将促进制造业中信息交换技术的进步。

管理信息化是保证制造业在市场竞争条件下立于不败之地的重要法宝。管理信息化包括供销服务的信息化和企业管理的信息化。供销服务的信息化是指运用现代管理思想和方法及信息技术，改变或改善供销服务体系中的观念、方法和手段，提高企业销售能力和服务水平，促使产品增值，快速响应市场，获取最大利润，实施如顾客需求管理、供应链管理等。企业管理的信息化是指利用现代管理方法和信息技术，对企业所有活动进行统一管理和控制，提高产品质量，实施整个企业高效、协调和优化运行。企业资源规划(ERP)是当前企业信息化管理的典型代表。所谓企业资源规划是指对企业所有资源(如人力、设备、材料、技术、资金、信息、时间等)进行统筹管理与控制，实现资源的最优运行与充分利用。目前所谈论的企业信息化，大多是企业资源规划方面的内容。对于一个技术信息化水准不高的制造企业(尤其是中小型企业)而言，不宜立即全面推行企业资源规划，而应根据该企业管理中的瓶颈问题，先获得突破，逐步扩大信息化管理的内容，这是我国许多企业在实施企业资源规划过程中用巨额投入买来的经验教训。

现用两个实例来讲解制造企业信息化改造问题。

实例1：金属板材电气柜的大批量定制

大批量定制(MC，mass customization)是21世纪的先进生产模式，它将定制生产和大批量生产两种生产方式有机地结合起来，在满足客户个性化需求的同时，保持较低的生产成本和较短的交货期。

要实现大批量定制，需对制造企业进行全面信息化改造。图4.26所示为金属板材电气柜的大批量定制过程，图中实线表示材料流，虚线表示信息流。

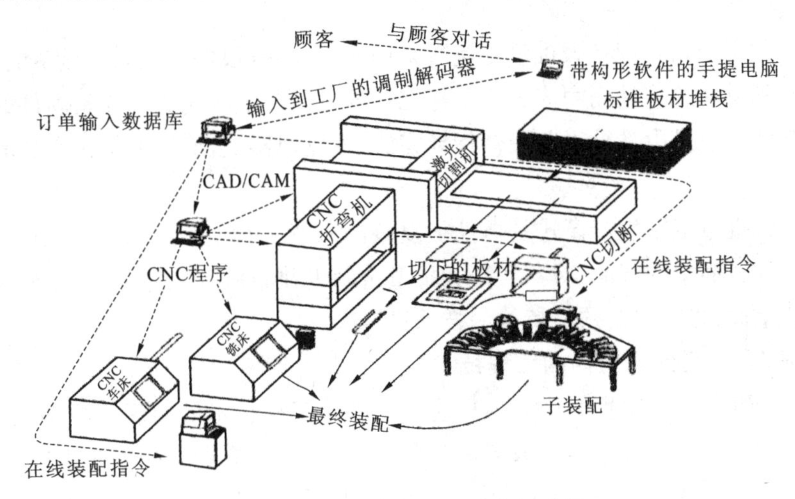

图4.26　电气柜的大批量定制过程

销售技术人员携带可提供虚拟样件的手提式计算机与顾客对话，顾客根据自己的特定要求与销售人员达成协议，就产品的形式、规格及交货期等签署合同，并将有关信息输入企业的订单输入数据库，由此而发出有关该电气柜特定的设计、制造、装配指令，相应的数控激光切割机、数控折弯机、数控车床、数控铣床、数控切断机按信息指令完成各自的工作任务，装配人员接收装配指令信息完成手工装配任务。

实际生产是将金属板材从标准的板材堆栈送到激光切割机开始。原材料的组合标准化是减少材料费用的关键。必须按需提供原材料，满足任意定货量、任意批量的任一产品对原材料的需求。最理想的原材料为单一形式的，多种形式的原材料将配置多个送料装置。切割下的边料可用来切割小型零件，板材的排料可实行优化，这样能节省材料上的开支。

激光切割机能实现数控切割，能根据定制的电气柜要求，完成全部板件的切割加工，包括外形轮廓和所有孔、缺口的切割及切断。按大批量生产的标准，采用这种工序集中的方式加工速度不是最快的，每一工序也不是最有效的。但是，这种工序方式集中，没有装配变化的工序，没有中间库存，从总体上看，工厂的产出最快且总成本最低。

激光切割机的输出是每一个产品的一组切割下的板材。其中有一部分由数控折弯机对其实施折弯，余下的部分送去焊接或直接进入最终装配。

铣削加工的零件是由标准毛坯在数控铣床(或铣削中心机床)上制造而成。类似地，数控车床用来加工零件族中的旋转体零件，最好由统一的棒料毛坯制造。

许多工厂可能使用几台数控切断机，可按制造信息要求切断棒料、卷曲板材。通常进行零件的线性切断时，操作工人只要根据指令提示，按要求切取一定的长度即可。

子装配工作站允许在大批量定制时采用人工装配，根据监视器上显示的指令，由“看板”得到供应的零件而完成。一个标准化的自动扳手能完成全部紧固件的拧紧工作。最终装配也是由计算机监视器指导完成，在监视器上，给出了每一产品的相应装配指令。

实现大批量定制生产模式是一件很复杂的系统工程，目前只能部分地实现。电气柜是一种较简单的产品，对其实现大批量定制也并非易事。可见，制造企业的信息化改造任重而道远，但必须坚持这一技术进步方向。

实例 2：21 世纪企业内的工程技术

图 4.27 所示为 21 世纪企业内高速加工系统工程技术的内涵示意图，它包括了除材料外的所有信息化内容。该图由九个板块、三个交叉关联的闭环组成。

企业的人/组织机构处于环的中心；产品、外部网络门户网站、刀具工具、网络经营管理决策系统四个板块组成垂直信息平台；网络经营管理决策系统、生产工艺数据库、生产管理局网、外部网络门户网站、CAD/CAM/CAE 系统、机床量仪等六个板块构成水平支撑平台；产品、生产管理局域网、CAD/CAM/CAE 系统、刀具工具、机床量仪、生产工艺数据库六个板块组成运行平台，八个板块围绕环心。

科学发展观强调以人为本。为了又好又快地发展制造业，需组建相应的组织机构、开发先进的管理模式与技术，使人、机、信息有机地融合，这就进一步证明了信息化对制造企业改造的重要性、艰巨性。

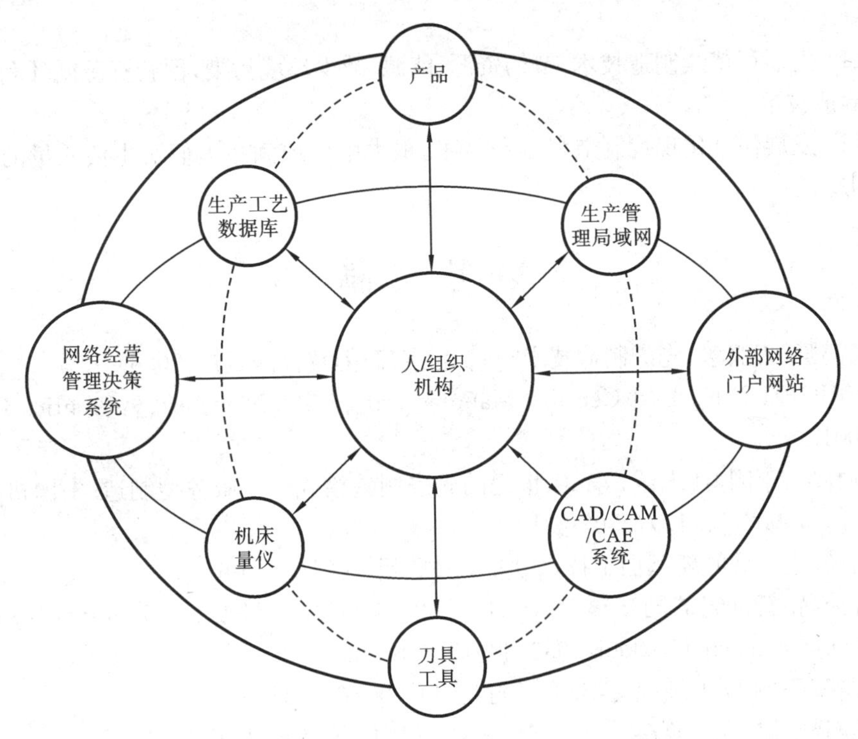

图 4.27　21 世纪企业内高速加工系统工程技术的内涵示意图
—— 垂直信息平台；—— 水平支撑平台；------ 运行平台

4.9 小　　结

先进制造技术是多学科综合创新的成果，而现代制造技术的成果，特别是精密超精密加工、数控加工技术又将成为使能技术，为高新技术产业服务，如图 4.28 所示。

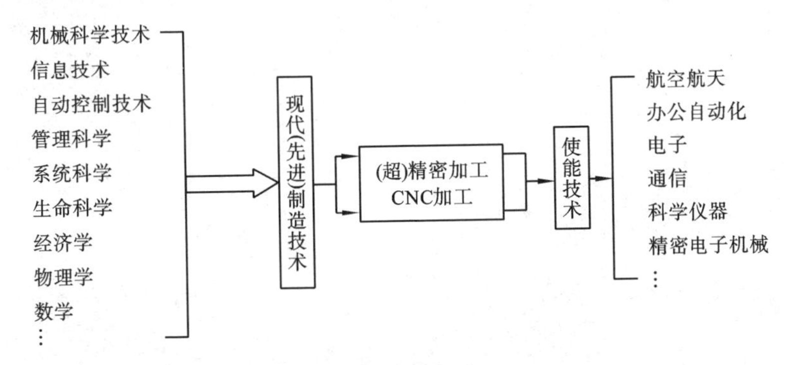

图 4.28　先进制造技术的形成与应用

针对 21 世纪的经济社会发展需要，现代制造技术应着重注意两个方面的技术创新。

(1) 发展可持续制造技术,节约资源、能源、减少环境污染,创新资源循环利用型先进制造技术。

(2) 发展信息化现代制造科学与技术,最大限度地满足人们对生活质量的个性化要求。

参 考 文 献

[1] 宾鸿赞,王润孝. 先进制造技术[M]. 北京:高等教育出版社,2006.

[2] WRIGHT P K. 21st Century Manufacturing [M]. New Jersey:Prentice Hall,2001.

[3] 孙林岩,李刚,江志诚,等. 21 世纪的先进制造模式——服务型制造. 中国机械工程[J],2007,18(19):2307-2312.

[4] 何易. 十年后的新型加工技术[J]. 工具展望,2001(5):5-6.

[5] 冼鼎昌. 新世纪的同步辐射[C/OL]. (2004-11-21)[2009-14-15]. http://www.people.com.cn/GB/keji/1059/3001907.html.

[6] EVANS N D 干细胞支架. 今日材料[J],2007(3):26-34.

[7] 宾鸿赞. 加工过程数控[M]. 2 版. 武汉:华中科技大学出版社,2004.

[8]《中国总工程师指南》编审委员会. 中国总工程师指南[M]. 武汉:武汉出版社,1993.

[9] MORIWAKI T. Multi-functional machine tool. CIRP Annals-Manufacturing Technology[J],2008(57):736-749.

机器人及其应用

熊蔡华

5.1　机器人的发展历程

5.1.1　机器人的定义

机器人是人类制造出来的智能化机器，是为人类服务的工具。一般认为，“机器人”一词源于捷克剧作家Karel Capek 1920年的科幻剧本《罗萨姆的万能机器人》，在该剧本中，Capek第一次提出了“Robot”一词。在捷克语中，“Robot”一词意指充满智慧、力大无比的工人。随着岁月的流逝，渐渐地“Robot”一词就不加翻译地被融入英语词汇，从此成为现代英语中“机器人”的代指。

有关机器人的定义，在1967年日本召开的第一届机器人学术会议上，提出过两个有代表性的定义。1987年国际标准化组织对工业机器人进行了定义：“工业机器人是一种具有自动控制操作和移动功能，能完成各种作业的可编程操作机。”1988年法国的埃斯皮奥将机器人定义为“能根据传感器信息实现预先规划好的作业的系统”。

我国科学家对机器人的定义是：“机器人是一种自动化的机器，所不同的是这种机器具备一些与人或生物相似的智能能力，如感知能力、规划能力、动作能力和协同能力，是一种具有高度灵活性的自动化机器。”

5.1.2　机器人的发展历史

在机械学科里，机器人的历史并不算长。机器人作为光、机、电、液、气一体化技术高度集成的多自由度数字化装备，在过去近五十年的发展历程中，经历了三个主要阶段，发展了三代机器人。

第一代是示教再现型机器人。这类机器人不具有对外界信息的反馈能力，很难适应变化的环境。

第二代是有感觉的机器人。它们对外界环境有一定感知能力，并具有听觉、视觉、触觉等功能。机器人工作时，根据感觉器官（传感器）获得的信息，灵活调整自己的工作状态，保证在适应环境的情况下完成基本工作。

第三代是有智能的机器人。智能机器人是靠人工智能技术决策行动的机器人，它能根据感觉到的信息，进行独立思维、识别、推理，并作出判断和决策，不用人的参与就可以完成一些复杂的工作。

机器人的应用，最先出现在工业领域，随后向军事领域、家政服务等领域延伸拓展，特别是随着人类迈入21世纪，机器人的应用也开始转向一种全新的未开发的市场——医疗领域。机器人与医学的结合促成了一场激动人心的变革，医疗机器人（康复治疗机器人和外科手术机器人的总称）成为医学新纪元开始的标志，成为机器人未来研究的主导方向。

机器人的研究开发具有重要应用价值，历来受到工业化国家的高度重视。早在1986年，西方七国首脑会议就确定了国际先进机器人研究计划（IARP，international advanced robotics program），其主要目的是发展先进机器人系统，使其在危险、有害或其他特殊需要的环境中替代人类劳动。

在我国，为了加快机器人的研究进程，跟踪机器人研究的国际先进水平，"九五"和"十五"期间，在科技部"863"计划、国家支撑计划等国家项目的支持引导下，工业领域开展了大量工业机器人的研发工作，取得了一批标志性研究成果。在医疗服务领域，结合我国21世纪老龄人和残疾人群庞大而康复医疗器械严重匮乏的现状，"十一五"期间适时启动了"服务机器人"等国家研究计划。

5.2　机器人的应用

5.2.1　工业领域

工业机器人通常是一种具有可编程能力，通过编程可使其完成零件抓放、搬运等操作任务的机械臂。美国人英格伯格和德沃尔1959年制造出了世界上第一台工业机器人。这台机器人外形像一个坦克的炮塔，基座上有一个可转动的大机械臂，大臂上又伸出一个可以伸缩和转动的小机械臂，能进行一些简单的操作，代替人做一些诸如抓放零件的工作。

汽车工业是工业机器人应用最广泛的领域之一。在德国，工厂里工作的机器人，三分之二在为汽车工业服务。随着汽车工业的迅猛发展，机器人在先进汽车制造中的重要性也日益凸显。焊接是汽车生产线上十分重要的工艺流程和加工手段，采用高性能焊接机器人成套设备（见图5.1），既能降低工人劳动强度，减少企业成本，又能有效改善生产工艺水平，提高焊接质量，从而极大提高产品质量和产能。

与汽车工业相比，机器人在航空工业的应用起步较晚。近年来，受产能和标准化

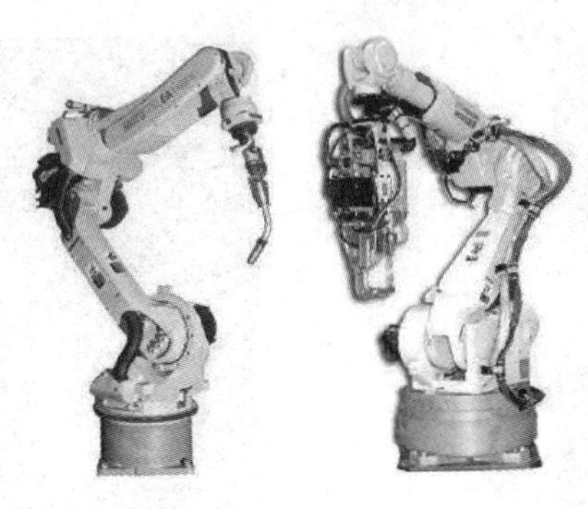

图 5.1　焊接机器人

作业的需求,机器人在飞机自动装配作业中也得到了迅猛发展。同时,航空工业对机器人也提出了许多特殊的要求,如由于飞机大结构件之间的连接精度要求很高,因而结构件上的孔也必须有很高的绝对及相对精度,让传统的机器臂伸入机翼上的检查孔不切实际,要操纵工业机器人进入狭小的窗孔,需要借助新的机器人检查装备(见图 5.2)。

用于飞机机翼自动化作业的工业机器人(见图 5.3),除了具备准确放置工具的能力外,还需具备受限空间操作的能力。在这些场合,非常需要无突出"肘关节"的机器臂。如沿身体长度方向具有连续曲率的蛇形机器人,就是应用于这些场合的一种理想机器人。

图 5.2　飞机机翼检测作业机器人

图 5.3　飞机机翼自动化作业机器人

蛇形机器人可看成是大型工业机器人的一种辅助工具,它的臂能在操纵杆控制或视觉伺服下自动地以笛卡儿模式(Cartesian mode)运动。蛇形机器人借助操纵杆或预先设定的路径,能在机翼盒内完成路径跟踪任务,确保作业的准确与平稳。蛇形机器人可作为单机使用,也可与其他工业机器人配合使用。如在工业机器人腕部安装蛇形机器人作为它的前臂,可赋予它进行路径跟踪所需的线性运动(见图 5.4)能力。蛇形机器人安装在工业机器人腕部,也可作为附着不同作业(如型锻、密封和检测等)工具的界面。图 5.5 所示为安装在 Kuka 工业机器人上的蛇形机器人,该蛇形

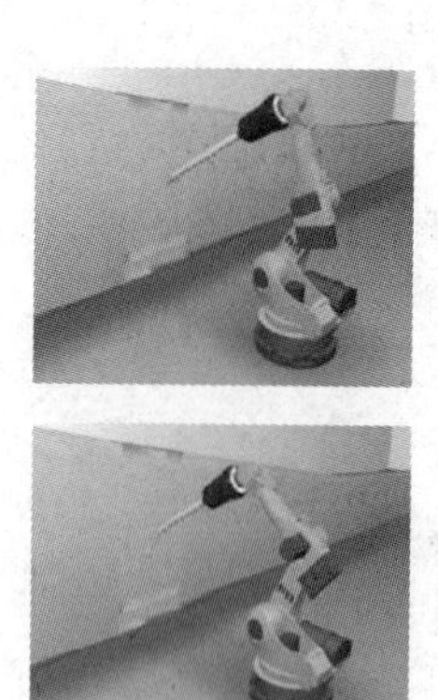
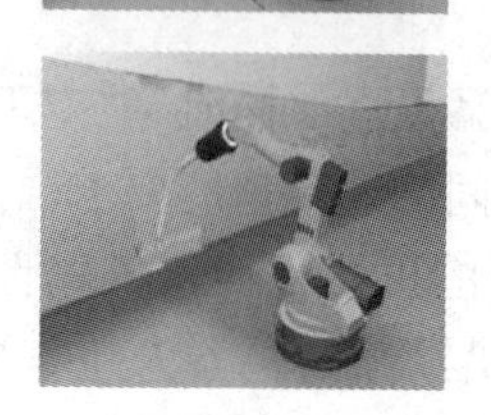
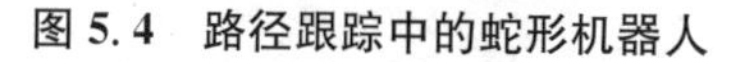

图 5.4　路径跟踪中的蛇形机器人

图 5.5　附着在 Kuka 工业机器人上的蛇形机器人

机器人有 10 段，长为 1 800 mm，直径为 90 mm，空腔直径为 15 mm。由于该机器人系统有多达 27 个自由度，因此它的柔性很高，能深入机翼复杂的腔体内部。

为了使蛇形机器人的路径跟踪能力最大化，其末端执行器的外轮廓直径不能大于蛇形臂的直径，其长度必须最小化（理想情况下应等于蛇形臂的直径或至少小于 1.5 倍蛇形臂的直径）。其三种可互换的末端执行器如图 5.6 所示。图 5.6(a)中的末端执行器实际上是一种包含各种功能摄像头的检测工具；图 5.6(b)中的末端执行器是一种用于旋锻铆钉并引导被去除材料进入废料区的型锻工具；图 5.6(c)中的末端执行器集成了标准密封剂容器和喷嘴，是通过摄像头引导工具与缝隙自动定向的密封作业工具。蛇形机器人已被证明是受限空间自动化作业中的重要手段，在空中客车公司某些型号飞机的制造中得到了成功应用。

随着计算机处理能力的高速发展和企业对大规模生产的迫切需求，机器人技术

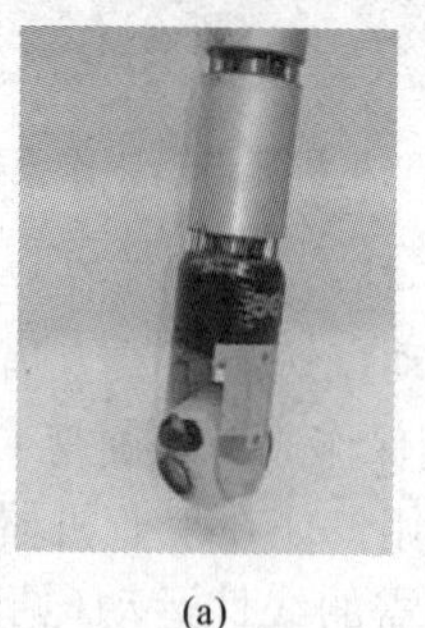

(a)

(b)

(c)

图 5.6　蛇形机器人的末端执行器

得以迅猛发展。如今全世界正在使用的工业机器人就超过100万台，各种各样的工业机器人还在不断被研究出来并投入市场，它们主要分布在汽车、电子、航空、船舶、仪器仪表等行业中，为人类社会不断创造着物质财富(见图5.7至图5.12)。

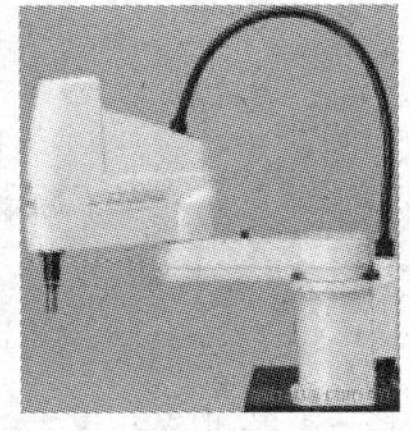

图5.7　装配机器人

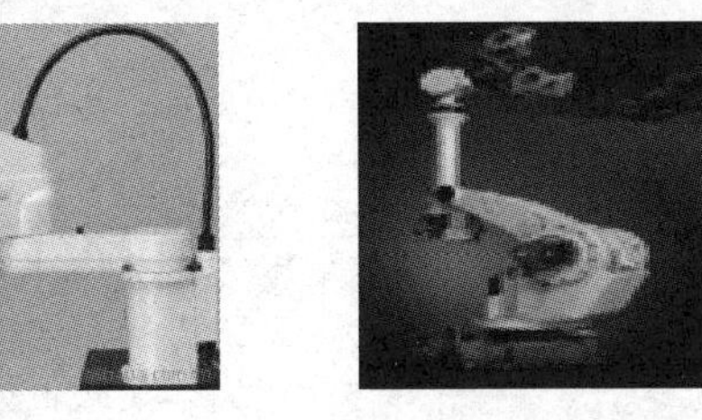

图5.8　材料处理机器人

图5.9　包装机器人

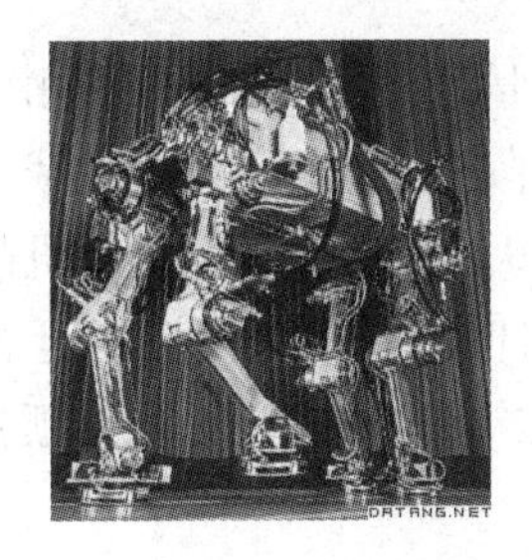

图5.10　多足步行机器人

图5.11　轮式移动机器人

图5.12　太空机器人

5.2.2　军事领域

军事机器人是一种用于军事目的的自律或遥控装置。随着机器人技术的进步和巨大的防务需求，机器人已广泛应用于军事领域，进入战场。这里介绍一些具有代表性的军用机器人装备。

1. 军用无人机

无人机技术的发展，使其在现代战争中的作用日趋明显。如以色列十分重视无人机的研制，其无人机(见图5.13)在历次中东战争中发挥了巨大作用。1973年，以色列便成功使用无人机实施诱骗并摧毁了埃及地空导弹阵地。1982年的中东战争

图 5.13 以色列无人机

中，以色列使用无人机先诱使叙利亚防空雷达开机并发射大量地空导弹，同时利用无人机收集雷达位置和信号频率，待叙方导弹大量消耗并暴露阵地位置后，再出动战斗机进行轰炸，几分钟就摧毁了叙利亚设在贝卡谷地的全部 19 个导弹阵地，无人机战术取得了空前成功。近年来，以色列不断有新型号无人机问世，除了自己装备，还部分出口到包括欧美发达国家在内的其他国家，其研究水平仅次于美国，处于世界领先地位。

在军用无人机研究和应用领域，美国依然走在世界的前列。自第二次世界大战以来，美国军队参与了大部分世界热点地区的局部战争，战场上几乎都出现了无人机的身影，并且技术水平在不断提升，作用也愈来愈大。在朝鲜战争和越南战争中，美国就已经使用无人机进行侦察活动。到了海湾战争、波黑战争和科索沃战争期间，军用无人机利用其空中优势，替代传统的地面侦察手段，成为美军侦察活动的一支重要力量，在战争中大放异彩。

1991 年海湾战争中，美、英、法等多国部队广泛采用无人机对伊拉克的军事部署进行侦察，取得了良好效果。法国部队根据无人机侦察结果，成功避开了与伊军主力的正面交手。美国的“先锋”无人机（见图 5.14）通过不间断的飞行侦察，将地面目标图像源源不断发回处理中心，使美军不但掌握了飞毛腿导弹部队的活动规律，还对其布防工事和人员配备准确定位，为海军舰队摧毁地面目标提供了有力保障。在伊拉克本土作战中，无人机充当侦察兵和向导角色，为地面炮兵部队和武装直升机部队提供适时信息，助其实现了对敌方的精确打击。

1999 年科索沃战争中，以美国为首的北约部队对南联盟的军事目标和重要设施进行了连续轰炸。由于南联盟主要为山区地形，许多地方森林茂密，加上阴雨天气，卫星等先进侦察手段的能力大打折扣，无法得到满意的轰炸效果。此时无人机充分发挥了其造价低、机动性强、目标小、低空飞行的优点，在侦察目标上空近距离飞行，不断发回清晰的实时图像，提供对方补给线、弹药库和军事指挥中心等空袭目标的位置，在战争中发挥了巨大作用。美、英、法、德等北约国家对无人机战术高度重视，出

图 5.14 “先锋”无人机

图 5.15 “鬼怪式”无人机

动了几百架各种型号的无人机(见图 5.15 至图 5.17),执行目标侦察定位、战场资料搜集等工作。这次实战证明,军用无人机在现代战争中具有十分重要的作用和地位。

图 5.16 “捕食者”无人机

图 5.17 法国“红隼”无人机

2003 年伊拉克战争中,军用无人机技术又有了新的发展。军用无人机不仅能对目标实施侦察定位,还能对重要目标进行精确制导武器攻击,开创了无人机对地面目标实施导弹攻击的先例。据最新报道,2009 年在索马里附近海域的护航行动中,美国海军使用无人侦察机在空中对可疑目标进行跟踪摄像,搜寻亚丁湾海域的可疑海盗船艇,及时提醒附近地区的商船采取防范措施;对于遇险船只,能在第一时间赶赴现场,展开营救,并有效打击海盗。

我国在 20 世纪 60 年代研制出了“长空一号”无人机(见图 5.18),奠定了我国无人机发展的基础。该无人机主要用于导弹打靶和防空部队的训练,后经过适当改装,可执行大气污染监控、地形与矿区勘察等任务。近年来我国又研制了许多无人机新品,这些无人机在军事上多用来做靶机,或执行战术侦察任务,与西方先进国家相比还存在差距。

2. 地面军用机器人

在对空中军用无人机研究的同时,各国对地面军用机器人系统也给予了高度重视,研制出了能完成排雷排爆任务的机器人警察,甚至出现了能冲锋陷阵的攻击型机

图 5.18　国产“长空一号”无人机

器人战士。

排爆机器人能辅助和替代人类完成危险环境下的可疑物品检查和处置工作，已成为各国警方和军方的重要装备。在英、美等西方国家，由于民族矛盾交织，恐怖活动成了人们生命财产安全的一大威胁。各国当局对反恐工作空前重视，对恐怖活动防范严密。但对恐怖袭击的防范工作量巨大，如在机场、码头、车站等重要部门，既要实行严格的安检手段，又要保证检测通道快捷通畅，还要对可能出现恐怖分子安放炸弹的重要目标进行彻查。除此之外，世界上历次战争（包括第一次世界大战和第二次世界大战），至今还残留了大量埋藏的地雷和未爆炸的炸弹，威胁着人类生命和财产安全，需要进行清理。因此，面对如此繁重而危险的防爆、排爆任务，迫切需要功能先进的排爆机器人。目前西方主要国家已经研制出多种地面军用机器人系列。

英国在 20 世纪 60 年代就研制成功了履带式排爆机器人“手推车”系列，并向世界多个国家出口。最近英国又将手推车机器人加以优化，研制出“土拨鼠”及“野牛”两种遥控电动排爆机器人，应用于工程兵部队的排爆活动，如图 5.19 所示。在法国，Cybernetics 公司的 TRS200 排爆机器人已经开始装备到部队和警察机构，DM 公司的 RM35 排爆机器人也已被巴黎机场管理局选用。

在美国，美军在阿富汗使用了机器人 PackBot，它因结构小巧而被称为“背包机

图 5.19　排爆机器人

器人”，如图 5.20 所示。背包机器人重量轻、体积小、速度快、行程远，还具有涉水能力。此外，它的装甲能防护内部核心部件受到轻武器的正面攻击，从而具有很强的战场机动性和生存能力。背包机器人主要用于探测路边塔利班隐藏的武器和炸药，寻找山洞中基地组织人员的藏身地点。

图 5.20　背包机器人

此外，新型排弹机器人的研究也引起了许多国家的重视，新产品不断涌现。排弹机器人具有灵活的操作臂，还能显示探测目标的图像，评估目标的危险系数。这些机器人有的能探测野外埋藏的可疑爆炸物(见图 5.21)，有的能进入车辆内部和底盘灵敏探测炸弹(见图 5.22)。如 Remotec 公司生产的 Andros 系列机器人(见图 5.23)，在处理小型随机爆炸物方面功能出色，已用于美国白宫及国会大厦的安全保卫，并在南非总统选举中多次用于安检防爆工作，它还被美国军方用于海湾战争后沙特和科威特的地雷及炸弹清理工作，是排爆和救援部队的重要装备。

图 5.21　“嗅弹”机器人

图 5.22　新型排弹机器人

在我国，对排爆机器人的研究起步相对较晚，但也取得了一定的突破，如中科院沈阳自动化所研制的 PXJ-2 机器人已被公安部队采用(见图 5.24)。另外在奥运安保工作中，排爆机器人的能力得到了展现，出色完成了相关安保工作任务。

相比排爆机器人，武装机器人则更具攻击性。它们不但能侦察敌情，还因配备有火力系统，能对敌方目标发起攻击；同时该类机器人的防护能力和生存能力普遍较高，对外界的反应更加灵敏，能主动适应各种复杂战场环境。其代表性的武装机器人

图 5.23　Andros 机器人

图 5.24　PXJ-2 机器人

有美国军方装备的“魔爪”(见图 5.25)和“剑”型(见图 5.26)机器人等战斗装备。

图 5.25　“魔爪”武装机器人

图 5.26　“剑”型武装机器人

福斯特-米勒公司研制的“魔爪”机器人，具有越障能力强、移动速度快、机动性好的优点，能适应战场的复杂野外环境。它配备有 M240、M249 型机枪，还可以装备火箭发射器等攻击性武器。它的另一个优点就是操作方便，士兵通过简单易用的操作系统，就能遥控指挥机器人对一定范围内的敌方目标进行攻击。“剑”型武装机器人是“魔爪”的升级产品，它的功能更加完善，能通过各种摄像及夜视设备进行侦察和瞄准，命中精度大大高于普通士兵；火力系统也很强，能够连续发射数百发子弹和火箭弹。美国军方极为重视这些威力强大的武装机器人，在加大研究力度的同时，现有型号产品已经开始在伊拉克和阿富汗战场发挥作用。

以色列最近还研制出一种名为“毒蛇”的便携式战斗机器人（见图5.27），它看起来像微型坦克，可在狭小和危险地带作战，是世界上首个用于城市作战和反恐的便携式机器人。另据报道，美国硅谷一家公司正致力于开发两种型号的机器人，其中较大的AH型作战机器人身高约0.609 6 m，时速可达16 093.44 m（见图5.28）。可通过加密频道对它进行遥控，机器人上的迷你直升机装置还可以帮助它起飞，直接降落在交火地点，这一点对于城市战争特别有用。

图5.27　微型坦克机器人

图5.28　AH型作战机器人

随着技术的不断进步和研究工作的不断深入，军用机器人执行作战任务和打击敌人的能力也在逐步提高，在现代战场上发挥着越来越大的作用。武装机器人的出现和应用，让人们对其在未来无人战场上的作用充满了期待。美国未来学家预测，在未来战场上，“机器人部队”将走上战场的前台，人类则成为后台的指挥者，使战争真正成为“机器人的战争”。

当前，世界各国对军用机器人的研究都十分重视。如美国国防部2007年出台25年长期规划，斥资120亿美元，发展陆海空机器人作战系统。居安思危，我国在机器人研究方面，应该加强与国防现代化的联系，研发高智能化的军用机器人，提升军事装备水平，跟上时代步伐，迎接新的挑战。

5.2.3　家政服务领域

工业机器人虽然能够代替人类的部分劳动，减轻人体的劳动强度，但由于其智能化水平不高，只能完成一些简单的重复性劳动，还无法进入家庭，与人类直接相处。家政服务机器人属于更为复杂的智能机器人，主要职能是为人类提供和完成服务，如清洁、运送、监视、检查和探测等类型的工作。随着生活水平的提高，智能家政服务的概念将逐渐被人们所接受，智能机器人也将进入家庭，成为人们日常生活事务的好帮手。这将是机器人发展的又一大方向。智能家政机器人主要有娱乐机器人(如电子宠物机器人)，以及具有家政服务功能的服务机器人，如图5.29所示。

图5.29　服务机器人

1. 家庭宠物机器人

猫和狗是人类喜欢的家庭宠物，能否设计出具有这些动物特性的机器猫和机器狗来呢？事实上，它们已不只是存在于各种科幻节目里，而是已经出现在现实生活中，如日本索尼公司生产的宠物机器人AIBO，如图5.30所示。

图5.30　宠物机器人AIBO

AIBO是具有人工智能的机器狗，它能通过记忆存储软件实现自我学习及成长，换句话说，可以像养真正的小狗一样，让它通过学习和积累经验长大，慢慢地它会记住主人的声音、动作和容貌，并通过各种动作和表情与主人交流互动，让主人体会养宠物的乐趣。该产品经过多次更新换代，现已不但能做向人摆尾巴、在地上打滚等动作，还能识别多种语言指令，能听懂主人对它的称呼和责备，通过声光动作表达喜怒哀乐等情绪，十分有趣。AIBO的成功上市及热销，让人们看到了宠物机器人潜在的巨大市场。

在我国，香港Wowwee玩具公司2004年推出了玩具机器人Robosapien，如图

5.31 所示。它预编有拾东西、投掷、踢皮球、跳舞、练武术等几十种动作功能，并具备丰富的可编步态外部扩展功能。Robosapien 性能优越且价格低廉，一经推出就备受欢迎。

图 5.31　玩具机器人 Robosapien

2. 家务清扫机器人

为了摆脱繁重枯燥的家务劳动，人们开始研究智能家用机器人来替代人类干家务活，研究比较成功的是室内地面清洁机器人。2002 年 9 月，由美国麻省理工学院(MIT)人工智能实验室研发、iRobot 公司生产的家用智能吸尘器机器人 Roomba(见图 5.32)问世，标志着家务用途的机器人首次市场化。该机器人的发明被《时代周刊》评为 2002 年度全球最佳发明之一。智能清洁机器人能根据房间的形状，打扫干净房间的不同角落，还能根据预先设定的时间按时自动清扫房间，清扫结束后还能自动返回充电。随后，其他一些公司，如日本日立、松下电器，韩国三星、LG 电子，德国 Kareher 公司和英国 Dyson 公司等也相继开发了多款各具特色的清洁机器人产品或

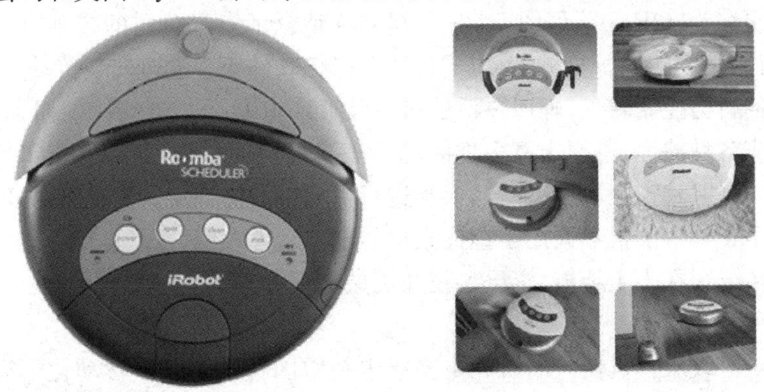

图 5.32　吸尘器机器人 Roomba

样品。在国内,哈尔滨工业大学、华南理工大学、浙江大学、上海交通大学等高校,以及一些家电企业也已开始了这方面的研究工作,并已有相关样品面世。智能家用机器人以其所具有的显著优点,必将成为家用电器领域未来的主要发展方向。

3. 人形机器人

本田公司于 1996 年发布了类人智能双足步行机器人 ASIMO(见图 5.33)。经过不断改进,该类两足步行机器人除了基本的行走功能外,还具有一定的记忆能力,并能通过传感器了解外界复杂环境,作出相应判断和响应。它在行走时可以完成转换方向时的连续动作,能够像人一样自如进行减速、转向等动作,还能表演歌舞节目,完成端盘子、推车等动作,甚至可以在握手时掌握合适的力道。ASIMO 有趣的行走及肢体动作,深受人们喜爱,被广泛用于接待和形象宣传等业务场合。

图 5.33　双足步行机器人 ASIMO

2000 年索尼公司也发布了一款可以用双足步行的 SDR 系列人型机器人(见图 5.34),后更名为"QRIO"(见图 5.35)。QRIO 整合了索尼公司的多项高技术成果,如电子操控、精密的电子机械、感应式仪器及操控软件等。通过安装传动感知系统和记忆学习的行为控制软件,辅以灵活的机械装置,QRIO 不但在行走时可以调整步行姿势以适应各种路面,进行丰富多样的舞蹈表演,而且还具有对人的辨识能力,通过学习、记录人的声音与脸部特征,与人类进行更为丰富的交流。索尼公司还将这款集科技与娱乐于一身的机器人用于担任索尼的全球亲善大使,开展全球巡访活动,目的是为了宣传公司在人工智能、资讯科技和机械电子等方面的发展水平,展示公司产品的各项高科技实力。

国内对家政服务机器人的研究主要集中在中国科学院沈阳自动化研究所、国防科技大学、北京理工大学、清华大学等单位。如图 5.36 为哈尔滨工业大学研制的智能导游服务机器人。

图 5.34　SDR-3X 机器人

图 5.35　机器人 QRIO

智能机器人在家政服务及娱乐领域的应用研究非常广泛。我国是一个玩具生产和出口大国,但主要出口产品还处于劳动密集型层面。同时我国也是全世界人口最多的国家,对智能家政服务机器人的需求潜力巨大。研制和生产具有高科技含量、高附加值的智能机器人产品,对我们而言有挑战,更有千载难逢的机遇。

图 5.36　哈工大智能导游服务机器人

5.2.4　康复医疗领域

21 世纪,随着生物医学工程的发展,机器人的应用也开始从工业领域提升到医疗领域,产生了康复医疗机器人(康复治疗机器人和外科手术机器人的总称)。医疗机器人是一种具有广阔应用前景的高新技术装备,医疗机器人的研究更富于挑战性,需要多学科的协同攻关。

计算机辅助外科(CAS)作为人类外科医生和机器之间的全新伙伴,主要研究医疗机器人所涉及的手术机器人机构、医学三维图像建模、虚拟手术仿真、遥控操作网络传输等关键技术(见图 5.37)。目前,机器人技术在医疗外科手术规划模拟、微创定位操作、无损伤诊疗、新型手术治疗方法等方面得到了广泛的应用。随着数字化设计与制造技术进步的不断加速,医学界克服传统外科的诸多限制成为可能。

机器人外科的发展,引发了传统外科的一些深刻变革。为了使外科手术机器人能在狭小空间内灵活地完成各种细微操作任务,微型机器人的手腕(见图 5.38)被设计成有足够的自由度和尽可能大的操作空间。

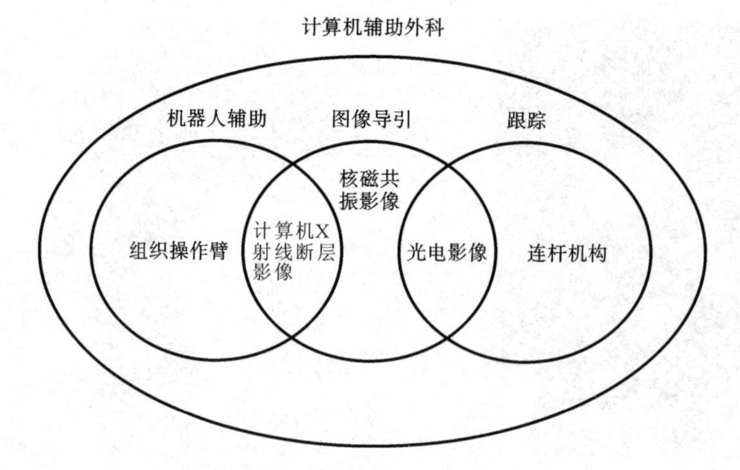

图 5.37　CAS 中各学科与机器人的关系

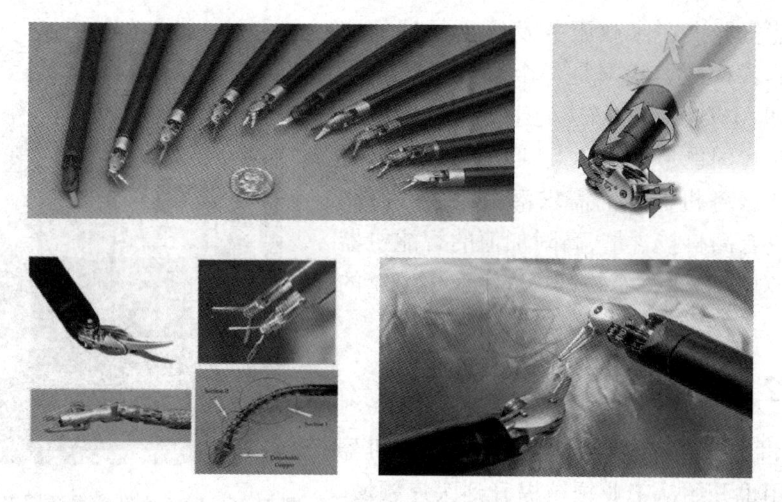

图 5.38　微型机器人手腕

在外科手术机器人研究方面，美国加州的 Intuitive Surgical 公司研发的“达·芬奇(DA-Vinci)”(见图 5.39)和 Computer Motion 公司研发的“宙斯(Zeus)”(见图 5.40)机器人手术系统成为医疗机器人的典型代表，被公认为是国际先进机器人研究计划 IARP 在 21 世纪取得的标志性成果，标志着真正“手术机器人”的产生。

DA-Vinci 机器人手术系统 2000 年通过了美国食品和药物管理局(FDA)市场认证后，成为世界上首套可以正式在医院使用的机器人手术系统。在手术中，医师可坐在控制台上，观察病人体腔内三维图像，利用操作手柄控制“扶镜(摄像机)”和执行手术操作的三只机械臂完成外科手术。

现在，DA-Vinci 机器人手术系统已被广泛应用于普外科、心外科、泌尿外科、妇科和小儿外科，目前已经有几百台装备到了世界各地的医院。2005 年 11 月在香港

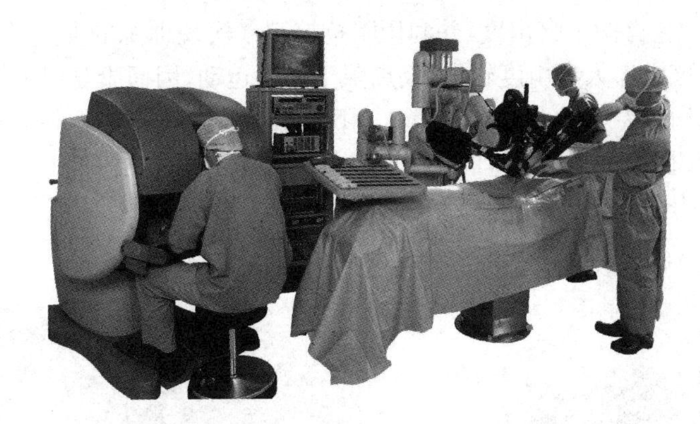

图5.39　DA-Vinci 机器人手术系统

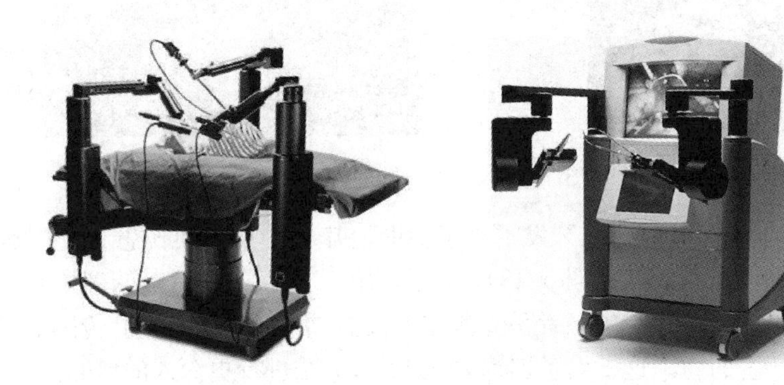

图5.40　Zeus 机器人手术系统

安装了我国第一台 DA-Vinci 机器人手术系统。

机器人手术系统实现了外科医生的梦想，即坐在椅子上操作机械手无颤抖地完成各种复杂的微创外科手术，并且在手术中具有与开放式手术一样广阔的视野。尽管 DA-Vinci 和 Zeus 这样的机器人手术系统在技术上仍处于初级阶段，还存在手术准备时间较长、微型机器人手腕功能有待丰富以满足手术操作灵巧性要求、手术过程中的人机交互能力不足导致手术的真实感不强等问题，但随着医疗水平的提高和工程技术的进步，手术机器人系统必将对推动医学水平发展和提高人类生存质量产生深远影响。

在康复机器人研究方面，采用康复机器人对残疾人及神经损伤患者进行康复训练，被公认为是提高他们生活质量的重要途径。康复机器人作为一种智能康复器械，已引起了国内外相关研究机构及研究人员的广泛兴趣，成为当前机器人研究应用的一个重要领域。美国、日本及欧洲的一些发达国家，以及我国一些高等院校，在各种神经功能损伤康复治疗机器人研究方面开展了大量研究工作，取得了许多积极的研究成果。

图 5.41 是美国麻省理工学院设计的世界上第一台用于肩、肘康复训练的机器人

MIT-MANUS，它有两个自由度，并利用阻抗控制来实现训练的安全性、稳定性和平顺性。但由于该机器人自由度较少，仅局限于平面运动，因而康复训练效果有限。另一个用于中风病患者辅助治疗的机器人 MIME(mirror-image motion enabler)是以工业机器人 PUMA-560 为载体的(见图 5.42)，它可实现位置和阻抗控制及基于主被动协调运动力引导的康复训练，在临床实验中表现出了较好的康复效果。由于其结构庞大，不适用于家庭和社区康复训练。

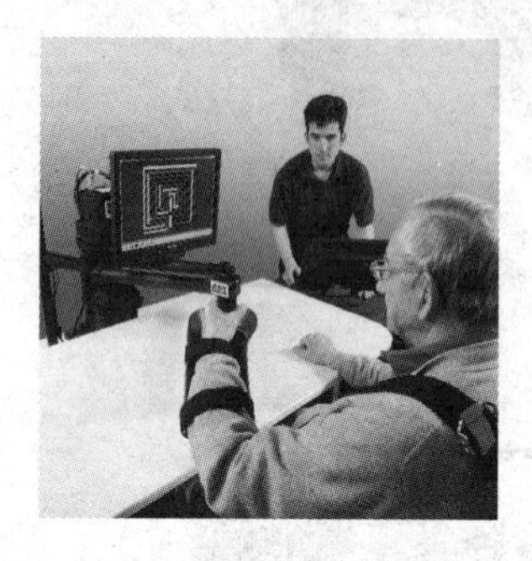

图 5.41　机器人 MIT-MANUS

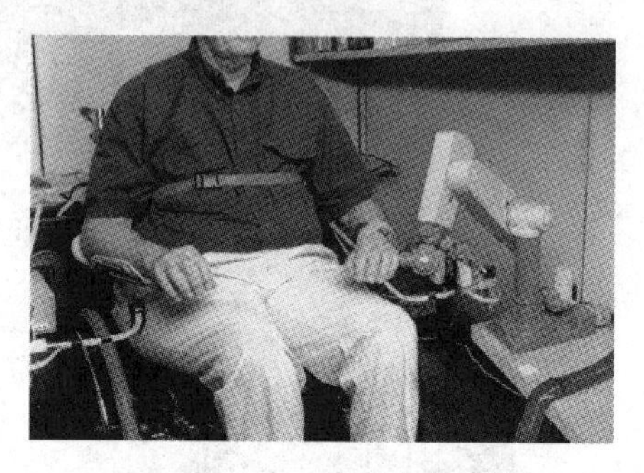

图 5.42　机器人 MIME

2000 年，Reinkensmeyer 开发了用于辅助治疗和测量脑损伤患者上肢运动功能的康复装置 ARM-Guide(见图 5.43)，该设备有一个直线轨道，其俯仰角和水平面内的偏斜角可以调整。实验中患者手臂缚在夹板上，沿直线轨道运动，传感器可以记录患者前臂所产生的力。这种设备训练方式单一，无法进行更深入的研究。

2005 年，瑞士苏黎世大学开发了一种上肢康复机器人 ARMin(见图 5.44)，用于上肢损伤患者的临床训练。它是一种六自由度的半外骨架装置，并装有位置传感器及六维力/力矩传感器，能够进行肘部屈伸和肩膀的空间运动。匈牙利布达佩斯大学设计的 REHAROB 上肢康复机器人由两个固定在支架上的机械臂组成(见图5.45)，通过分别控制患肢的前臂与后臂实现较为复杂的康复训练动作。

清华大学在国家“863”计划的支持下，研制了一种上肢康复机器人 UECM(见图

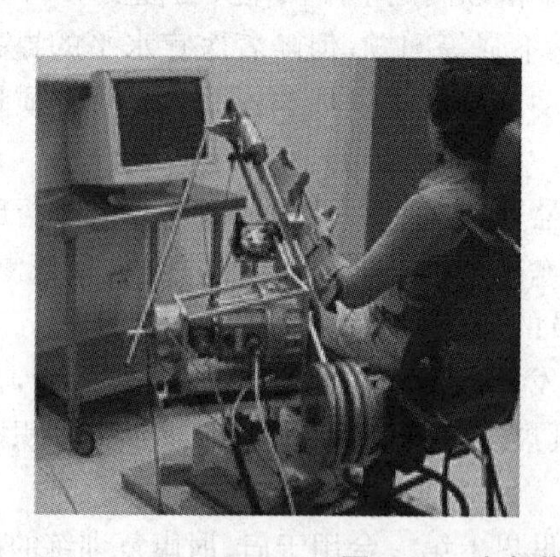

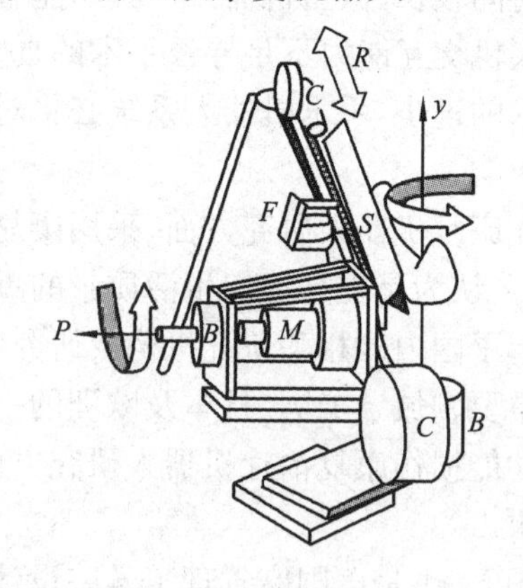

图 5.43　康复装置 ARM-Guide

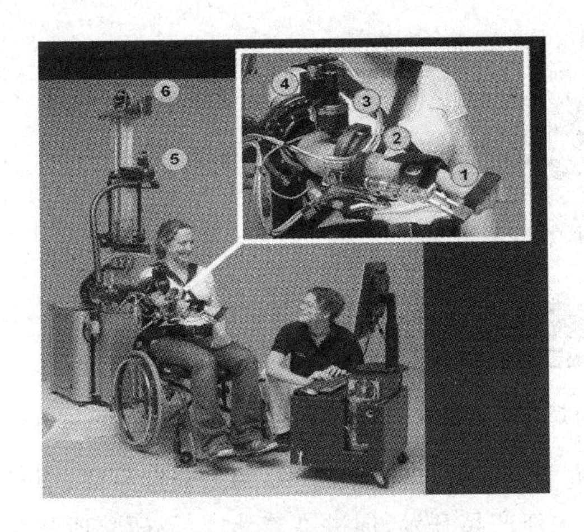

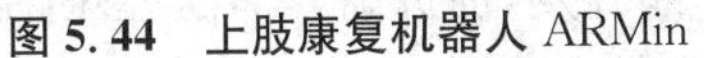
图5.44 上肢康复机器人ARMin

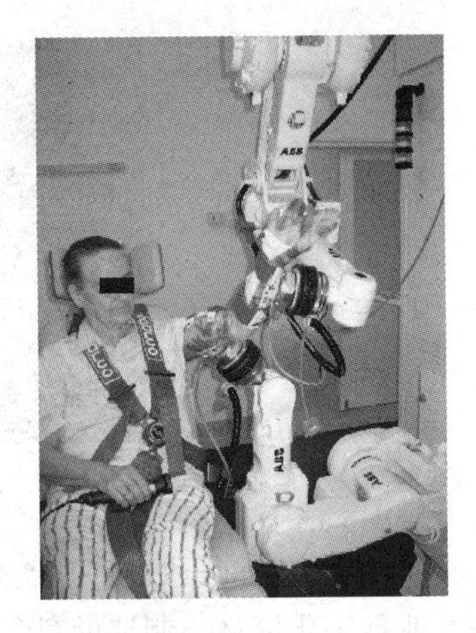
图5.45 上肢康复机器人REHAROB

5.46),可以在平面内进行两个自由度的康复训练。哈尔滨工业大学也开展了与康复机器人相关的研究,并设计了一种五自由度康复机械手臂模型(见图5.47),该机构在设计时考虑了人体工程学的要求,可以实现较为复杂的康复训练动作。目前这两种机器人正处于实验论证阶段。

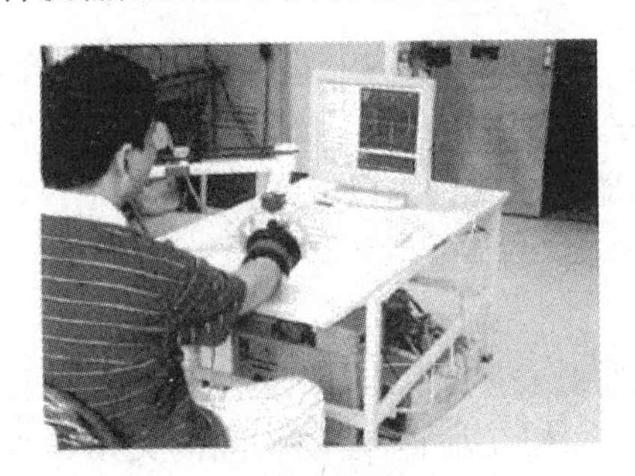
图5.46 康复机器人UECM

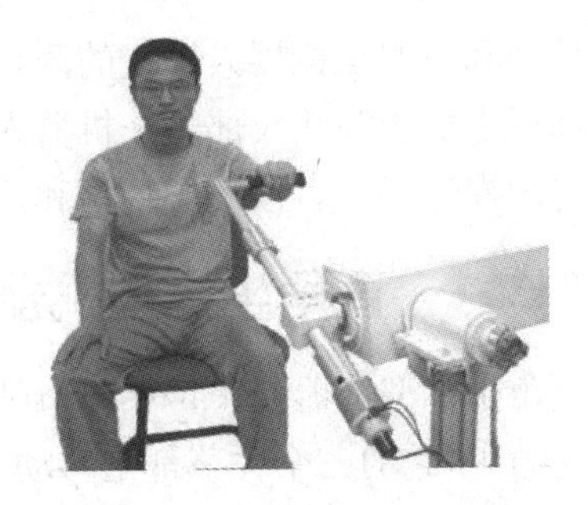
图5.47 五自由度机械手臂

华中科技大学机器人与数字化医疗装备研究中心在肢体康复机器人本体结构研制和康复训练主/被动协调运动控制的相关技术研究方面,已经取得了阶段性的成果。其开发的穿戴式、气动肌肉驱动的肢体康复机器人样机(见图5.48),得到了世界卫生组织(WHO)康复培训与研究合作中心、同济医院康复医学科和美国亚利桑那州立大学生物设计研究所等机构的认可,并受到广泛好评。

国内外广泛开展的康复机器人研发活动及相关的临床实验表明,机器人的确能给残疾及神经损伤患者的康复带来福音。研发人性化的康复医疗机器人,对加强我国在康复机器人研究领域的理论基础和技术水平,促进康复医疗机器人的国产化及其临床普及率,提升我国在康复机器人行业的产业竞争力具有重要的现实意义,也是提高残疾人生活质量,实现残疾人"人人享有康复服务",建立"以人为本"和谐社会国家总体目标的重要手段。

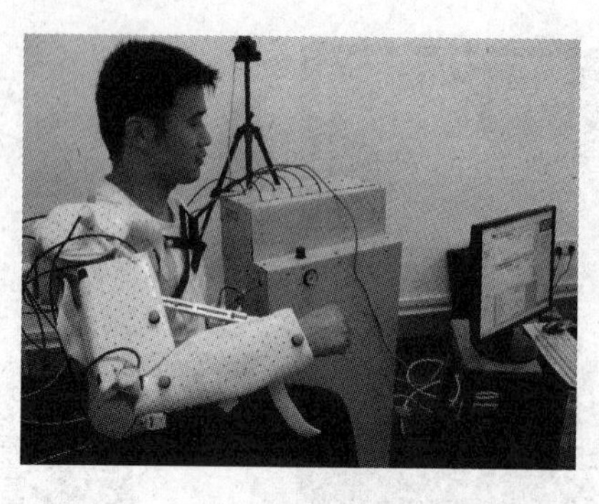

图 5.48　华中科技大学的康复机器人

在“十二五”期间，我国将开展高端机器人等数字化机械产品的创新性研究，引导机械行业数字化设计与制造的科学研究和新产品开发，促进高等学校、科研院所与企业之间在先进制造技术方面的科研合作，积极支持企业数字化设计与制造技术创新基地的建立，加快我国从世界制造大国逐步转变为世界制造强国的历史进程。

5.3　机器人的主要类型

移动和抓取是机器人机构的两种主要功能。机器人的结构主要包括手臂、手腕、手爪和行走机构等几大部分。机器人运动通过手臂和手腕的各种基本运动组合，实现规定的操作任务。按外形结构和运动方式，机器人主要分为以下几种类型。

5.3.1　直角坐标型机器人

直角坐标型机器人(cartesian robot)是应用最广泛的机器人。这种机器人以直线运动为主，它的三个关节都是移动关节，关节轴线相互垂直，运动轴间的夹角为直角，在空间的运动范围是一个长方体，如图 5.49 所示。直角坐标型机器人的优点是，不同关节的运动相互独立，没有耦合，不会产生奇异状态，并且结构刚度高。缺点是动作范围小，操作灵活性差，封闭性不好，装卸和安装时受限较多。

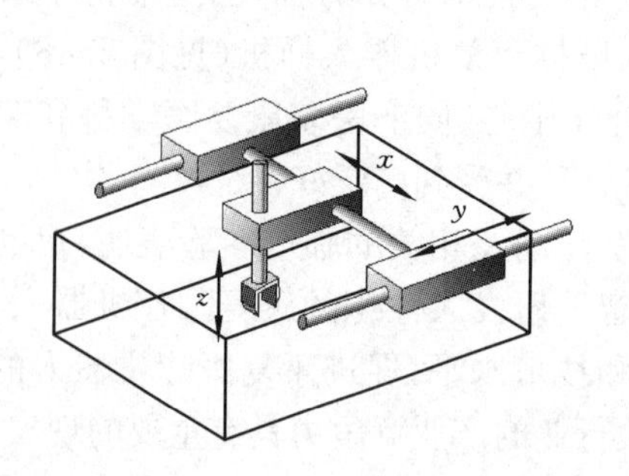

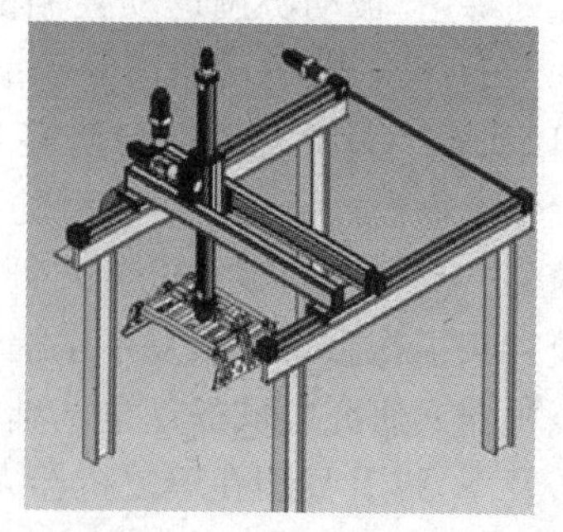

图 5.49　直角坐标型机器人

5.3.2　圆柱坐标型机器人

圆柱坐标型机器人(cylindrical robot)由一个旋转关节和两个移动关节组成,构成以 θ、z 和 r 为参数的柱坐标系,如图 5.50 所示。这里 r 表示手臂方向的径向长度,θ 表示手臂绕水平轴的角位移,z 表示垂直轴线方向的上、下高度。圆柱坐标型机器人的运动空间构成一个不完全的中空圆柱形环体。它通过手臂的伸缩和旋转,扩大了工作范围和操作灵活性,但由于结构上的限制,手臂后端与其他结构部分易发生干涉,且移动副不易防护。

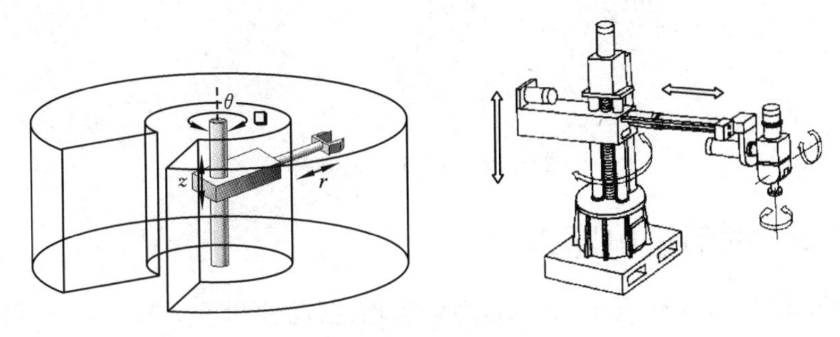

图 5.50　圆柱坐标式机器人

5.3.3　球(极)坐标型机器人

球(极)坐标型机器人(spherical / polar robot)由两个旋转关节和一个移动关节组成,构成以 θ、φ 和 r 为参数的球坐标系,如图 5.51 所示。它的运动空间构成一个不完全的中空扇形圆环体。球(极)坐标型机器人占地面积小,工作空间较大,但移动关节不易防护。

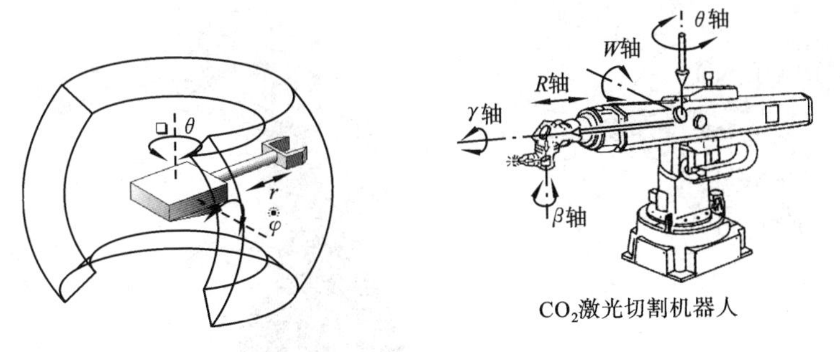

图 5.51　球(极)坐标式机器人

5.3.4　SCARA 机器人

选择顺应性装配机器手臂(SCARA,selective compliance assembly robot arm)由三个旋转关节和一个移动关节组成,是一种特殊类型的圆柱坐标型机器人,如图

5.52 所示。SCARA 机器人通过相互平行的三个旋转关节，在平面内进行定位和定向；再通过一个移动关节，完成末端执行器垂直于平面的升降运动。SCARA 机器人结构轻便、响应快、精度高，适用于平面定位、垂直方向的装配作业。

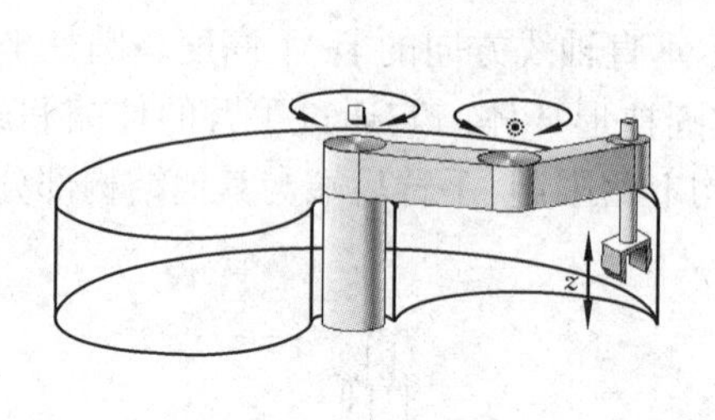

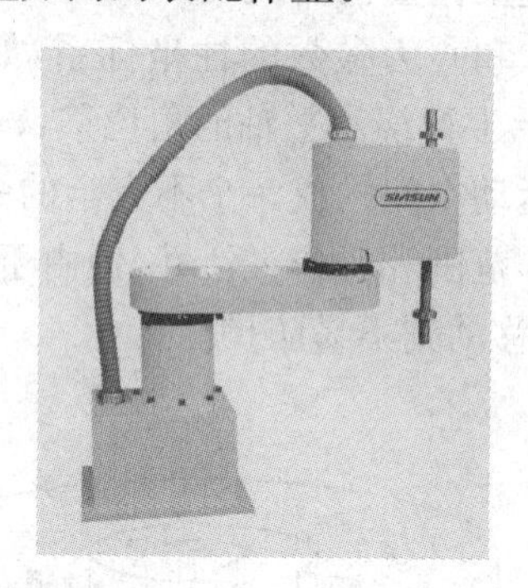

图 5.52　SCARA 机器人

5.3.5　关节型机器人

关节型机器人（articulated robot）由转动轴、摆动轴和手爪等几部分组成，结构类同人的手臂，因其关节较多而得名，如图 5.53 所示。关节型机器人通过两个正交的肩关节和一个肘关节进行定位，其中一个肩关节绕竖直轴旋转，另一个肩关节实现俯仰，肘关节平行于第二个肩关节轴线，再通过二至三个腕关节来进行定向。它的运动空间由几个不完全中空的球体相贯所构成。关节型机器人的优点是动作灵活、干涉小、工作空间大，结构紧凑，占地面积小，特别适应于装配作业。其缺点是末端执行器的位置和姿态不直观，且坐标系复杂，运动学求反解困难，进行控制时计算量大，但这些会随着软、硬件水平的提高而逐步得到改善。

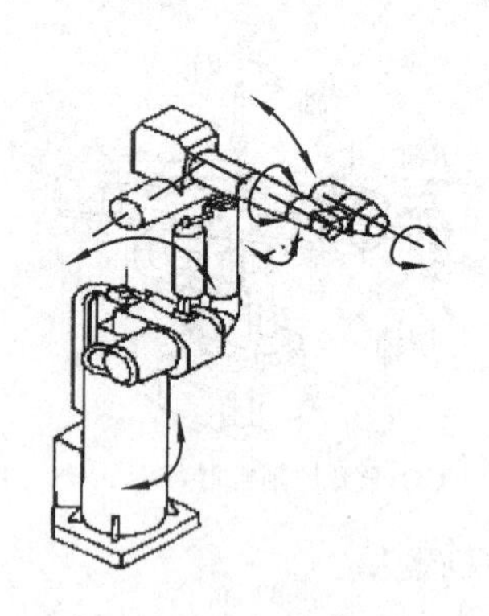

图 5.53　关节型机器人

5.3.6　并行机器人

并行机器人（parallel robot）又称并联机器人，是指其上、下平台用两个或两个以上分支(支柱)相连,机构具有两个或两个以上自由度,且以并联方式驱动的机器人机构,如图5.54所示。支柱的两端分别用铰链连接于上、下平台,其长度可以是固定的,也可以设计成可变长度,用于调节运动平台的位姿。与传统的串联机器人相比,并行机器人具有刚度大、结构稳定,积累误差小、精度高,以及运动惯性小等优点。同时由于并行机器人结构复杂,运动学上求正解比较困难,存在奇异性,动力学上还具有耦合及非线性等问题。因而并行机器人的研究工作还有许多方面尚待完善,但它的出现,极大地拓展了机器人的理论研究领域和工程应用范围。

图5.54　并行机器人

5.4　机器人的发展趋势

展望机器人的未来,正如微软公司董事会主席比尔·盖茨2007年所预言:机器人即将重现个人计算机崛起的道路,点燃机器人普及的"导火索",这场革命必将与个人计算机一样,彻底改变这个时代的生活方式。作为21世纪机器人研究的优先主题,康复与医疗机器人立足于数字化设计与制造的基础理论与关键技术,也将伴随着康复治疗和外科手术工程化原理的源头创新和核心技术的突破,为人类康复与治疗创造出一种全新的模式。随着科技的发展和机器人智能化水平的不断提高,机器人的应用领域将不断扩大。我们相信,机器人将来一定会成为人类的好助手、好朋友。

参 考 文 献

[1] 蒋新松. 机器人学导论[M]. 沈阳:辽宁科学技术出版社,1994.

[2] 蔡自兴. 机器人学[M]. 北京：清华大学出版社，2000.
[3] 王树国. 机器人技术的未来发展策略[J]. 华南金融电脑，1997(6)：50-51.
[4] DIODATO M D, PROSAD S M, KLINGENSMITH M E, et al. Robotics in surgery[J]. Current Problems in Surgery, 2004, 41(9): 752-810.
[5] CAMARILLO D B, KRUMMEL T M, SALISBURY J K. Robotic technology in surgery: Past, present, and future[J]. The American Journal of Surgery, 2004(188): 2-15.
[6] 曲道奎. 工业机器人在汽车焊接中的应用[J]. 航空制造技术，2004(3)：40-41.
[7] [佚名]. 称雄世界的以色列无人机[J]. 国防科技，2003(6)：4-5.
[8] 吴磊. 科学而非幻想——美国军用机器人走向战场[J]. 现代军事，2006(5)：24-28.
[9] 曾岑，陈进，蒋玉杰. 智能型室内清洁机器人的研究和发展探析[J]. 机械制造，2008，46(10)：63-67.
[10] LANFRANCO A R, CASTELLANOS A E, DESAI J P, et al. Robotic surgery: A current perspective. Annals of Surgery, 2004, 239(1): 14-21.
[11] KAZANZIDES P, FICHTINGER G, HAGER G D, et al. Surgical and interventional robotics-core concepts, technology, and design [J]. IEEE Robotics & Automation Magazine, 2008, 15(2): 122-130.
[12] CLEARY K, NGUYEN C. State of the art in surgical robotics: Clinical applications and technology challenges[J]. Computer Aided Surgery, 2001, 6(6): 312-328.
[13] CURLEY K C. An overview of the current state and uses of surgical robots [J]. Operative Techniques in General Surgery, 2005, 7(4): 155-164.
[14] BOURLA D H, HUBSCHMAN J P, CULJAT M, et al. Feasibility study of intraocular robotic surgery with the da vinci surgical system[J]. Retina (Philadelphia, Pa), 2008, 28(1): 154-158.
[15] BODNER J, WYKYPIEL H, WETSCHER G, et al. First experiences with the da vinci operating robot in thoracic surgery[J]. European Journal of Cardio-thoracic Surgery, 2004, 25(5): 844-851.
[16] SUNG G T, GILL I S. Robotic laparoscopic surgery: A comparison of the da vinci and zeus systems[J]. Urology, 2001, 58(6): 893-898.
[17] HASHIZUME M, KONISHI K, TSUTSUMI N, et al. A new era of robotic surgery assisted by a computer-enhanced surgical system[J]. Surgery, 2002, 131(1): 330-333.
[18] TAYLOR R H, STOIANOVICI D. Medical robotics in computer-integrated surgery[J]. IEEE Transactions on Robotics and Automation, 2003, 19(5): 765-781.

[19] HOGAN N, KREBS H I, CHARNNARONG J, et al. Mit-manus: A workstation for manual therapy and training: proceedings of IEEE International Workshop on Robot and Human Communication, 1992[C]. Tokyo:[s. n.],1992.

[20] REINKENSMEYER D J, HOGAN N, KREBS H I, et al. Rehabilitators, robots, and guides: New tools for neurological rehabilitation[J]. Springer-Verlag,2000.

[21] KOYANAGI K,FURUSHO F,RYUU,et al. Rehabilitation system with 3d exercise machine for upper limb: proceedings of the 2003 IEEE/ASME International Conference on Advanced Intelligent Mechatronics[C]. [S. l.]: [s. n.],2003.

[22] REINKENSMEYER D J,KAHN L E,AVERBUCH M,et al. Understanding and treating arm movement impairment after chronic brain injury: Progress with the arm guide[J]. Journal of rehabilitation research and development, 2000,37(6): 653-662.

[23] NEF T, RIENER R. Armin-design of a novel arm rehabilitation robot: proceedings of the 2005 IEEE 9th International Conference on Rehabilitation Robotics[C]. [S. l.]:[s. n.],2005.

[24] TOTH A,FAZEKAS G,ARZ G,et al. Passive robotic movement therapy of the spastic hemiparetic arm with reharob: Report of the first clinical test and the follow-up system improvement: proceedings of the 2005 IEEE 9th International Conference on Rehabilitation Robotics[C]. [S. l.]:[s. n.], 2005.

[25] 张秀峰,季林红,王景新. 辅助上肢运动康复机器人技术研究[J]. 清华大学学报: 自然科学版,2006,46(11): 1864-1867.

[26] 车仁炜,吕广明,孙立宁. 五自由度康复机械手臂的设计[J]. 机械设计,2005,22(4): 18-21.

[27] XIONG C H,JIANG X Z,SUN R L,et al. Control methods for exoskeleton rehabilitation robot driven with pneumatic muscles[J]. Industrial Robot-an International Journal,2009,36(3): 210-220.

[28] 熊有伦,唐立新,刘恩沧,等. 机器人技术基础[M]. 武汉: 华中理工大学出版社,1996.

[29] 黄真,孔令富,方跃法. 并联机器人机构学理论及控制[M]. 北京: 机械工业出版社,1997.

[30] XIONG C H,DING H,XIONG Y L. Fundamentals of robotic grasping and fixturing[M]. Singapore:World Scientific Publishing Co. Pte. Ltd.,2007.

现代制造系统及其应用

饶运清　郜新宇

6.1　制造系统的基本概念

6.1.1　制造系统的定义

为了对“制造系统”作出准确的定义，分别从“制造”和“系统”的含义谈起。

1. 制造的含义

随着社会的进步和人类生产活动的发展，制造的内涵也在不断深化和扩展。目前对“制造”有两种理解：一种是狭义的制造概念，指产品的制作过程，如机械零件的加工与制作，称为“小制造”；另一种是广义的制造概念，覆盖产品整个生命周期，称为“大制造”。现代制造的内涵已扩展到大制造。

朗文词典对“制造(manufacture)”的解释是“通过机器进行(产品)制作或生产，特别是以大批量的方式进行生产”。显然，这是狭义上的制造概念。广义的制造概念及其内涵在“范围”和“过程”两个方面大大进行了扩展。在范围方面，制造涉及的工业领域远非局限于机械制造，还涉及电子、化工、轻工、食品等国民经济的众多行业；在过程方面，广义的制造不仅指具体的工艺制作过程，还包含产品市场分析、产品设计、生产准备、制造管理、售后服务等整个产品生命周期的全过程。国际生产工程学会(CIRP)在1983年将制造定义为制造企业中所涉及的产品设计、物料选择、生产计划、生产、质量保证、经营管理、市场销售和服务等一系列相关活动和工作的总称。

可以从以下三个方面来理解制造的概念。

(1) 制造是一个工艺过程。制造是将原材料经过一系列的转换过程，使之成为产品，这些转换既可以是原材料在物理性质上的变化(如机械切削加工)，也可以是原材料在化学性质上的改变(如化工产品生产)。通常将这些转换称为制造工艺过程。在制造工艺过程中还伴随着能量的转换。

(2) 制造是一个物料流动过程。制造过程总是伴随着物料的流动，包括物料的采购、存储、生产、装配、运输、销售等一系列活动。

(3) 制造是一个信息流动过程。从信息的角度看，制造过程是一个信息的传递、转换和加工的过程。整个产品的制造过程，从产品需求信息到产品设计信息，再到制造工艺信息，然后到加工制造信息等，构成一个完整的制造信息链。同时，为保证制造过程能够顺利和协调地进行，制造过程中还含有大量的管理信息和控制信息。

因此，制造过程是一个物料流、能量流和信息流"三流"合一的过程。

2. 系统的概念

韦氏大辞典将"系统"一词解释为"有组织的或被组织的整体"，"结合着的整体所形成的各种概念和原理的综合"，"由有规则的相互作用、相互依存的形式组成的诸要素集合"等。一般系统论的创始人冯·贝塔兰菲把系统定义为"相互作用的诸要素的综合体"。我国著名科学家钱学森教授把一个极其复杂的研究对象称为系统，即"系统是由相互作用和相互依赖的若干组成部分结合而成的具有特定功能的有机整体，而这个系统本身又是它所从属的更大系统的组成部分"。综上所述，可以将系统定义为：系统是由若干可以相互区别、相互联系而又相互作用的要素所组成，在一定的层次结构中分布，在给定的环境约束下为达到整体的目的而存在的有机集合体。

根据上述定义，可以进一步给出有关系统的若干概念。

(1) 系统与要素的关系　要素是构成系统的组分，系统是由诸要素组成的整体。

(2) 系统的结构　诸要素相互作用、相互依赖所构成的组织形式就是系统的结构。

(3) 系统的功能　系统具有目的性或功能性，这是系统与环境相互作用的表现形式。系统的功能受系统结构和环境的影响。

(4) 系统的层次　系统可以划分为不同的层次，层次的划分具有相对性。任何所研究的系统都是更高一级系统的组成要素，但任何所研究的系统要素又是一个更低一级别的系统，即"向上无限大，系统变要素；向下无限小，要素变系统"。

(5) 系统的环境和边界　系统以外又与系统有关联的所有其他部分称为环境，环境与系统的分界称为边界。边界确定了系统的范围，也将系统与周围环境区别开来。系统与环境之间存在物质、能量和信息的交流，通常将环境对系统的作用称为系统的输入，将系统对环境的作用称为系统的输出。

系统是以不同形态存在的。根据生成原因的不同，系统可分为自然系统和人造系统。自然系统是自然界自发生成的一切物质和现象，与人类活动无关，如地球生物系统、太空星球系统等。人造系统是人类根据自然规律建造的、以自然系统为基础的一切满足人类生存和发展需要的人造物，如生产制造系统、交通运输系统、社会经济系统、计算机系统等。

无论是自然系统还是人造系统，一般都具有如下特性。

(1) 整体性　系统不是诸要素的简单集合，否则它就不会具有作为整体的特定功能。具有独立功能的系统要素以及要素间的相互作用是根据逻辑统一性的要求，协调存在于系统整体之中的。也就是说，对任何一个要素都不能离开整体去单独研究，对要素间的联系和作用也不能脱离整体性去考虑。脱离了整体性，要素的机能和要素间的作用便失去了原有的意义。

(2) 集合性　系统是由两个或两个以上的可以相互区别的要素(即集合的元素)所组成的，这些要素可以是具体的物质，也可以是非物质的软件、组织等。例如，一个计算机系统一般是由处理器、存储器、输入/输出设备等硬件和操作系统、应用程序等软件而构成的一个完整的集合体。

(3) 相关性　组成系统的要素是相互联系、相互作用的，牵一发而动全身。

(4) 层次性　系统作为一个相互作用的诸要素构成的有机整体，它可以分解为一系列的子系统，并存在一定的层次结构，这种层次结构表述了不同层次子系统之间的从属关系或相互作用关系。

(5) 目的性　通常系统都具有某种目的，它一般用更具体的目标来体现，并通过系统功能来实现。为了实现系统的目的，系统必须具有控制、调节和管理的功能。管理的过程也就是实现系统的有序化过程，使它进入与系统目的相适应的状态。

(6) 环境适应性　一个具有持续生命力的系统必须适应外部环境的变化，并保持最优适应状态。例如，一个企业生产系统必须经常了解国内外市场需求及行业发展动态等环境的变化，并在此基础上制定企业的生产经营策略、调整企业的内部组织结构等以适应环境的变化。

3. 制造系统的定义

根据制造和系统的内涵，下面给出制造系统的定义。

制造系统是指为实现生产产品的目的，由完成制造过程所需的人员、加工设备、物流设备、原材料、能源和其他辅助装置以及设计方法、加工工艺、管理规范和制造信息等组成的具有特定功能的有机整体。

根据上述定义，制造系统包含如下三个方面的含义。

(1) 制造系统是一个由制造过程所涉及的硬件(各种设备和装置)、软件(制造技术与信息)及人件(有关人员)所组成的统一整体。这是对制造系统的结构定义。

(2) 制造系统是一个将制造资源(如原材料、能源等)转变为产品或半成品的动态输入/输出系统。这是对制造系统的功能定义。

(3) 制造系统涵盖产品的生命周期全过程，包括市场分析、产品设计、工艺规划、制造实施、质量控制、产品销售、售后服务以及回收处理等环节。这是对制造系统的过程定义。

以机械零件加工系统这一典型的制造系统为例，它以完成机械零件的加工制作为目的，由机床、刀具、夹具、操作人员、被加工工件、加工工艺与管理规范等组成。单台加工设备、制造单元、生产线、加工车间以及制造企业等都可以看做是不同层次的机械制造系统。该系统的输入是各类制造资源(如毛坯或半成品、劳动力能源等)，将各类制造资源经过机械加工过程制成零件输出，这个过程就是制造资源向零件的转变过程，在此过程中伴随着物料流（毛坯→半成品→成品）、能量流（电能→机械能、热能、化学能）和信息流（市场需求信息→零件设计信息→制造工艺信息→加工过程信息）。如图6.1所示为机械制造系统中的物料流、信息流和能量流。

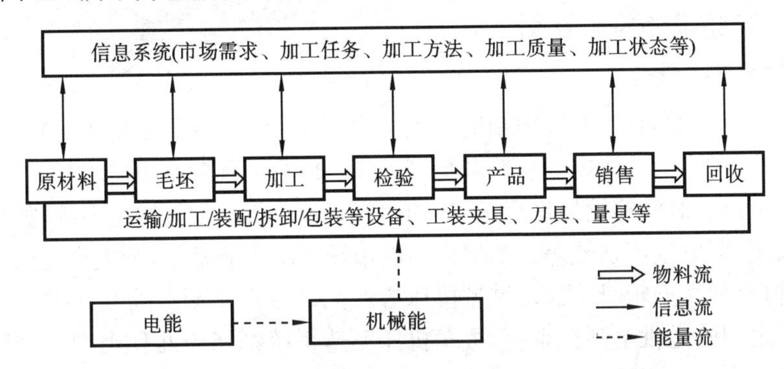

图6.1　机械制造系统中的物料流、信息流和能量流

（1）物料流　整个机械加工过程是物料的输入和输出的过程。机械加工系统输入的是原材料、毛坯或半成品及相应的刀具、夹具、量具、润滑油、冷却液和其他辅助物料等，经过输送、装夹、加工和检验等过程，最后输出半成品或产品（一般还伴随切屑的输出）。这种物料在机械加工系统中的流动称为物料流。

（2）信息流　信息是制造系统运行的基本条件。为保证机械加工过程的正常进行，必须集成各方面的信息，主要包括市场需求、生产任务、产品质量指标、技术要求、加工方法、工艺参数、设备状态等。这些信息及其交换和处理过程构成了机械加工过程的信息系统，这个系统不断地和机械加工过程的各种状态进行信息交换，由此对加工过程进行管理和控制，保证机械加工系统的效率和产品质量。这种信息在机械加工系统中的流动与作用过程称为信息流。

（3）能量流　能量是驱动机械制造系统运行的动力源。机械加工系统也是一个能量转换系统，机械加工和物流环节都需要消耗能量。通常驱动机械系统运动的原动力是电能，通过电动机将电能转化为机械能，改变原材料或毛坯的形状，完成机械切削加工，部分机械能转化为液压能以驱动执行元件完成特定的动作，还有部分机械能转化为热能被消耗掉。物流环节中的能量还包括燃料燃烧产生的化学能。这种能量在机械加工系统中的传递与转换过程称为能量流。

6.1.2　制造系统的基本类型

1. 按产品性质分

根据产品性质和生产方式，制造系统可分为两大类：连续型制造系统和离散型制造系统。连续型制造系统生产的产品一般是不可数的，通常以重量、容积等单位进行计量，其生产方式是通过各种生产工艺流程将原材料逐步变成产品。连续型制造系统的典型代表有：石油天然气生产系统、化工产品生产系统、酒类饮品生产系统、钢铁生产系统等。离散型制造系统生产的产品则是可数的，通常用件、台等单位进行计量，其生产方式一般是通过零件加工、部件装配、产品总装等在时间上的离散过程来制造出完整的产品。汽车制造系统、飞机制造系统、机床制造系统、家电产品制造系统等都是典型的离散型制造系统。

2. 按生产批量分

从生产批量的角度，可以把制造系统分为大批量制造系统、批量制造系统、单件小批量制造系统、个性化定制制造系统等。如果产品的预期市场需求量非常大，则产品的生产可以长时间连续地进行，这样的生产系统称为大批量制造系统，如现在的汽车制造系统、彩电生产系统等。如果产品的市场需求量非常小，则生产可以单件小批量方式进行，如大型轮船、飞机、重型机床等产品的生产系统。处在大批量和单件小批量系统之间的是批量制造系统，很多机床制造系统都属于此种类型。个性化定制系统是近二十年来为适应市场对产品的个性化需求而出现的一类新型制造系统，它追求以逼近大批量制造系统的效率实现出产品种的多样化，从而实现大规模定制(MC，mass customization)生产。该类制造系统在服装、高档轿车等个性化产品的生产中已有成功应用。

3. 按生产计划分

制造企业的生产计划方式主要有订货式生产(MTO，make-to-order)和备货式生产(MTS，make-to-stock)两种。与之相对应，可将制造系统分类为订货式制造系统和备货式制造系统。在订货式制造系统中，生产计划的下达是根据客户的订单而进行的，而备货式制造系统的生产计划则是根据库存数量而非客户订货数量而制订的。当然，合理的库存量应建立在对市场需求的科学预测的基础之上。一般而言，单件小批量制造和个性化定制生产属于订货式生产，而大批量制造、批量制造则属于备货式生产。

4. 按技术水平分

按制造系统应用现代科学技术的水平，可以将制造系统分为机械自动化制造系统、柔性制造系统、计算机集成制造系统、智能制造系统等。机械自动化制造系统主要采用机械自动化技术；柔性制造系统是在机械自动化制造系统的基础上进一步应用数控技术和自动控制技术实现制造过程的自动化与柔性化；计算机集成制造系统则在柔性制造系统的基础上将 IT 技术广泛应用于生产经营中的各个环节(包括经营决策、产品设计、生产计划、质量控制乃至销售与售后服务等)，将其集成为一个综合优化的整体——计算机集成制造系统。计算机集成制造系统中"集成"的含义主要在于信息的集成、技术的集成以及人和组织机构的集成。智能制造系统是制造系统的最高技术形态。简单地说，智能制造系统是将人工智能(AI)技术广泛应用于制造领域的结果。与计算机集成制造系统不同的是，智能制造系统不仅强调数据与信息的集成，更强调知识的集成。

5. 按管理模式分

根据制造管理模式来区分制造系统，有单元化制造、精益生产、分散网络化制造、敏捷制造、虚拟制造等先进制造模式与制造系统。单元化制造是将复杂的制造系统利用成组技术(GT，group technology)原理和功能完整化理论分成不同的单元，每个单元可以独立完成一个加工过程或生产一个完整的部件。由于每个单元的功能专一，因而可以集中有效的资源，提高生产率和反应速度。精益生产的基本思想是要从原材料采购到产品销售及售后服务的整个生产经营活动过程中去掉一切多余的内容，减少浪费，使每个环节都能对产品实现增值。所谓敏捷制造，是指在快速变化的市场环境中，通过集成可重构资源和知识环境中最好的经验来实现对各种竞争要素(如速度、创新、质量、可靠性等)的成功开发，从而为市场提供顾客驱动的产品和服务。

6.1.3　制造系统的基本特性

显然，一个制造系统具备系统论中所指“系统”的全部特性，这些特性包括整体性、集合性、相关性、层次性、目的性和环境适应性。此外，现代制造系统还具有动态性、开放性和进化性等特性，如图 6.2 所示。

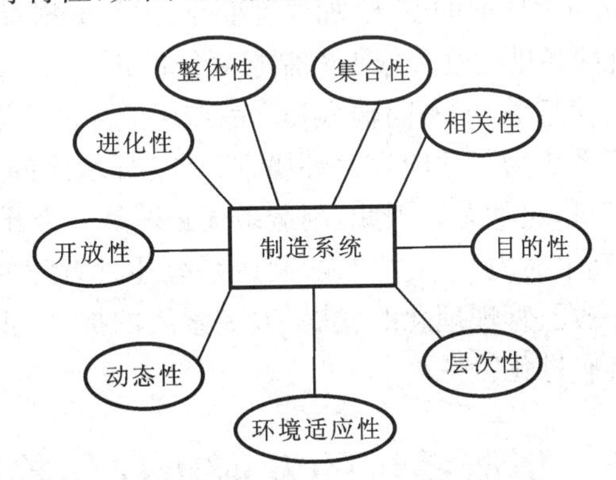

图 6.2　现代制造系统的基本特性

(1) 整体性　一个制造系统是由两个或两个以上的可以相互区别的要素(如加工机床、被加工零件、操作工人等)，按照作为系统所应具有的综合整体性而构成的，这些要素协调存在于制造系统整体之中。整体性的优点是可以产生“1+1>2”的效果。也就是说，在一个系统整体中，即使每个要素都不很完善，但它们也可以协调综合成具有良好功能和性能的系统。例如，优秀的操作工人利用一般工具可以加工出高质量的零件。

(2) 集合性　一个制造系统是由其诸组成要素构成的集合体。例如，一条柔性制造系统是由若干数控机床和加工中心、若干托盘装置、自动导引小车、托盘装卸站、托盘缓冲区、中央控制单元、生产调度与监控软件等要素组成的集合体。

(3) 相关性　制造系统内各要素之间是相互关联的。集合性确定了制造系统的组成要素,而相关性则说明这些要素之间的关系。制造系统中任一要素与其他要素之间都是相互关联和相互制约的,当某一要素发生变化时,则其他相关联的要素也相应地改变和调整,以保持制造系统性能的整体最优状态。例如,在一个运行的柔性制造系统中,当被加工零件改变时,则调度软件产生的零件加工顺序也要相应调整,以保证系统运行在最优的调度状态。

(4) 目的性　一个制造系统的目的就是要把制造资源转变成合格的产品。制造系统的目的一般用更具体的目标来体现,并且用一些具体的指标体系(如产量、产值、成本、质量、生产率等)来描述该目标。

(5) 层次性　将制造系统作为一个相互作用的诸要素的总体来看,它可以分解为一系列的子系统,并存在一定的层次结构。单台加工设备、制造单元、生产线、加工车间以及制造企业等都可以看做是不同层次的机械制造系统。

(6) 环境适应性　一个制造系统与其外部环境之间是相互作用和相互影响的,二者之间不断进行物质、能量和信息的交换,制造系统必须具备对周围环境变化的适应性以保持其最优运行状态。机械加工中的自适应控制机床就是制造系统适应环境的实例,该类机床在加工过程中可以在一定范围内自动调整加工参数(如机床转速、切削进给量等)以适应加工环境的变化(如温度变化、刀具磨损等)。

(7) 动态性、开放性和进化性　根据对制造系统的定义,制造系统总是处于制造资源(如原材料、能量、信息等)的不断输入和产品或半成品的不断输出这样一种动态过程之中。而且,制造系统为了适应生存环境,必须与环境之间进行物质、能量和信息交换以使其保持相对稳定状态。因此,制造系统必须是一个开放系统,具有自适应与自调节功能以保持其生命力。不仅如此,制造系统还具有随外界环境变化而进化的能力。制造模式的变迁、管理理念的发展、人员素质的提高、生产经营技术的进步等,都表明制造系统具有进化特性。

6.2　制造系统的发展历程与趋势

6.2.1　制造系统发展历程

制造系统的发展经历了刚性自动线、计算机数控、柔性制造、计算机集成制造等阶段,目前正向智能制造、虚拟制造、敏捷制造等更高的阶段发展。图 6.3 所示为制造系统的发展历程与趋势。

1. 手工作坊阶段

这一阶段制造系统的主要特征如下。

(1) 技术上靠手工操作,以专门匠人的手工技艺为主要实施工艺,原始的机械化手段也得到应用。

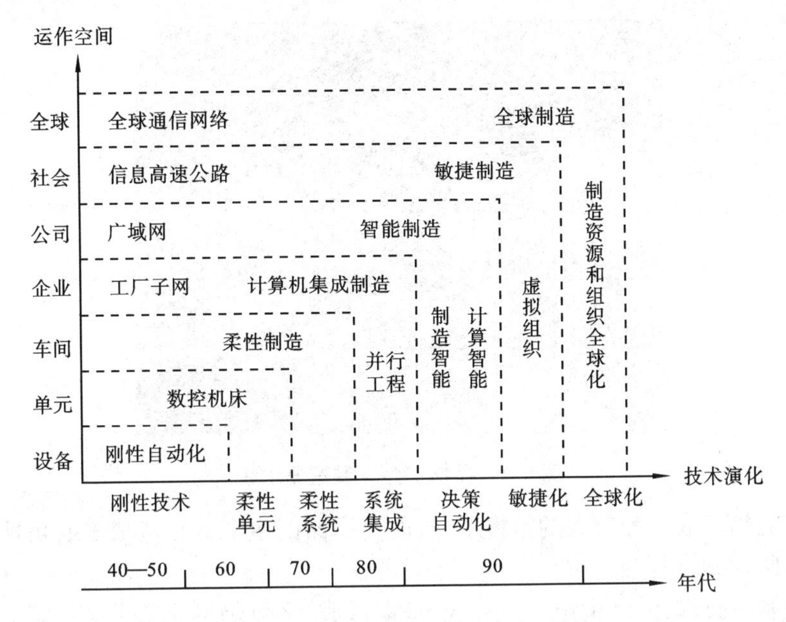

图6.3　制造系统的发展历程与趋势

(2) 以手工作坊的生产模式为主。通过集中劳作,提高了生产效率和生产质量,并可有效地做到初步的质量追溯。如在春秋战国时期,分布于各大诸侯国家的兵器生产作坊中,都实现了大批量生产;有的在兵器上刻写制造者的信息,从而达到质量追溯的目的。

(3) 以人力、畜力和自然力为加工动力来源。

这一阶段时间跨度极其漫长,一直到第一次工业革命才开始逐渐被取代。

2. 刚性制造系统阶段

18世纪蒸汽机的发明给人类带来了第一次工业革命,为制造业提供了前所未有的动力。20世纪上半叶,美国的亨利·福特(Henry Ford)在汽车行业首先建立了的流水线生产方式,开始了刚性自动生产线的历史,掀开了制造系统辉煌的一页。图6.4所示为福特T型车装配流水生产线。

在这一阶段,制造业一般采用大批量、少品种的生产方式。为适应这种情况,一般采用机床和自动单机等组成的自动流水生产线,包括物流设备和相对固定的加工工艺,这就是刚性制造系统。

刚性制造系统的最大特点是可实现固定产品的高效率生产,同时由于设备也是固定的,因此设备利用率也很高,但此种制造系统通常投资大,不灵活,只能加工一种零件,或者几种相互类似的零件,很难实现产品生产的改变。

由于刚性制造系统稳定性高,故其管理与控制相对简单,如果为了追求较高的生产效率,刚性制造系统是较好的选择。比如在现阶段的家电生产中,由于产品批量大,所以可根据需求,建立几条自动流水线,在一定时间内可以以高生产率进行生产,

图 6.4　福特 T 型车装配流水线

追求较低的生产成本和较大的销售量，从而使高昂的生产线投资成本有可能在一段时间内收回，并取得利润。

刚性制造技术在 20 世纪 50 年代已基本形成，至今仍然非常常见。图 6.5 所示为我国某家电企业的洗衣机装配流水生产线。

图 6.5　洗衣机装配流水生产线

3. 单机柔性加工系统

随着市场的不断发展，个性化的需求不断增加，出现了小批量、多品种的生产要求，刚性制造系统明显难以胜任。从 20 世纪 50 年代开始，单机柔性加工系统逐渐走上了历史舞台。

单机柔性加工系统是以单台数控加工设备为核心构成的小型自动化或半自动化加工系统。它可以用于一族产品系列的灵活生产，从一种类型的零件到另一种类型的零件，不需要改变机床硬件，仅改变控制程序（数控程序）及夹具和刀具便可直接进行生产，故而灵活性得到了较大的提高。

单机柔性加工系统柔性好、加工质量高，适于多品种、中小批量（包括单件产品）生产，因此单机柔性加工系统发展迅速、应用广泛，并成为后来发展柔性制造单元、柔性制造系统等更高级制造系统的基础。

柔性制造技术在 20 世纪 70 年代已基本成熟，现在仍然在大范围地使用。图6.6 所示为我国武汉华中数控股份有限公司研发制造的 VMC750 立式加工中心。

图 6.6　VMC750 立式加工中心

4. 多机柔性加工系统

多机柔性加工系统包括计算机直接数控（DNC，direct numerical control）加工系统、柔性制造单元、柔性制造系统、柔性制造生产线等。

本阶段的特征是强调制造过程的柔性和高效率，适用于中等批量、中等品种的生产。例如，在金属制品中，中等批量、中等品种生产是最主要的一种情况。于是，结合自动流水生产线与数控机床的特点，将数控机床与物料输送设备通过计算机联系起来，来解决中等批量、中等品种的生产问题，这就形成了所谓的柔性制造系统。其中数控机床提供了灵活的加工工艺，物料输送系统将数控机床互相联系起来，计算机则不断对设备的动作进行监控，同时提供控制作用并进行工程记录。计算机还可以通过仿真来预示系统各部分的行为，并提供必要的准确的测量结果。这种制造模式称为柔性制造模式。

多机柔性加工系统涉及的主要技术包括：成组技术、直接数控技术、柔性制造单元技术、柔性制造技术、柔性制造生产技术、离散系统理论与方法、计算机仿真技术、车间计划与调度技术、制造过程监控技术、计算机控制与通信网络技术等。

多机柔性加工出现于 20 世纪 60 年代末，70 年代以后得到了快速发展。各个国家都在柔性加工系统方面做了很多研究，并广泛应用该系统。

图 6.7 所示为日本东芝公司柔性制造系统外观图。日本东芝公司自 1983 年起开始研制柔性制造系统。这种系统配备有两台计算机，用于自动安排作业、生产计划

和工艺管理,控制自动输送装置、自动监控装置、自动化仓库和15台计算机数控加工中心。

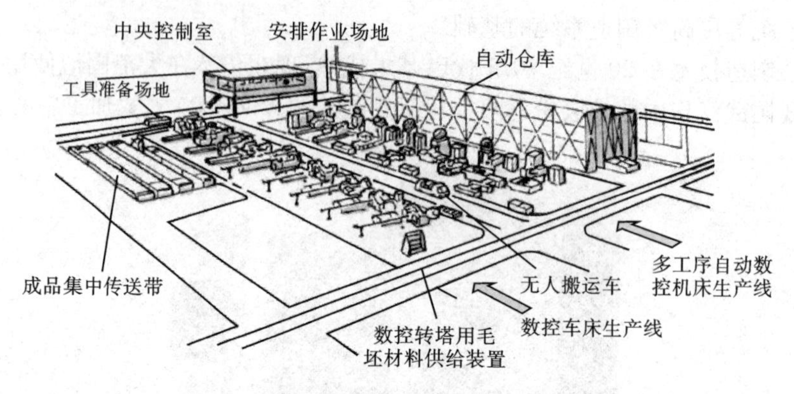

图6.7　日本东芝公司柔性制造系统外观图

5. 计算机集成制造系统

计算机集成制造系统是20世纪80年代出现的一种新型制造系统,近三十年来得到了迅速的发展,至今正方兴未艾。它以计算机网络和数据库为基础,企图利用计算机软硬件将制造企业的经营、管理、计划、产品设计、加工制造、销售及服务等全部生产活动集成起来,将各种局部自动化系统集成起来,将各种资源集成起来,将人、机器系统集成起来,实现整个企业的信息集成和功能集成。

如上所述,计算机集成制造系统的特征是制造全过程的系统性和集成性,以解决现代企业生存与竞争的TQCS问题,即产品上市时间(time)、质量(quality)、成本(cost)和服务(service)等方面的问题。计算机集成制造系统既可以看是制造业自动化发展的一个新阶段,又可以看做是包含自动化加工系统(如柔性制造系统)的一个更高层次的制造系统。它是随着计算机辅助设计与制造的发展而产生的,是在信息技术自动化技术与制造的基础上,通过计算机技术把分散在产品设计制造过程中各种孤立的自动化子系统有机地集成起来,而形成的适用于多品种、小批量生产,实现整体效益的集成化和智能化制造系统。

这其中,集成化反映了自动化的广度,它把系统的范围扩展到了市场预测、产品设计、加工制造、检验、销售及售后服务等的全过程。智能化则体现了自动化的深度,它不仅涉及物资流控制的传统体力劳动自动化,还包括信息流控制的脑力劳动的自动化。

6. 跨企业制造系统和全球制造系统

跨企业制造系统和全球制造系统于20世纪末提出,正在成为21世纪的发展方向。近二十年来,随着市场的国际化和世界贸易的急剧发展,各种跨国公司不断涌现,大幅度推进了制造全球化的进程。全球制造概念和全球制造系统就是为适应这种形势发展的需要而提出和产生的。

全球制造的基本概念是，根据全球化的产品需求，通过网络协调和运作，把分布在世界各地的制造工厂、供应商和销售点连接成一个整体，从而能够在任何时候与世界任何一个角落的用户或供应商打交道，由此构成具有同一目标的、在逻辑上为一整体而物理上分布于全世界的跨企业和跨国制造系统，即全球制造系统，从而完成具有竞争优势的产品制造和销售。它的目标之一是，与合作伙伴甚至竞争对手建立全球范围的设计、生产和经营的网络联盟，以加速产品开发和生产过程，提高产品的质量和市场响应速度，并向用户提供最优质的服务，从而确保竞争优势，共同取得繁荣发展。网络技术是全球制造系统的最重要的技术基础。

综上所述，随着社会生产力的发展，特别是进入20世纪以来，制造系统技术在不断进步，已经由传统制造系统进入到了现代制造系统的范畴。表6.1对传统制造系统和现代制造系统进行了比较。

表6.1　传统制造系统和现代制造系统的比较

	传统制造系统	现代制造系统
生产规模	单件小批量，少品种大批量	多品种变批量
生产方式	劳动密集型，设备密集型	信息密集型，知识密集型
制造模式	单件小作坊生产，金字塔式组织结构，高度依赖个人技术，精细的专业分工	制造模式多样化，扁平化结构组织，人机一体化智能制造，复合型人才
技术结构	制造技术的界限分明，专业相互独立	重视综合技术，重视技术的集成，重视从单机到自动生产线等不同档次的自动化技术
制造装备	手工→机械化→单机自动化→刚性自动化	柔性自动化→智能自动化
资源运用	重视技术，制造技术和生产管理分离	强调运用系统工程技术，把技术、管理、人员、组织和市场有机地结合在一起
生产过程	制造技术主要是指加工的工艺方法，主要面向生产准备和加工装配	覆盖产品生命周期全过程，从市场分析到报废回收
生产控制	制造技术一般只能控制生产过程中的两种运动流：物料流和能量流	采用先进制造技术能够控制企业系统中的五种运动流：物料流、能量流、信息流、资金流和劳务流
竞争要素	成本和质量	时间、质量、服务、成本和环境

在我国，制造系统的研究和应用起步也较早，20世纪80年代中期就已经有柔性制造系统在生产实际中的应用。但制造系统作为一个学科和技术领域，在国家支持下开展有组织的深入的系统研究和应用，则始于国家的“863”计划。从20世纪80年

代后期至今，在“863”计划支持下，我国在以计算机集成制造系统为代表的制造系统的研究、开发和应用方面不断取得重要进展，获得了一大批理论和应用研究成果，并在许多类型的企业中得到广泛应用，有力推进了我国制造系统技术的发展。图6.8所示为华中科技大学在中国-意大利教育科技合作项目“机械加工自动化技术与系统”支持下建设的一套柔性制造系统 HUST-FMS 的实物照片。

图 6.8 华中科技大学的柔性制造系统(HUST-FMS)

6.2.2 现代制造系统的发展趋势

进入21世纪，随着电子、信息等高新技术的不断发展，处于新技术革命的巨大浪潮冲击下的制造业面临着严峻的挑战，如新技术革命的挑战、信息时代的挑战、有限资源日益增长的环境压力的挑战、制造全球化和贸易自由化的挑战、消费观念变革的挑战等。为了适应这些日益变化的社会、市场和技术环境，现代制造理念日益凸显出敏捷化、精益化和绿色化趋势，而现代制造系统技术也正朝着集成化、柔性化、数字化、网络化、智能化等多方面全方位发展，如图6.9所示。

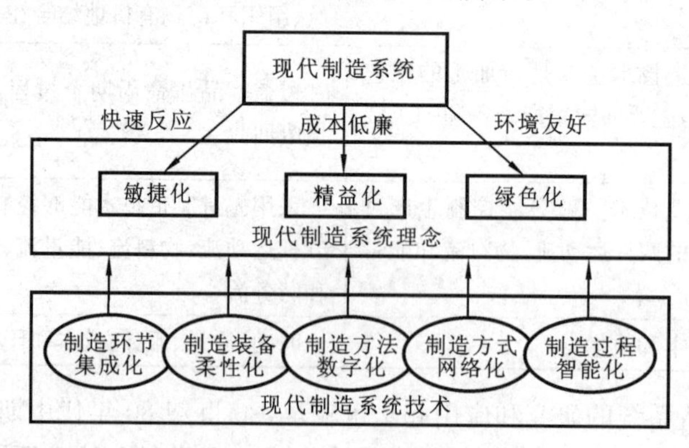

图 6.9 现代制造系统的发展趋势

1. 现代制造系统理念——敏捷化、精益化、绿色化

1) 敏捷化

敏捷化是制造环境和制造过程面向21世纪制造活动的必然趋势。敏捷是指企业在不断变化和不可预测的竞争环境中,快速响应市场和赢得市场竞争的一种能力。敏捷制造是以柔性生产技术和动态组织结构为特点,以高素质的工作人员为核心,实施企业间网络集成,形成快速响应市场的社会化制造体系,是实现敏捷生产经营的一种制造哲理和生产模式。敏捷化主要体现在以下几个方面。

(1) 需求响应的快捷性,主要是指快速响应市场需求(包括当前需求和可预知未来的需求)的能力。

(2) 制造资源的集成性,不仅指企业内部的资源共享与信息集成,还指友好企业之间的资源共享与信息集成。

(3) 组织形式的动态性。为实现某一个市场机会,将拥有实现该机会所需资源的若干企业组成一个动态组织。该组织随任务的产生而产生,并随任务的结束而结束。

在敏捷制造企业中,可以迅速改变生产设备和程序,生产多种新型产品。敏捷制造系统促使企业采用较小规模的模块化生产设施,促成企业间的合作。每一个企业都将对新的生产能力作出部分贡献。在敏捷制造系统中,竞争和合作是相辅相成的。在这种系统中,竞争的优势取决于产品投放市场的速度,满足用户需求的能力以及响应能力。

2) 精益化

精益生产是起源于日本丰田汽车公司的一种生产管理方法,其目的是最大限度地消除浪费。其精益化生产方式正在被全球众多的制造企业所采用,其“精益化”的哲学思维也得到了越来越广泛的认可与传播。

实施精益生产就是通过采用精益技术、工具对企业的所有过程进行改进,从而达到提高企业适应市场的能力及提高在质量、价格和服务方面的竞争力的目的。精益生产的基本思想包括以下几点。

(1) 以“简化”为主要手段。“简化”是实现精益生产的基本手段,具体的做法有:① 精简组织机构,去掉一切不增值的岗位和人员;② 简化产品开发过程,强调并行设计,并成立高效率的产品开发小组;③ 简化零部件的制造过程,采用“准时制(just-in-time)”生产方式,尽量减少库存;④ 协调总装厂与协作厂的关系,避免相互之间的利益冲突。

(2) 以“人”为中心。这里所说的“人”包括整个制造系统所涉及的所有的人,由于人是制造系统的重要组成部分,是一切活动的主体,因此,精益生产方式强调以人为中心,认为人是生产中最宝贵的资源,是解决问题的根本动力。

(3) 以“尽善尽美”为追求目标。精益生产最终追求的目标是“尽善尽美”,要求

在降低成本、减少库存、提高产品质量等方面作出持续不断的努力。当然，“尽善尽美”的理想目标是难以达到的，但是企业可以在对“尽善尽美”的无止境的追求中源源不断地获取效益。

3) 绿色化

迄今为止，制造业已成为人类财富的支柱产业，是人类社会物质文明和精神文明的基础；同时，制造业在将资源转变为产品的制造过程中以及产品的使用过程和处理过程中，也消耗了大量有限的资源并对自然环境造成了严重的污染。随着国际上“绿色浪潮”的掀起，人们在购物和消费时，总要考虑环境污染问题，危害环境的产品日益受到抵制，无污染或能减少污染的绿色产品受到青睐。绿色制造正是对生产过程和产品实施综合预防污染的战略，从生产的始端就注重污染的防范，以节能、降耗、减污为目标，以先进的生产工艺、设备和严格的科学管理为手段，以有效的物料循环为核心，使废物的产生量达到最小化，尽可能地使废物资源化和无害化，实现环境与发展的良性循环，最终达到持续协调发展。

2. 现代制造系统技术——集成化、柔性化、数字化、网络化、智能化

1) 制造环节集成化

集成是综合自动化的一个重要特征。集成化符合系统工程的思想。集成化的发展将使制造企业各部门之间以及制造活动各阶段之间的界限逐渐淡化，并最终向一体化的目标迈进。CAD/CAPP/CAM系统的出现，使设计、制造不再是截然分开的两个阶段；柔性制造单元、柔性制造系统的发展，使加工过程、检测过程、控制过程、物流过程融为一体；而计算机集成制造的核心更是通过信息集成，使一个个自动化孤岛有机地联系在一起，发挥出更大的效益。制造环节集成化的各个发展阶段的主要特点如下。

(1) 信息集成　其主要目的是通过网络和数据库把各自动化系统和设备及异种设备互连起来，实现制造系统中数据的交换和信息共享，做到把正确的数据，在正确的时间，以正确的形式，送给正确的人，帮助人作出正确的决策。

(2) 功能集成　主要实现企业要素，即人、技术、管理组织的集成，并在优化企业运营模式基础上实现企业生产经营各功能部分的整体集成。

(3) 过程集成　主要通过产品开发过程的并行和以多功能项目组为核心的企业扁平化组织，实现产品开发过程、企业经营过程的集成，对企业过程进行重组与优化，使企业的生产与经营产生质的飞跃。

(4) 企业集成　面对市场机遇，为了高速、优质、低成本地开发某一新产品，具有不同的知识特点、技术特点和资源优势的一批企业围绕新产品对知识技术和资源的需求，通过采用敏捷化企业组织形式、并行工程环境、全球计算机网络或国家信息基础设施，实现跨地区甚至跨国家的企业间的动态联盟，即动态集成，由此能迅速集结和运筹该新产品所需的知识、技术和资源，从而迅速开发出新产品，响应市场需求，赢得竞争。

2) 制造装备柔性化

社会市场需求的多样化促使制造模式向柔性化制造发展。据统计，自 1975 年至 1990 年，机械零件的种类增加了 4 倍，近 80%的工作人员不直接与材料打交道，而与信息打交道，75%的活动不直接增加产品的附加值。随着技术革新竞争的加剧和技术转让过程的加速，仅仅依靠生产技术取得质量和成本的统一仍不够。如何以最快的速度及时开发出满足客户需求的产品并抢先打入市场，越来越成为竞争的焦点。这些都迫使现代企业必须具有很强的应变能力，能迅速响应用户提出的各种要求，并能根据科技发展、市场需求的变化及时调整产品的种类和结构。原来的机械化、刚性自动化系统不能适应这种需求，必须采用先进的柔性自动化系统。柔性制造系统、柔性装配系统、面向制造与装配的设计以及并行工程等都是为生产技术的柔性化而开发研究的。

制造柔性化是指制造企业对市场多样化需求和外界环境变化的快速动态响应能力，也就是制造系统快速、经济地生产出多样化新产品的能力。在 20 世纪 50 年代数控机床诞生后，底层加工系统出现了从刚性自动化向柔性自动化的转变，而且发展很快。计算机数控系统已发展到第六代，加工中心、柔性制造系统的发展比较成熟。计算机辅助设计、计算机辅助工程、计算机辅助工艺过程设计、计算机辅助制造、虚拟制造等技术的发展，为底层加工的上一级技术层次的柔性化问题找到了解决办法。经营过程重组(BPR)、制造系统重构(RMS)等新兴技术和管理模式的出现为整个制造系统的柔性化开辟了道路。另外，进一步的发展要求能够促使制造系统的重组快速实现。模块化技术是提高制造自动化系统柔性的重要策略和方法。通过硬件和软件的模块化设计，不仅可以有效地降低生产成本，而且可以显著缩短新产品研制与开发周期；模块化制造系统可以极大地提高制造系统的柔性，并可根据需要迅速实现制造系统的重组。

制造柔性化还将为大量定制生产的制造系统模式提供基础。大量定制生产是根据每个用户的个性化需求以大批量生产的成本提供定制产品的一种生产模式。它实现了用户的个性化和大批量的有机组合。大量定制生产模式可能会促成下一次的制造革命，同 20 世纪初的大量生产方式一样，将使制造业发生巨大的变革。大量定制生产模式的关键是实现产品标准化和制造柔性化之间的平衡。

3) 制造方法数字化

数字化制造是指为达到提高制造效率和质量、降低制造成本、实现敏捷响应市场的目的，将信息技术用于产品设计、制造以及管理等产品全生命周期中时所涉及的一系列活动的总称。

制造过程可以看成是一个数字信息处理和加工的过程，在这一过程中，产品的数字信息含量不断丰富，生产计划与管理信息不断具体化。为了提高系统的运行效率，利用信息辅助决策并不断创造价值，必须保证制造系统中的信息有序流动、高效传输、统一管理，并实现应用间的集成。因此，制造系统信息化已成为制造系统快速响应市场、提高经济效益的重要手段。此外，数字化能够对制造系统起到以下作用。

(1) 促进新产品、新工艺和新的经营方式的实现。通过企业与企业间的网络与数据库平台及时准确地获取和把握市场动态、供需行情、需求趋势、技术发展等信息，作出积极的市场反应，抓住新产品、新工艺的开发机遇。另外，也有助于企业采用新的经营方式，如网络化营销与电子商务。

(2) 利用信息实现增值。通过及时获取管理信息，企业可以节约费用、减少浪费、降低损耗、提高工作效率，从而提高经济效益。

(3) 辅助企业预测与决策。基于大量数字化信息，企业可以应用各种预测与决策方法对企业的管理与运作作出科学合理的预测与决策。

(4) 控制与优化工作流程。企业在运行过程中，通过信息系统可以监控各种计划的执行情况和进度信息，缩短反馈时间，减少浪费现象。此外，根据监控的数据可以对工作流程作出不断的调整与优化，使制造系统的物流、信息流与资金流更加合理。

4) 制造方式网络化

通信技术与交通的迅速发展大大加速了市场全球化的进程，而计算机网络的问世和发展则为制造全球化奠定了基础，使企业之间的信息传输、信息集成以及异地制造成为可能。可以说，正是由于网络技术的迅速发展，使得企业的制造活动进入了一个全新的时代，其影响的深度、广度和发展速度已经远远超过人们的预测。制造网络化，特别是基于 Internet/Intranet 的制造，已经成为现代制造系统的重要发展趋势。

网络化制造是指通过采用先进的网络技术、制造技术及其他相关技术，构建面向企业特定需求的基于网络的制造系统，并在系统的支持下，突破空间对企业生产经营范围和方式的约束，开展覆盖产品生命周期中全部或部分环节的企业业务活动(如产品设计、制造、销售、采购、管理等)，实现企业间的协同和各种社会资源的共享与集成，高速度、高质量、低成本地为市场提供所需的产品和服务。

网络化制造的内涵包括以下几个方面。

(1) 网络化制造覆盖产品生命周期全部或部分环节的企业业务活动(如产品设计、制造、销售、采购、管理等)。

(2) 通过网络突破地理空间障碍，实现企业内部及企业间资源共享和制造协同。

(3) 强调企业间的协作与社会范围内的资源共享，提高企业(群)产品创新和制造能力，实现产品设计制造的低成本和高效率。

(4) 针对企业具体情况和应用需求，可以有多种不同功能、不同形态和应用模式的网络化制造系统。

5) 制造过程智能化

智能制造(IM)是指在制造系统及制造过程的各个环节通过计算机来实现人类专家制造智能的活动；智能制造技术(IMT)是实现智能制造的各种制造技术的总称；智能制造系统是基于智能制造技术实现的制造系统，它是一种由智能机器和人类专家共同组成的人机一体化系统，它突出了在制造诸环节中，以一种高度柔性与集成的方式，借助计算机模拟人类专家的智能活动，进行分析、判断、推理、构思和决策，取代或延伸制造环境中人类的部分脑力劳动，并对人类专家的智能进行收集、存储、完善、共享、继承和发展。

智能制造提出在实际制造系统中以机器智能取代人的部分脑力劳动，强调系统的自组织与自学习能力，强调制造智能的集成，即机器智能和人类智能的有机融合。智能制造的核心含义在于用计算机实现的机器智能来取代或延伸制造环境中人类的部分智能，以减轻人类专家部分繁重的脑力劳动负担，并提高制造系统的柔性、精度和效率。

智能化具有自律、分布、智能、仿生、敏捷和分形等特点，被称为21世纪的制造技术，也是机械制造业发展的重要方向。目前，制造系统的智能化正受到全世界制造业的高度重视，智能制造技术和智能制造系统被认为是在21世纪应重点发展的制造技术和模式之一。

6.3 现代制造系统实例

宁夏小巨人机床有限公司成立于2000年5月，引进了日本马扎克公司(MAZAK)的制造技术和管理模式，公司的整个生产和管理过程实现了现代信息技术和传统制造技术的完美结合，是中国首个基于计算机集成制造技术建立的数字化机床制造工厂。该公司的主要产品为立式加工中心和全功能数控车床。年产立式加工中心和数控车床数量、人均劳动生产率水平均居国内前茅。这样高效率的生产得益于公司引入了全新的现代集成制造理念，即加工过程的高度柔性化、复合化、精益化，制造及管理过程的信息化、网络化、集成化。公司的销售(包括售前、售后服务)、生产、技术、财务、人事等全部业务实现了计算机网络化和数字化管理。图6.10为宁夏小巨人机床有限公司数字化工厂布局图。

公司占地面积70 000 m^2，厂房面积12 000 m^2。整座厂房采用轻钢结构建筑，是全封闭、全空调联合式厂房，整个厂房内温度严格控制在20 ℃±1 ℃，为精密加工提供了适合的环境。系统中的生产设备主要包括零件加工、装配、检测、仓储四个部分。恒温厂房中建有大件加工线、主轴箱加工线、中小件壳体零件加工线、轴类及盘类零件加工线、钣金件生产线、精密加工作业线、涂装作业线、装配作业线、全自动立体仓库等，并建有恒温超净室，用于机床主轴等精密部件的装配和零部件的精密检验。这个高效运行的制造系统主要由计算机生产管控中心(CPC，cyber production center)来进行管理和控制。整个系统在网络和数据库的支持下，由计算机进行统一管理和控制，自动化程度很高，其中主要生产线均可实现24小时连续自动工作、16小时无人运转。

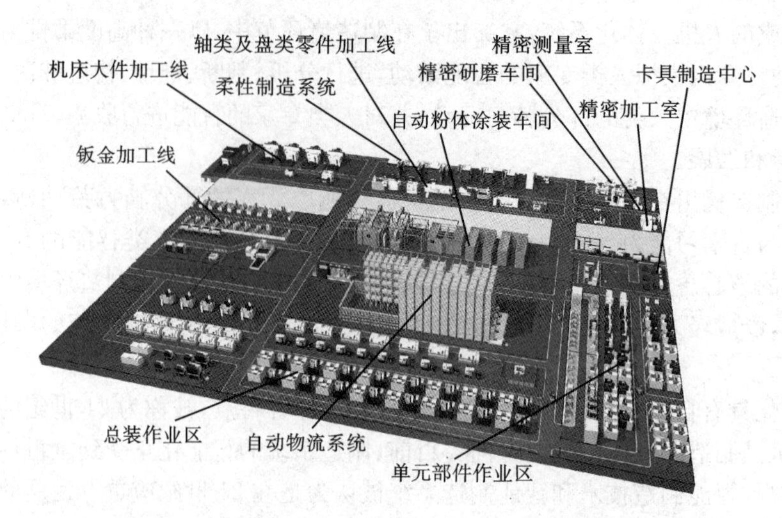

图 6.10　宁夏小巨人机床有限公司数字化工厂布局图

6.3.1　机床制造自动化设备系统

小巨人机床制造自动化设备系统包括自动化加工与测量设备、装配作业生产线、自动化立体仓库等。

1. 自动化加工与测量设备

自动化加工与测量设备是公司整个网络化集成制造系统的主体，主要由大件加工线、主轴箱加工线、中小壳体零件加工线、轴类及盘类零件加工线、钣金件生产线、干粉喷涂线、精密加工作业线等组成。

1) 大件加工线

该生产线由一台 MAZAK 公司生产的 V60 型和两台 V80 型大型五面体加工机构成，这种机床具有龙门式双交换工作台，可自动交换主轴附件和刀具，用于加工中心和数控车床的床身、立柱、滑座、工作台等大型零件的加工。由于一次装夹可以完成几乎所有工序的粗、精加工，使零件各部分的位置精度得到了可靠保证。图6.11为由 V60/V80 五面体加工机构成的机床大件加工线。

2) 主轴箱加工线

该生产线为一柔性制造系统，由一台 MAZAK 公司生产的 FH880 大型卧式加工中心(工作台 800 mm×800 mm)、一台清洗机、10 个配置交换托盘和自动上下料机器人等组成，用于主轴箱等大中型箱体类零件的柔性加工。该系统可以一次装夹 10 种不同零件并进行加工，实现了多品种单件自动化生产。图 6.12 所示为机床主轴箱柔性加工单元(FH880-FMS)。

3) 中小壳体零件加工线

该生产线也为一柔性制造系统，由三台 MAZAK 公司生产的 FH6800 型卧式加

图 6.11 由 V60/V80 五面体加工机构成的机床大件加工线

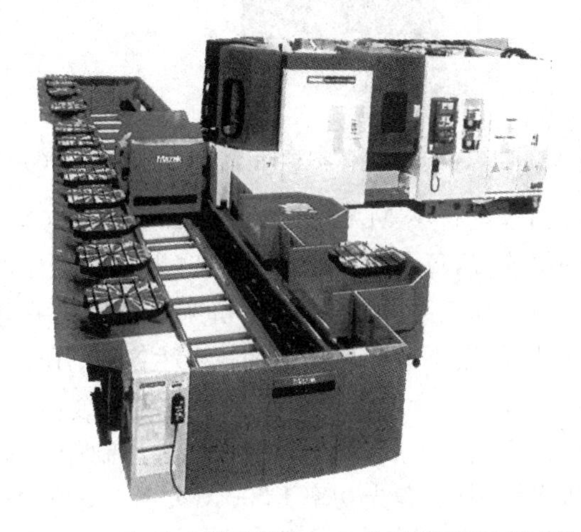

图 6.12 机床主轴箱柔性加工单元(FH880-FMS)

工中心(工作台 630 mm×630 mm)、32 个配置交换托盘、一台清洗机、一台自动上下料机器人等组成,用于中小型壳体类零件的加工。该系统可同时装夹 300 多个中小型壳体类零件,并进行连续自动加工。由于三台加工中心的刀库(容量为 160 把刀)配置了同样的刀具,而柔性制造系统控制软件采取了冗余设计,可以在一台机床发生故障时,自动将其工作转由另外两台机床完成,因此可以实现中小型壳体类零件多品种单件柔性自动化生产和长时间的无人运转。图 6.13 所示为机床中小型壳体类零件柔性加工线(FH6800-FMS)。

4) 轴类及盘类零件加工线

该加工线为一自动化加工系统,由一台 INTEGREX-200SY、两台 INTEGREX-400Y、一台 INTEGREX-50 和一台 INTEGREX-50Y 车铣复合数控加工中心(均为 MAZAK 公司产品)等组成,主要用于轴类零件和部分其他中、小型零件的加工。每台车铣中心都配置了自动料仓和自动上下料装置,组成了无人化的车铣复合加工单元,能实现一次装夹完成从毛坯到成品的全部加工(包括车、铣、钻、镗、攻等多道工序的加工)。INTEGREX 系列车铣中心通过加工工序的高度复合化从根本上保证了零件的加工精度和加工效率。

图 6.13 机床中小型壳体类零件柔性加工线(FH6800-FMS)

以上四条加工线由于配置了 MAZATROL FUSION 640M 数控系统,通过系统的网络接口与工厂网络连接,每台机床均可实现 24 h 连续工作、16 h 无人运转。

除上述四条加工机械加工线外,还有用于机床关键零件关键部位的精密和超精密加工的精密加工作业线、用于钣金件加工的钣金生产线、用于机床防护罩等钣金件的外观处理的干粉喷涂线等生产设备。钣金生产线由钣金切割柔性制造系统、自用自动仓库和钣金成形加工线等组成,其中钣金切割柔性制造系统由 MAZAK 公司生产的两台 NTX-48 激光切割机(激光功率 1 500 W)、6 个货位的自动料仓和自动上下料装置等组成,可实现无人化操作。在计算机管理控制下,利用 CAD 软件设计出钣金零件后,即可立即利用计算机辅助制造软件编制出加工程序,然后通过局域网将程序送至激光加工设备,高效、高精度地完成钣金件的切割工作,从而大幅度缩短从设计到加工的时间并实现连续生产。另一条钣金成形加工线由 MAZAK 公司生产的四台 APEX 系列精密数控液压折弯机组成,用于机床防护罩等外观件、冷却水箱等钣金零件的加工。图6.14所示为机床钣金件激光切割柔性加工线。

图 6.14 机床钣金件激光切割柔性加工线

此外，还有用于产品质量检测的精密检测设备。质量检验在恒温精密测量室完成。精密测量室拥有先进齐全的各种检测仪器和设备，包括日本三丰公司生产的三坐标测量机一台，英国 Renishaw 公司生产的双频激光干涉仪两台、球杆仪两台等，由这些仪器设备保证零部件及整机检验数据的准确可靠。

2. 装配作业生产线

装配作业线包括精密部件装配和总装配两部分。在计算机管理下，机床产品按先进的分部装配工艺进行装配，部件装配完成后按验收技术要求检验，合格后送入全自动立体仓库，需要时再通过计算机控制从立体仓库送往总装配作业线进行整机装配。

1) 精密部件装配室

精密部件装配室有两个。第一精密部件装配室是恒温超净室，用于主轴部件的装配和调试。所有主轴的预紧力及主轴拉刀机构 15 kN 的拉紧力都在这里调整并经过专门的主轴刚性测定仪和专门的刀柄拉紧力测定仪的测量，使主轴刚性及刀具系统刚性有可靠的保证，从而可有效保证主轴(机床)的寿命。主轴部件在第一精密部件装配室完成了温升和动平衡实验后转入第二精密部件装配室。第二精密部件装配室环境采取恒温和超净处理，用于主轴箱部件及换刀装置部件的装配，在这里对主轴箱部件和刀库部件进行可靠性实验和精度检验，达到标准后转入总装线。

2) 总装配作业线

总装配作业线采用“配餐”式流水作业，平均每 5 h 完成一台加工中心或数控车床的装配。总装完成后进行 36 h 的空运转试验和 30 h 强力切削试验，最后按出厂技术要求进行几何精度检验和切削精度检验。

3. 自动化立体仓库

立体仓库分 50 kg 货位区(6 列货架)和 500 kg 货位区(4 列货架)，共有 5 个自动堆垛车 3 950 个货位，可以存储 80 000 个零部件。因为整个生产能维持一个较低的库存，公司没有设置专用的库房。立体仓库就设在生产线的旁边，占据了厂房的一角。无人装卸车沿着几乎顶到天花板的竖轨徐徐上下，只有一两个工人坐在计算机前实施监视。

立体仓库采用物料需求计划(MRP，material requirement plan)软件进行自动管理。通过计算机接入工厂网络(智能生产中心)，保证每个货位都有合理的储备，使生产线上需要的材料和零部件能够迅速准确地送到需要的位置，大大缩短了生产辅助时间。通过计算机系统对物料流进行严格管理，可以有效保证用户的交货期要求，并及时、准确地向用户供应维修备件。

6.3.2　网络环境下的工厂集成化生产管理系统

1. 系统网络环境

小巨人工厂内的每一个角落都被计算机网络所覆盖，构成了一个庞大的信息网络系统，这个网络系统为各种指令迅速下达至底层和将各种信息及时反馈给管理控制层提供了有效的手段。图 6.15 所示为小巨人机床集成制造系统的网络环境。

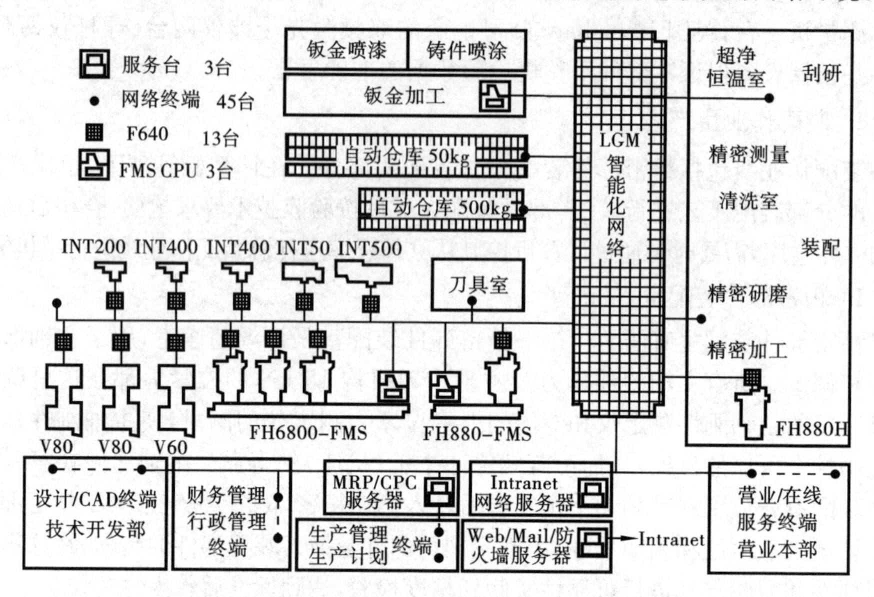

图 6.15　小巨人机床集成制造系统的网络环境

工厂中主要的底层加工设备都使用 MAZATROL FUSION 640 数控系统，该数控系统具有先进的网络接口，能实现独有的双向通信功能。管理人员通过网络接口直接向底层设备传送加工数据、数控程序等信息，并对加工设备进行实时远程监控。

有了这样的网络环境，通过采用物料需求计划系统和计算机生产管控中心(CPC)管理软件，把制造过程、质量保证、成本管理、物流管理等集成为一体，使整个制造过程和结果置于控制之中。在此环境下，整个工厂的生产和管理过程都实现了并行化、网络化，从而大幅度降低了生产过程中的非加工时间，显著提高了企业的生产效率。

1. 物料需求计划系统

物料需求计划系统用于完成外购配套件的采购作业计划和立体仓库的管理。当立体仓库中某一货位的零部件储备低于合理数量时，物料需求计划系统便向计算机生产管控中心发出指令，以组织零部件生产。物料需求计划系统可有效地保证工厂的生产能在最低的库存量和最少的资金占用量的情况下有序而不间断地进行。

2. 计算机生产管控中心

计算机生产管控中心由四个子系统构成：加工程序自动编制系统、计算机生产调度系统、计算机刀具管理系统和计算机生产监控系统。

(1) 加工程序自动编制系统(CAMWARE)　加工程序自动编制系统是一种交互式零件加工程序自动编制系统，它使用通用的 IGES 或 DXF 格式从 CAD 图纸中获取零件的形状信息，根据每台加工设备的设备信息和工厂内的刀具数据库数据，通过简单的操作生成零件的加工程序以及刀具、加工时间数据，通过互联网将这些数据直接下达到相应的加工单元和管理系统软件，从而实现加工工艺编制、加工程序编制、工艺线路安排和刀具资源配置的并行作业。

(2) 计算机生产调度系统(cyber scheduler)　该系统可以根据订单要求数量、加工时间数据(由加工程序自动编制系统提供)及工时成本信息，迅速自动编制出对顾客的交货期和报价，并根据要求的交货期和生产现场底层加工设备的现状作出零件、部件的作业计划以及整机的装配、出厂计划。根据这些作业调度计划，通过网络在每天早晨自动将精确的工作日程发送到每个现场终端和每台机床控制器上，从而实现实时、精确的作业调度，最大限度地减少机器的空闲时间，确保向顾客报出的交货期和价格更具准确性和竞争力。

(3) 计算机刀具管理系统(cyber tool manager)　根据加工程序自动编制系统提供的刀具信息和计算机生产调度系统提供的工作任务信息，刀具管理系统对每台设备的刀库数据进行分析，并针对每个加工任务提出需要但尚未装入刀库的刀具清单、刀库内多余的刀具清单、刀库中虽有但加工过程中将达到寿命期的刀具清单，然后通过网络将这些刀具信息发送到每个相应的加工单元及刀具室。图 6.16 所示为计算机刀具管理系统界面。

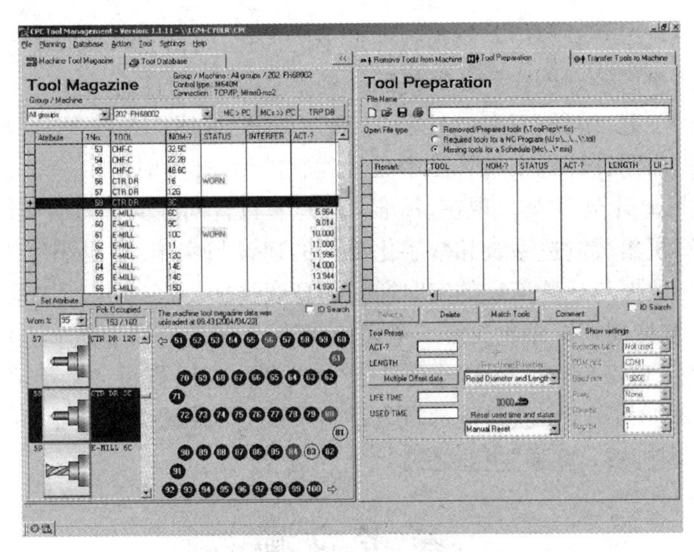

图 6.16　计算机刀具管理系统界面

(4) 计算机生产监控系统(cyber monitor)　该监控系统随时将生产现场每台机床、每个工位的加工状态通过网络实时反馈到管理者及相关部门的 PC 终端机上，管理者和相关部门在任何地方都可以实时地了解到加工现场的工作情况和计划执行状况，并作出准确判断，必要时可以及时下达相应指令。另外，MAZATROL FUSION

640 数控系统的双向通信功能可以让管理软件直接调用其工作状况记录数据库，由计算机完全自动地进行工厂工作量的统计。图 6.17 所示为计算机生产监控系统界面。

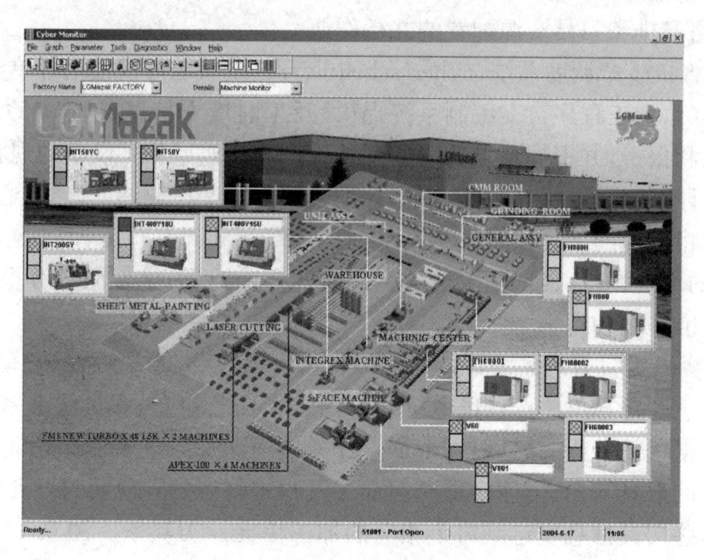

图 6.17 计算机生产监控系统界面

应用计算机生产管控中心管理软件是小巨人机床公司保证机床交货期的关键。在采用一般的生产管理模式和计算机数控机床时，企业往往有 75%的时间用来进行准备（如设计、工艺、编程、刀夹量具准备、调度、工时或成本核算等），只有 25%的时间用来加工。应用计算机生产管控中心管理软件后，准备时间由 75%降为 50%，加工时间由 25%上升至 50%。现在，标准机床从签订合同到交货的周期仅为 3 个月。

通过计算机集成制造系统和数字化工厂的建设与实施，宁夏小巨人机床有限公司实现了生产数据与运营信息的实时通畅和高度共享，为企业经营决策准确化、企业结构扁平化、制造周期短缩化奠定了坚实的基础，大幅度提高了整个运营系统的柔性和企业运行效率。2003 年 3 月，小巨人公司被评为中国机械工业企业核心竞争力 100 强企业；2003 年 4 月，获科技部颁发的“国家重点高新技术企业”称号；2004 年，公司进入“中国机械 500 强”企业之列。

参考文献

[1] 罗阳，刘胜青. 现代制造系统概论[M]. 北京：北京邮电大学出版社，2004.
[2] 李培根，张洁. 敏捷化智能制造系统的重构与控制[M]. 北京：机械工业出版社，2003.
[3] 戴庆辉. 先进制造系统[M]. 北京：机械工业出版社，2005.

[4] 曾芬芳，景旭文. 智能制造概论[M]. 北京：清华大学出版社，2001.
[5] 库夏克 A. 智能制造系统[M]. 杨静宇，陆际联，译. 北京：清华大学出版社，1993.
[6] 李圣怡，范大鹏. 智能制造技术基础——智能控制理论、方法及应用[M]. 长沙：国防科技大学出版社，1995.
[7] 唐立新，杨叔子，林奕鸿. 先进制造技术与系统第二讲 智能制造——21 世纪的制造技术[J]. 机械与电子，1996，(2)：33-36.
[8] 刘飞，罗振璧，张晓冬. 先进制造系统[M]. 北京：中国科学技术出版社，2005.
[9] 张世昌. 先进制造技术[M]. 天津：天津大学出版社，2004.
[10] 王润孝. 先进制造技术导论[M]. 北京：科学出版社，2004.
[11] 李伟光. 现代制造技术[M]. 北京：机械工业出版社，2001.
[12] 周凯，刘成颖. 现代制造系统[M]. 北京：清华大学出版社，2005.
[13] 李梦群，庞学慧，吴伏家. 先进制造技术[M]. 北京：中国科学技术出版社，2005.
[14] 周凯，刘成颖. 现代制造系统[M]. 北京：清华大学出版社，2005.
[15] 张伯鹏. 机械制造及其自动化[M]. 北京：人民交通出版社，2003.
[16] 王润孝. 先进制造系统[M]. 西安：西北工业大学出版社，2001.
[17] 张世琪，李迎，孙宇. 现代制造引论[M]. 北京：科学出版社，2003.
[18] 苏春. 制造系统建模与仿真[M]. 北京：机械工业出版社，2008.
[19] 高志亮，李忠良. 系统工程方法论[M]. 西安：西北工业大学出版社，2004.

精密测量与精微机械*

康宜华　李　柱

在国家一级学科“仪器科学与技术”里，测试计量技术及仪器和精密机械是两个重要的二级学科方向。本讲从几个方面去介绍和论述这些方面的基础内容。首先讨论测量的意义、精密测量及其发展方向，然后介绍主要的计量标准和精密机械，最后对新兴的纳米计量技术作简要介绍。

7.1　测量的意义

测量存在于我们生活的每个角落，无论从大的方面讲还是从小的层面看，均具有重要的意义。俄国科学家门捷列夫说过，“没有测量就没有科学”；生产一线的工人有这样的精辟论断，“只要测得出，就一定可以做得出”；华中科技大学的李柱教授有如此的口头禅，“测量是顶天立地的科技”。

测量是顶天的科学，最高科学桂冠诺贝尔自然科学奖项中很多与测量有关，X 射线的发现、核磁测定方法、扫描隧道显微镜、心电图（见图 7.1）的发明等均可以证实

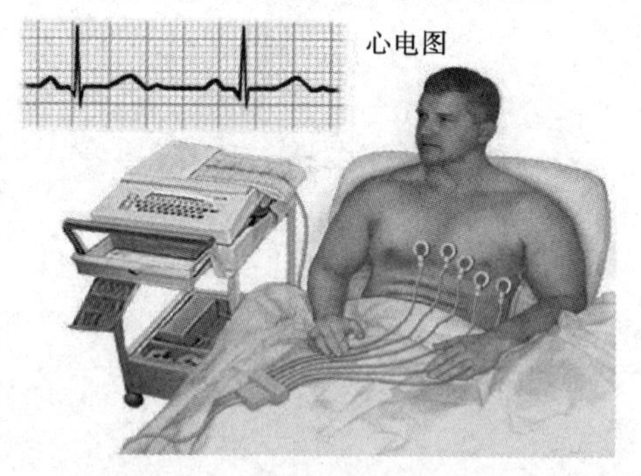

图 7.1　普通心电图仪仅能获得很短时间段的信息

---

* 本讲参考了叶声华院士的许多资料，在此表示感谢。

这个结论。测量是立地的技术，它出现在我们生活的多个方面，如：蔬菜中的农药含量测量、监控酒后驾驶的酒精浓度测量；水用量的测量、电用量的测量；瓦斯、含水量的测量等。医学诊断的很多过程，如血压的测量、心电的监测（见图 7.2）、脂肪含量的测定等，均离不开测量。由此可见，我们的生活和工作离不开计量仪器和测量活动。

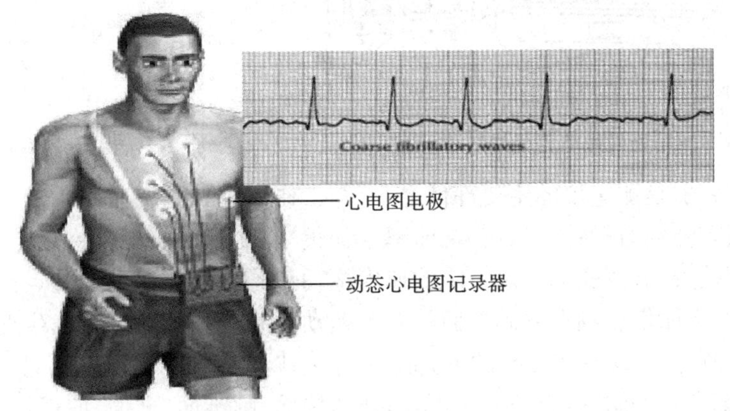

图 7.2　长程心电图仪将不漏地获得 24 小时内的信息

7.2　精密测量

精密测量是精密工程的关键。精密工程的目标是达到下一个数量级，其最明显的特点是需要超乎寻常地细心，以求达到精细化和更小的测量尺度。

就拿表面形貌测量来讲，科学技术的进步，促进了表面形貌测量研究的发展。早期的研究以平面表面形貌为主。由于许多重要的工程表面往往是曲率的表面，因此，曲面表面形貌的测量分析研究又更具意义。

在机械行业，零件的表面形貌均要通过精密测量来实现。机械加工的表面不是一平如镜的，即使加工手段再高明，在不同尺度下放大观察，仍然是凸凹不平的，如图 7.3 所示。如何去发现这些凸凹，又如何去评价它们，就是表面形貌测量与评定要解决的问题。

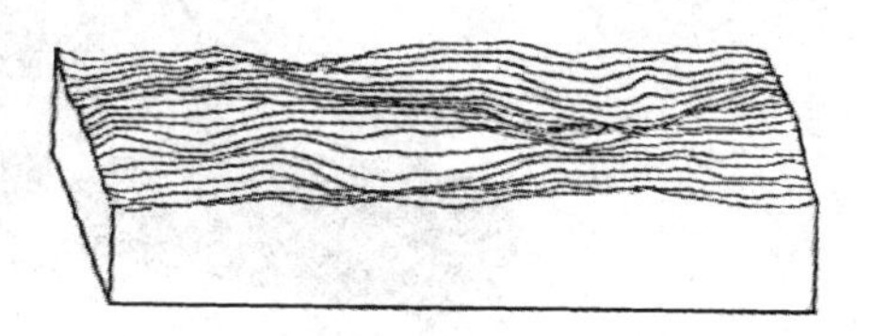

图 7.3　不平整的机械加工表面

为了准确测量和描述加工表面的状况，采用表面粗糙度测量仪进行测量。

传统表面粗糙度测量仪由传感器、驱动器、指零表、记录器和工作台等主要部件组成，从输入到输出全过程均为模拟信号，如图 7.4 所示。最早的表面粗糙度测量仪采用针描法原理，针描法又称触针法。当触针直接在工件被测表面上轻轻划过时，由于被测表面轮廓峰谷起伏，触针将在垂直于被测轮廓表面方向上产生上下移动，这种移动通过电子装置被转换为电信号并加以放大，然后通过指零表或其他输出装置将有关粗糙度的数据或图形输出来。

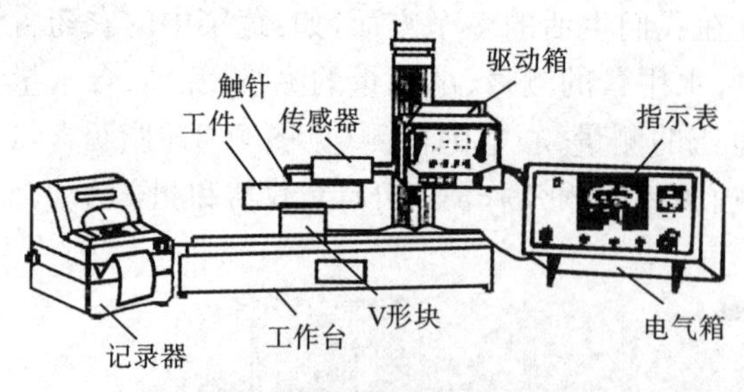

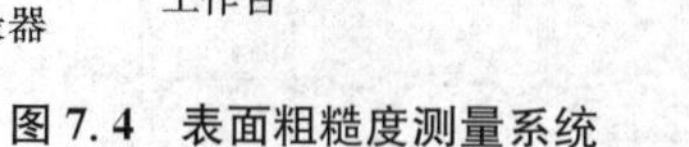

图 7.4　表面粗糙度测量系统

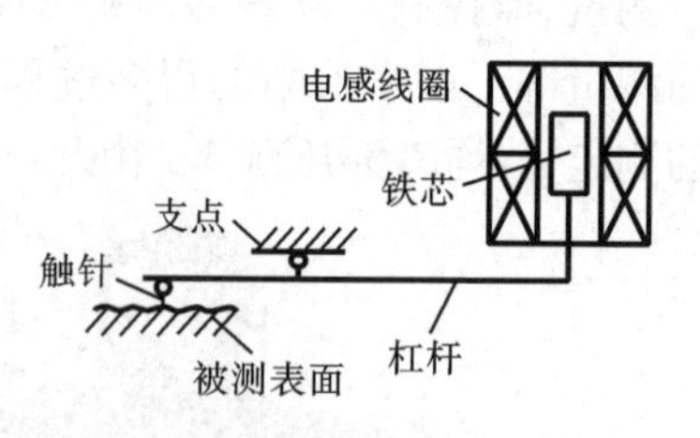

图 7.5　电感传感器工作原理

电感传感器是测量仪的主要部件之一，其工作原理如图 7.5 所示。在传感器测杆的一端装有金刚石触针，触针尖端曲率半径很小，测量时将触针搭在工件上，与被测表面垂直接触，利用驱动器以一定的速度拖动传感器。此运动经支点使磁芯同步地上下运动，从而使包围在磁芯外面的两个差动电感线圈的电感量发生变化。这种仪器适用于测定 0.02～10 μm 的 Ra 值，其中有少数型号的仪器还可测定更小的参数值，仪器配有各种附件，以适应平面、内外圆柱面、圆锥面、球面、曲面以及小孔、沟槽等形状的工件表面测量。测量迅速方便，测值精度高。

在传统的表面粗糙度测量仪的基础上，采用计算机系统对其进行改进后，通过模/数转换将模拟量转换为数字量送入计算机进行处理，使得仪器在测量参数的数量、测量精度、测量方式的灵活性、测量结果输出的直观性等方面有了极大的提高。这也是当今测试计量仪器数字化发展规律的方向。图 7.6 所示为数字化测量仪器。

图 7.6　数字化测量仪器

随着电子技术的进步，某些型号的表面粗糙度测量仪还可将表面粗糙度的凹凸状况作三维处理，测量时在相互平行的多个截面上进行，通过模/数变换器，将模拟量转换为数字量，送入计算机进行数据处理，记录其三维放大图形，并求出等高线图形，从而更加合理地评定被测面的表面粗糙度，更加全面地描述表面。

三维表面粗糙度自动测量仪增加垂直方向（z 向）上的运动，因而就能测量和描述曲面表面粗糙度。如图 7.7 所示的三维表面粗糙度自动测量仪，z 向测量范围为 100 nm，z 向分辨率为 5 nm，触针半径为 2 nm，测量力为 0.000 7 N，x-y 工作台移动范围为 30 mm×30 mm，步距为 1.25 nm。图 7.8 所示为样板上的测量图形。

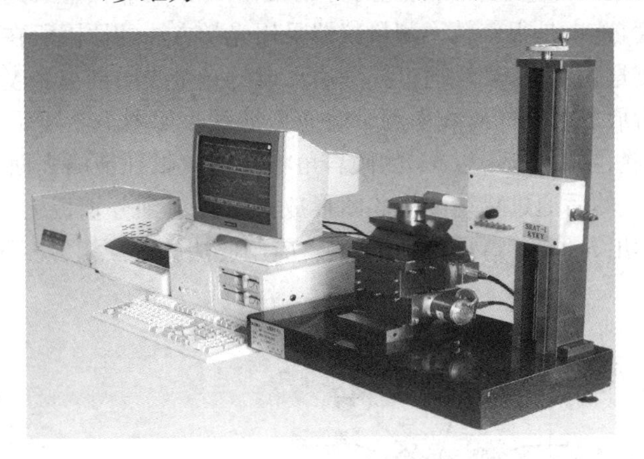

图 7.7　三维表面粗糙度自动测量仪

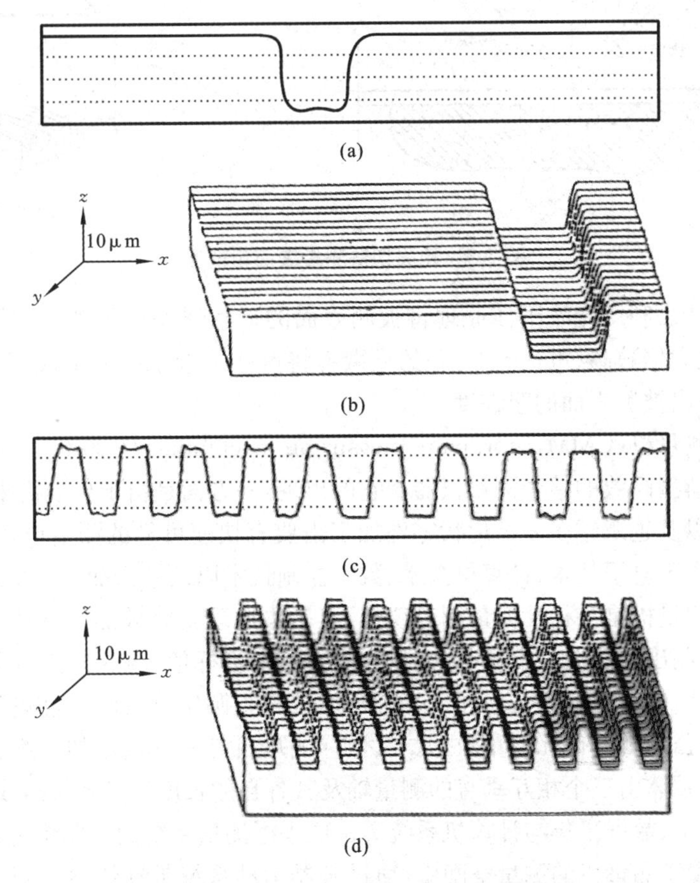

图 7.8　对单刻线和多刻线样板的测量结果

(a) 对单刻线样板的二维测量结果(Ra=4.5 μm)；(b) 对单刻线样板的三维测量结果(SRa=4.41 μm)；(c) 对多刻线样板的二维测量结果；(d) 对多刻线样板的三维测量结果

将光学原理用到测量上有其明显的特点，除了可采用非接触式测量，还可以获得更高的测量精度，这也是很多精密测量仪器采用光学方法的原因所在。

在光切法测量方法中，光线通过狭缝后形成的光带投射到被测表面上，以它与被测表面的交线所形成的轮廓曲线来测量表面粗糙度。如图 7.9 所示，由光源射出的光经聚光镜、狭缝、物镜 1 后，以 45°的倾斜角将狭缝投影到被测表面，形成被测表面的截面轮廓图形，然后通过物镜 2 将此图形放大后投射到分划板上。利用测微目镜和读数鼓轮先读出 h 值，计算后得到 H 值。应用此法的表面粗糙度测量工具称为光切显微镜。

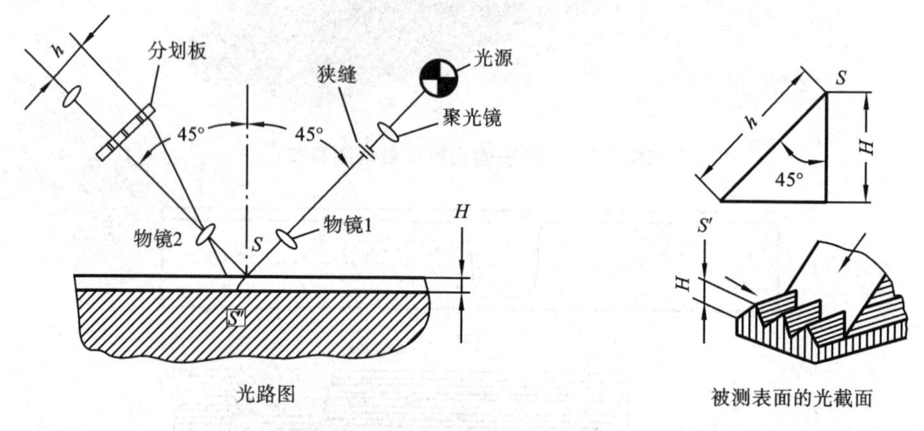

图 7.9 用光切法测量表面粗糙度

光学干涉法利用光波干涉原理将被测表面的形状误差以干涉条纹图形显示出来，并利用放大倍数高（可达 500 倍）的显微镜将这些干涉条纹的微观部分放大后进行测量，以得出被测表面的粗糙度。

三坐标测量机（CMM，coordinate measuring machining）是 20 世纪 60 年代发展起来的一种新型高效的精密测量仪器。它的出现，一方面是由于自动机床、数控机床高效率加工以及越来越多复杂形状零件加工需要有快速可靠的测量设备与之配套，另一方面是由于电子技术、计算机技术、数字控制技术以及精密加工技术的发展。

三坐标测量机是一种几何量测量仪器，其基本原理是将被测零件放入它的测量空间，精密地测出被测元素上测量点的 x、y、z 三个坐标值，将这些点的数值进行计算机数据处理，拟合成相关几何元素，如圆、球、圆柱、圆锥、曲面等，经过数学计算得出形状、位置公差及其他几何量数据。三坐标测量机是一种通用的三维长度测量仪器，它的机械主体由三个相互垂直的测量轴及其各自的长度测量系统组成，结合测头系统、控制系统、数据采集与计算机系统等构成坐标测量系统的主要系统元件。测量时把被测件置于测量机的测量空间中，通过机器运动系统带动传感器即测头实现对测量空间内任意位置的被测点的瞄准；当瞄准实现时测头发出读数信号，通过测量系统就可以得到被测点的几何坐标值。根据这些点的空间坐标值，经过数学运算求出待测的几何尺寸和相互位置关系。

随着科学技术的发展，精密测量技术出现新的发展方向：纳米计量学、高精度和高效率测量、新型传感器、三维测量、仿生测量。其中纳米计量学的内容将在7.7节介绍。

7.3　大尺度与视觉测量

为了对大型构件和装备实施高精度的测量，视觉测量已成为新测量方法研究的主要方向，并有了广泛的应用。

视觉测试技术是在计算机视觉研究成果的基础上，结合测量学科的特点，采用定量、精确的研究手段，在解决一系列关键技术后，将计算机视觉引入测量领域，拓展成的一种新型的位移、尺寸测试技术。

视觉测量有非接触、速度快、信息量大等优点，可以满足现代在线测量的需要，应用领域宽广。

在现代工业自动化生产中，涉及各种各样的检查、测量和零件识别应用。这类应用的共同特点是连续大批量生产、对外观质量的要求非常高。通常这种带有高度重复性和智能性的工作只能靠人工检测来完成，然而用人眼根本无法连续稳定地进行，其他物理量传感器也难有用武之地。这时，人们开始考虑把计算机的快速性、可靠性、结果的可重复性，与人类视觉的高度智能化和抽象能力相结合，由此产生了机器视觉的概念。一般地说，机器视觉就是用机器代替人眼来测量和判断。

视觉测试技术和计算机视觉研究的视觉模式识别、视觉理解等内容不同。计算机视觉的研究目标是用机器实现生物的视觉功能，它侧重于自动识别、自动理解等智能问题；视觉测试技术重点研究物体的几何尺寸及物体的位置测量，如轿车车身三维尺寸的测量、模具三维型面的快速测量、大型工件同轴度的测量等。与人眼类似，视觉测量从原理上来讲，可简单理解为“单眼”、“双眼”、“三眼”、“多眼”等，包括基于单光条结构光的视觉测量原理（单眼）、基于十字线结构光的视觉测量原理（双眼）、基于多光条结构光的视觉测量原理（多眼）等，还有基于立体视觉的主动视觉检测、与机器人技术结合的视觉测量等。图7.10所示为无缝钢管的直线度在线视觉检测，图7.11所示为轿车车体的三维尺寸在线视觉检测。

为了对大尺度的部件获得更高的测量精度，既要测量的量程大，又要测量的绝对精度高，20世纪末人们提出了基于全球定位系统（GPS）技术的三维测量理念，进而开发出了一种具有高精度、高可靠和高效率的室内全球定位系统（indoor GPS），解决了大尺寸空间测量与定位问题。利用这一技术可以大大提高生产效率。据波音公司的不完全数据统计，将室内全球定位系统技术和柔性工具联合使用后，生产效率提高了4～8倍。室内全球定位系统技术应用于飞机、卫星、汽车、造船等工业测量领域，在实时监控、移动导航、在线检测、大部件的空间尺寸三维测量以及逆向工程等方面

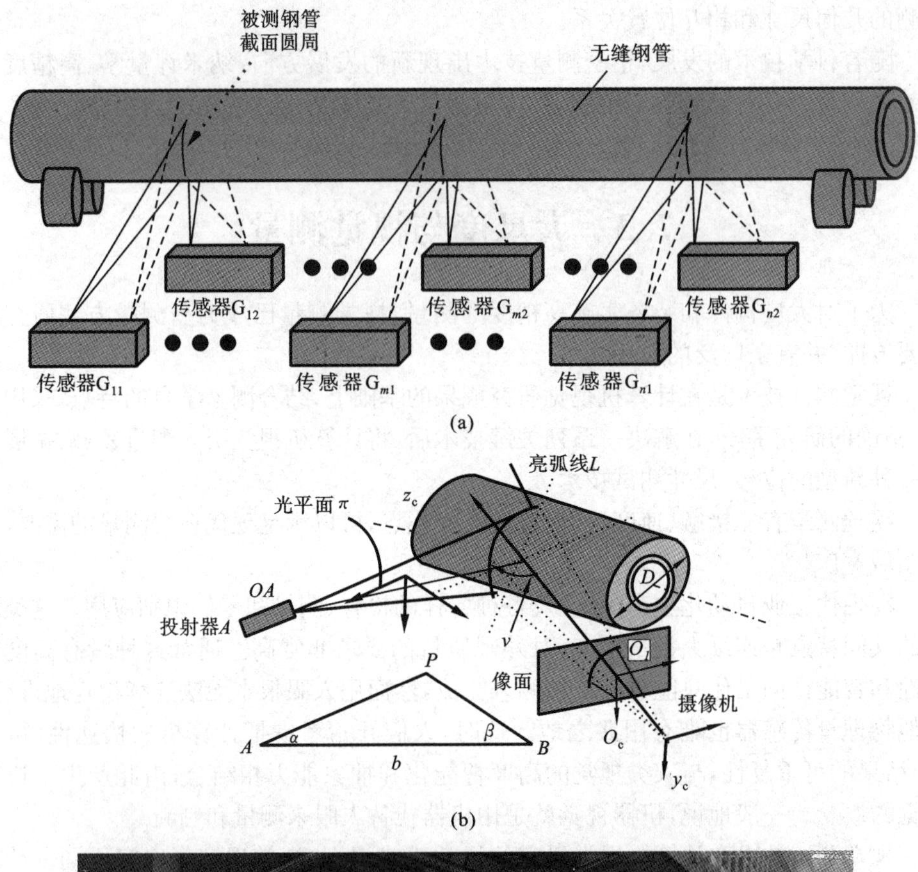

(c)

直径分辨率为0.01mm；直线度测量标准偏差为0.03mm；测量时间为3 s

图 7.10　无缝钢管的直线度在线视觉检测

(a) 总体测量原理；(b) 每个测量单元测出钢管的外圆轮廓后计算出该截面的中心；(c) 实物图

图 7.11 轿车车体的三维尺寸在线视觉检测

体现出明显的优势:能实时监控被测物体在生产、安装和维修过程中的位置和状态;能跟踪和导航工作区域内的起重机、机器人或其他移动设备及工具;能实时控制生产装配线的运行质量。

图 7.12 所示为某型号飞机的机尾测量,图 7.13 所示为波音飞机零部件生产模具的现场测量。

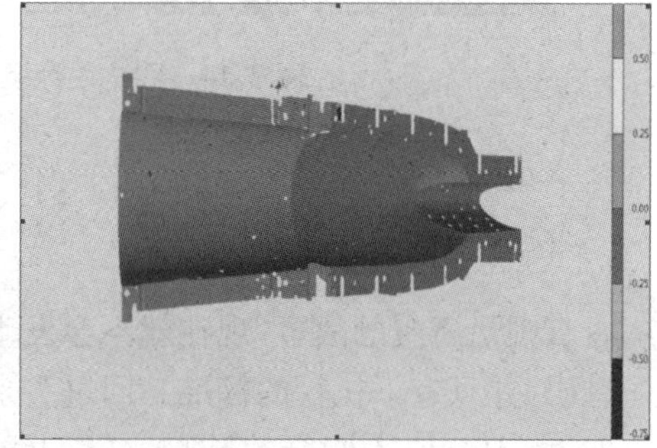

图 7.12 某型号飞机的机尾测量

图 7.13 波音飞机零部件生产模具的现场测量(尺寸为 5.0 m×4.0 m×1.2 m)

如图 7.14 所示为飞机生产装配现场在线测量装备。它用基于数字光学投影的结构光测量系统作为测量终端，精确测量工件局部范围内复杂曲面的密集点云数据；同时由基于全球定位原理的大范围光电跟踪、定位系统，对大范围全局坐标系进行监控，实时跟踪结构光测量系统在工件全场坐标系下的精确坐标，将测量得到的局部范围的密集点云数据自动融合到同一坐标下，以实现对大尺寸零件的局部或完整曲面精密测量。

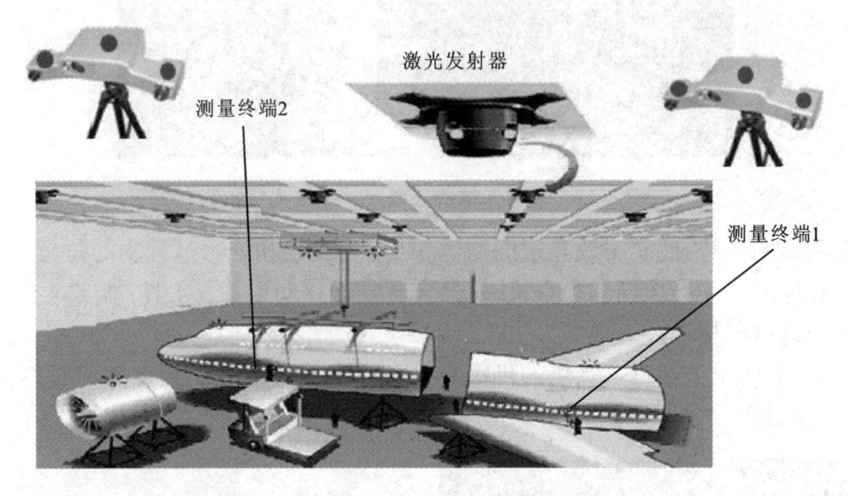

图 7.14　飞机生产装配现场在线测量装备

7.4　计 量 标 准

古有削足适履的故事，现在就不会发生这样的笑话了，因为我们学会了计量，形成了鞋码，并且有了执行的标准。回过头来看，这种进步经历了漫长岁月。

20 世纪中叶，人们穿的鞋是一针一线手工做出来的，那是单件生产或称定做。现在买鞋看尺码就可以了，享受的是批量化生产带来的成果。只要知道了鞋码的大小，无论在何地均能买到合脚的鞋。鞋由单件生产转变成现代化的批量生产后，测量显得越发重要。试想一下：如果不去测量，不知道脚的大小，又不用计量标准去规范众多制鞋企业的生产规格和尺寸，没有了规范，那么，乱套的事情将不可避免。2005 年前，在我国没有出台鞋码标准时，国内很多制鞋企业乱标尺码，曾有新闻报道称有家长“想给在家的孩子带双新鞋回去，没想到童鞋尺码令人看不懂”。

国际上对鞋码的规定还存在很大的差异，所以在中国买鞋与在美国买，所采用的尺度是不一样的。因此，制定国际化的、统一的标准十分必要。“千里之行，始于足下”，万事自计量开始。我国的鞋码标准在加入 WTO 后的 2005 年才制定，可见进度的缓慢。从 2005 年 9 月 1 日起，中国制造的皮鞋都已被强制要求实施新的国家标准《皮鞋》(QB/T 1002—2005)。新国标不仅增加了相关环保和节能的规定，还要求鞋号以后都要用毫米标注(将毫米数折算成厘米数乘以2减10就等于码数)。

过去我国采用的鞋码十分混乱,有的用法码,有的用英码,有的用市寸,有的用公分,也有的用1、2、3、4或大、中、小等代号。这次采用新标准将鞋号标注改为毫米,是为了适应国家计量单位统一需要,也使其流通起来更便捷。

“高标准、严要求”一直是一种口号。可是,真要实施起来,则离不开计量,也就离不开计量原理、方法、仪器和设备。

计量的标准与规范是精密测试技术发展到最高阶段和测试计量过程能够准确实施的必要手段。图7.15从一个侧面说明了标准的重要性。另外,在机械行业,标准《产品几何技术规范(GPS)几何公差、形状、方向、位置和跳动公差标注》(GB/T 1182－2008)是新一代标准的开始,它蕴涵了机械生产、加工、计量全生命过程的一体化思想。

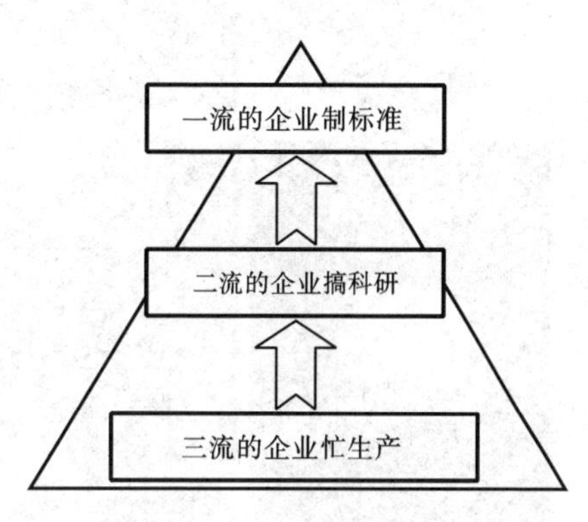

图7.15　企业与标准

标准不但是一项“贵族研究”,更代表着一种权威。例如,美国石油协会(API)制定的相关标准几乎贯穿着石油生产的所有过程。可喜的是,随着我国国家实力的不断提升,企业规模的不断扩大,中国也在制定一些标准去引领全球。

7.5　钟表与精密机械

对于在“石英革命”前长大的人来说,瑞士表就是精密机械的一个缩影,瑞士也是世界制造钟表历史最悠久的国家。其实不然,钟表的制造,可以追溯到距今近两千年中国的汉代,当时科学家张衡结合观测天文的实践发明了天文钟,可以说这是现在发现的世界上最古老的钟,远早于欧洲和伊斯兰的精密定时系统。

目前在我国首都北京的故宫里存放着一座我国自己制造的大座钟。它高约6 m,钟后有楼梯,供人上弦和拨针时使用。这座钟表的机件虽然又重又大,可是所走的时间却十分精确。每逢整时刻打点的时候,声音非常洪亮。图7.16所示为我国故宫所藏的清宫钟表。

再看一看钟表世界名牌“江诗丹顿”,它被认为是“一个天才的推销员和一个天才的机械师”创造的传奇。江诗丹顿把自己的产品卖到了从不低于6 900美元,最高甚至到了900万美元的价格。为什么一块手表要卖这么贵?一个原因是技术,一个原因是材质。

1839年,江诗丹顿邀请机械天才乔治担任公司技术总监,他发明了各种规格化的机芯、零部件机械、模具和制造机器。这是划时代的发明,让钟表制造的产量大大提高,不再受制于手工操作,真正变成了可以规模化生产的大买卖。此外,陀飞轮、万

图 7.16　故宫藏清宫钟表

年历等手表功能也会提高手表的身价。据说每增添一种功能，就能够使手表的价格增加 12 万美元。目前，江诗丹顿功能最强大的产品有 16 种功能，上一次表能够管十天。

图 7.17　陀飞轮表

在钟表中，陀飞轮堪称精密机械的典范，如图 7.17 所示。陀飞轮是瑞士钟表大师——路易·宝玑先生在 1795 年发明的一种钟表调速装置，法文 Tourbillon，有“漩涡”之意。为了校正地心引力对钟表机件造成的误差，把整个擒纵调速系统安装在一个框架中，框架以一定的速度不断地打转。当摆轮在某一位置受到某一方向的重力影响时，到另一位置将会受到另一方向的重力影响，框架不断地转动，摆轮的位置也随之改变，从而接受各种方向的影响；换言之，在宏观上，各种方向的影响将相互抵消，等于没有影响。即便对于当今的手表，陀飞轮也属于机械式复杂款式的豪华配备。它代表了钟表技术的最高水准，世界上能生产这类手表的厂家并不多，产品也极为昂贵。

遗憾的是，中华陀飞轮产生得却很晚。1995 年，北京手表厂许耀南领导的技术小组才完成了第一只样表。国产陀飞轮落后于国外的原因大家可以进一步分析和体会。

7.6 精微机械

2000年7月7日,清华大学专家在北京正式宣布,我国首颗微小卫星——航天清华一号卫星(见图7.18)目前运行情况良好,已成功发回大量信息。从地面站接收到的遥感图像数据分析,微小卫星在姿态控制系统、光学遥感和无线电通信系统等方面工作状况良好。它是我国目前最小的卫星,重量只有50 kg,可以对森林火灾、环境污染等自然、人为灾害进行监测。

卫星按照质量的大小分级如下:飞米卫星,质量小于0.1 kg;皮米卫星,质量小于1 kg,美国军方2005年11月底首次发射的皮米卫星质量不到230 g;纳米卫星,质量在1～10 kg;微米卫星,质量在10～100 kg;小卫星,质量在100～1 000 kg;一般卫星,质量大于1 000 kg。

图7.18　航天清华一号卫星

在空中飞行的微型直升机则更小了,如图7.19所示的掌上飞机。按照美国国防预研局的规定,这种掌上飞机的长、宽、高均小于15 cm,发射质量为10～100 g,有效载荷为20 g,飞行时速为30～60 km,留空时间为20～60 min,最大飞行距离为10 km。

图7.19　掌上飞机

从外表看,掌上飞机相当精致,虽然仅有几十克重,十几厘米长,但可谓"麻雀虽小,五脏俱全",电动机、掌上大功率的电池、飞机数据记录仪、舵机、无线电接收系统,一应俱全,如果需要还可以在飞机的腹部装上掌上电视摄像镜头和发射器。由于掌上飞机最大长度不过 40 cm，飞机摄像系统不过花生米般大小，而整个控制系统也就火柴盒般大小，所以要求配件非常精密，许多制造过程必须借助放大镜才能完成。

掌上飞机一般飞行高度在 200 m 左右，飞行时速可达到 40～50 km，遥控半径为 1 000 m，续航时间为 20 min，飞行过程中可不断向地面监视器发回空中拍摄的地面实况。

掌上飞机在技术上既涉及空气动力学、推进系统、材料与结构设计等传统的航空技术领域，又涉及微机电设计与制造等新型的学科领域。发展和研究掌上飞机的关键技术之一就是基于微机电的加工与制造技术。

掌上飞机的体形小并携有摄像和发射装置，可以应用于民用领域，如飞机能从失火的建筑群中寻找被困人员，也可在空中摄像、环境监测、道路交通监控、牧场巡逻等方面发挥重要作用。掌上飞机在军事领域有着更为重要的作用。掌上飞机可装入衣兜里随时随地发射，主要作为单兵携带的战场侦察平台使用，也可以用于空中监视、情报侦察、目标定位、通信中继、地雷布设以及大型建筑物与工厂内部的侦察。如部队在山区等地形复杂地区，可用掌上飞机侦察山背后或峡谷的敌情，它在飞行时，肉眼几乎看不见，雷达一般也难以发现它，它像飞鸟一般，防空武器对于拦截它更是无能为力。

由此，在军事上发展出纳米部队，它包括以下几种纳米“武器”。

(1)麻雀卫星，在太阳同步轨道上等间隔布置功能不同的 648 颗，可对地球上任一点进行连续监视。

(2)蚊子导弹，可以神不知鬼不觉地潜入目标内部进行攻击。

(3)针尖炸弹，它是分子大小的小液滴，大小为针尖的 1/5 000，可炸毁微小敌人(生化武器的炭疽孢子)。

(4)苍蝇飞机、蚂蚁士兵、间谍草、沙粒坐探等。

再进一步缩小尺度，纳米机器人便出现了。

第一代纳米机器人是生物系统和机械系统的有机结合体，这种纳米机器人可注入人体内，用来进行健康检查和疾病治疗，毁灭癌细胞和修补被损坏的人体组织，还可以用来进行人体器官的修复工作、做整容手术，从基因中除去有害的 DNA 或把正常的 DNA 安装在基因中，使机体正常运行。纳米机器人还能够通过处理各种化学物品制造出有用的科学原料。

第二代纳米机器人是直接由原子或分子装配成的具有特定功能的纳米尺度的分子装置。

第三代纳米机器人将包含有纳米计算机，是一种可以进行人机对话的装置。这种纳米机器人一旦问世，将彻底改变人类的劳动和生活方式。

图 7.20(a)所示为科学家幻想的人体中的血红细胞和人造细胞在一起的情景。图中的气泡状小球称为呼吸者，它们不仅比红血球多携带数百倍的氧分子，而且本身

装有纳米计算机、纳米泵，可以根据需要将氧释放，同时将无用的二氧化碳带走。图7.20(b)所示为画家笔下的一种纳米仿生机器人。这种称为游荡者的纳米仿生物可以为人体传送药物，进行细胞修复等工作。

(a) 人造细胞

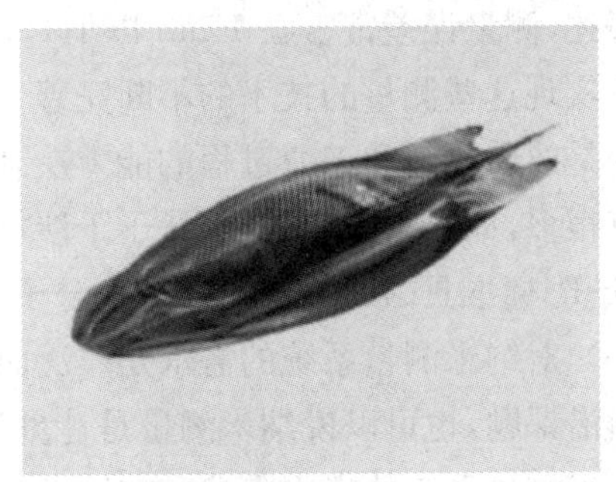

(b) 纳米仿生机器人

图 7.20　幻想中的纳米机器人

图 7.21 所示为一个纳米机器人在清理血管中的有害堆积物。由于纳米机器人可以小到能在人的血管中自由地游动，对于像脑血栓、动脉硬化等病灶，它们可以非常容易地予以清理，而不用再进行危险的开颅、开胸手术。

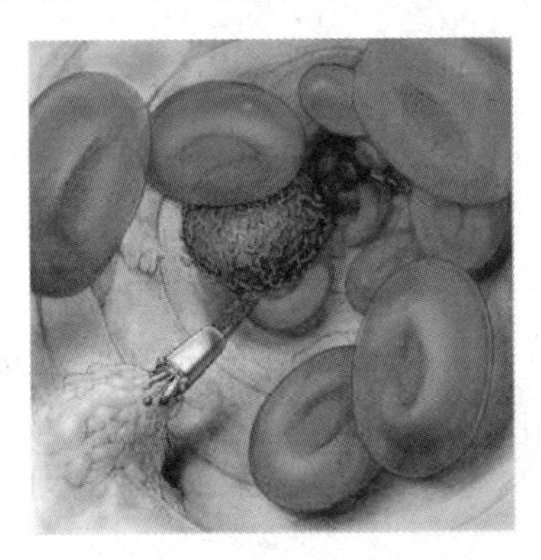

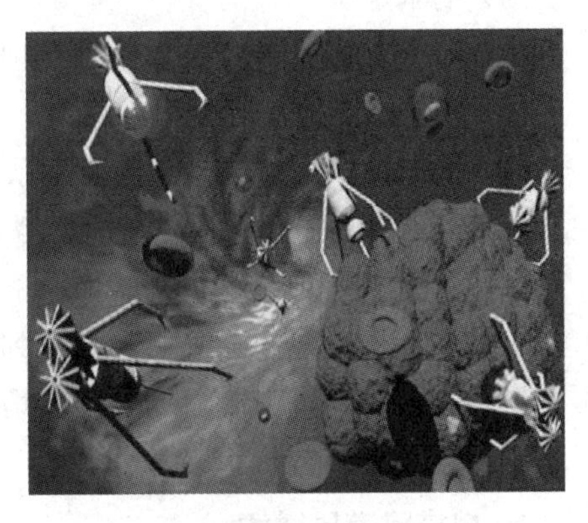

图 7.21　纳米机器人清理血管中的有害堆积物

7.7　纳米计量学

随着纳米科学技术的发展，微电子学、材料学、精密机械学、生命科学和生物学的研究已深入到原子领域。为适应这一发展，迫切需要具有计量意义的纳米、亚纳米精度测量系统。随着扫描隧道显微镜(STM)、原子力显微镜(AFM)、扫描近场光学显微镜(SNOM)、光子扫描隧道显微镜(PSTM)等的相继出现，从 20 世纪 80 年代开始，逐步诞生了一门崭新的学科——纳米计量学，它是研究在纳米尺度上进行测量的科学。

纳米计量学的应用支撑起整个纳米科学和技术。为了准确无误地生产纳米材料和器件，并实现纳米技术的应用，在纳米尺度上测量（测定它们的尺寸、形状和物理性质）和表征材料的能力至关重要。纳米计量包括长度和大小的测量（尺度通常用纳米表述，测量误差常常在 1 nm 以下），以及作用力、质量、电学和其他性质的测量。随着实现这些测量的技术的不断完善，人们对纳米尺度行为的理解也在加深，随之而来的是改善材料和工业过程的能力及制造过程的可靠度的提高。实现纳米测量的设备有很多，如光干涉测量仪、量子干涉仪、电容测微仪、X 射线干涉仪、频率跟踪式法珀（F-P）标准具、扫描电子显微镜、分子测量机、扫描隧道显微镜及原子力显微镜等。

对纳米测量系统的需求是广泛而多样的。纳米测量已成为当代测试领域研究的前沿课题，也可以说纳米测量是计量学科发展的一个重要趋势。归纳目前国内外对纳米测量系统的应用需求和在纳米测量领域中的研究内容，纳米测量将向以下几个方向发展：

（1）高精度纳米乃至亚纳米量级大范围测量；

（2）对环境具有较强的适应能力、长时间连续工作、高稳定性、低漂移；

（3）在线检测；

（4）纳米定位。

实现任何量级的计量都需完成四项主要任务：

（1）在测量空间中建立计量标准；

（2）依据计量标准建立参考坐标系；

（3）产生相对于坐标系的往复运动；

（4）利用测头瞄准工件。

在纳米尺度上进行精确测量会遇到很多困难。振动和温度变化等环境影响是不可小视的，如何减小和控制这些影响，请读者查看相关资料。

下面重点介绍两种纳米计量仪器。

1. 扫描隧道显微镜

扫描隧道显微镜的发明使人类第一次能够实时地观测单个原子在物质表面的排列状态和与表面电子行为有关的物理化学性质，在物理化学、表面科学等众多领域的研究中有着重大的意义和广阔的应用前景，被国际科学界公认为 20 世纪 80 年代世界十大科技成就之一（其发明者 G. Binning 和 H. Rohrer 因此获得 1986 年的诺贝尔物理奖）。

根据量子力学原理，由于粒子存在波动性，当一个粒子处在一个势垒之中时，粒子越过势垒出现在另一边的几率不为零，这种现象称为隧道效应。

扫描隧道显微镜是根据量子力学中的隧道效应原理（见图 7.22），通过探测固体表面原子中电子的隧道电流来分辨固体表面形貌的新型显微装置。

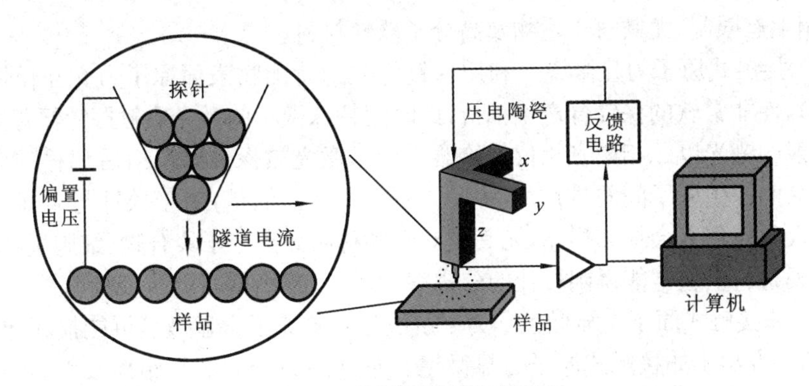

图 7.22 扫描隧道显微镜原理

由于电子的隧道效应,金属中的电子并不完全局限于金属表面之内,电子云密度并不在表面边界处突变为零。在金属表面以外,电子云密度呈指数衰减,衰减长度约为 1 nm。用一个极细的、只有原子线度的金属针尖作为探针,将它与被研究物质(称为样品)的表面作为两个电极,当样品表面与针尖靠得非常近(距离小于 1 nm)时,两者的电子云略有重叠。若在两极间加上电压,在电场作用下,电子就会穿过两个电极之间的势垒,通过电子云的狭窄通道流动,从一极流向另一极,形成隧道电流。隧道电流的大小与针尖和样品间的距离以及样品表面平均势垒的高度成比例关系。

隧道电流对针尖与样品表面之间的距离极为敏感,如果这一距离减小 0.1 nm,隧道电流就会增加一个数量级。当针尖在样品表面上方扫描时,即使其表面只有原子尺度的起伏,也将通过其隧道电流显示出来。借助于电子仪器和计算机,在屏幕上即显示出与样品表面结构相关的信息。

2. 原子力显微镜

原子力显微镜采用的是一种类似于扫描隧道显微镜的显微技术,它的许多组件与扫描隧道显微镜是相同的,如用于三维扫描的压电陶瓷系统以及反馈控制器等。它与扫描隧道显微镜主要不同点是用一个对微弱力极其敏感的悬臂针尖代替了扫描隧道显微镜的针尖,并以探测悬臂的偏折代替了扫描隧道显微镜中的隧道电流,如图7.23所示。

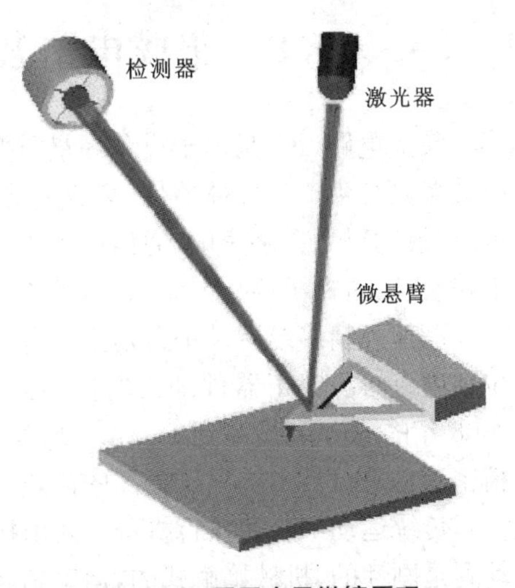

图 7.23 原子力显微镜原理

目前市面上的原子力显微镜有三种基本操作模式,分别为接触式、非接触式及间歇接触式。接触式及非接触式原子力显微镜易受外界其他因素如水分子的吸引,而造成刮伤材料表面及分辨率差所引起的影像失真问题，使用上有限制，尤其对于生物及高分子软性材料。

(1) 接触式原子力显微镜　利用探针针尖与待测物表面原子力交互作用(一定要接触)，使非常软的探针臂产生偏折，此时用特殊微小的激光照射探针臂背面，被探针臂反射的激光以二相激光相位侦捡器来记录激光被探针臂反射后偏移的变化，探针与样品间产生原子间的排斥力为 $10^{-9}\sim10^{-6}$ N。但是，由于探针与表面有接触，因此过大的作用力会损坏样品，尤其是对软性材质如高分子聚合物、细胞生物等。不过在较硬材料上通常能得到较佳的分辨率。

(2) 非接触式原子力显微镜　为了解决接触式原子力显微镜可能损坏样品的缺点，人们开发出了非接触式原子力显微镜。它利用原子间的长距离吸引力——范德华力来运作，其探针不必与待测物表面接触，而由微弱的范德华力改变探针的振幅。探针与样品间的距离以及探针振幅必须严格遵守范德华力原理，因此，探针与样品的距离不能太远、探针振幅不能太大(2～5 nm)、扫描速度不能太快。样品置放于大气环境下，湿度超过 30%时，会有一层 5～10 nm 厚的水分子膜覆盖于样品表面上，造成不易回馈或回馈错误。

(3) 间歇接触式原子力显微镜　将非接触式原子力显微镜加以改良，拉近探针与试片的距离，增加探针振动频率(10～300 kHz)，其作用力约为 10^{-12} N，探针有共振振动，因而探针与材料表面有间歇性跳动接触，探针在振荡至波谷时接触样品，由于样品的表面高低起伏，使得振幅改变，再利用回馈控制方式，便能取得高度影像。间歇接触式原子力显微镜的振幅可调整，小至不受水分子膜干扰，大至不硬敲样品表面而损伤探针。间歇接触式原子力显微镜在测量的 Oxy 平面上分辨率为 2 nm。在 z 方向上，由于探针下压力可视为一种弹性作用，不会像接触式原子力显微镜那样在 x、y 方向一直拖曳而造成永久性破坏。

7.8　集成电路装备中的精微机械系统

集成电路(IC)是电子设备中最重要的部分，承担着运算和存储的功能。集成电路装备是指生产半导体器件、集成电路芯片和平板显示器等的专用生产设备。集成电路是计算机、数字家电、通信设备等的“心脏”，而生产“心脏”部件的设备——集成电路装备，占据了科技的制高点，被称为制造业的“珠穆朗玛峰”。

高速高精多维运动平台是集成电路装备的核心部件之一，平台的运动机构和定位精度直接决定了器件加工所能达到的特征尺寸。2010 年，集成电路特征线宽由 2008 年的 65 nm 提高到 45 nm。随着集成电路制造不断向更高的工艺精度推进，对精密运动平台技术提出了更高的挑战。

传统运动平台的执行机构一般由接触式的移动副和旋转副等构成，由于这些运动副是刚性的、机械接触式的，运动副之间不可避免地会产生摩擦和发热，而且刚性结构无法有效阻隔机械结构的振动，制约了这类机构的动力学特性。目前这种接触式结构的运动精度只能达到微米级。在超精密运动平台的设计中，采用非接触式的气浮支承取代机械接触式的运动副，有效避免了传统机械接触带来的诸多问题。

7.8.1　气浮支承工作原理

气浮支承采用气体作为润滑介质，通过在气浮支承底面和支承平台平面之间形成一层气体薄膜来实现支承和润滑的功能。根据气浮支承气膜生成机理不同，气浮支承可分为动压型、静压型和挤压膜型。动压型气浮支承是利用气体在楔形空间内流动从而形成升力支承负载；挤压膜型气浮支承是通过运动副间相互法向运动形成气体挤压实现支承功能；静压型气浮支承是通过气源向气浮支承供给压力气体，压力气体经过气浮支承内的节流孔后充满压力腔，然后流入气浮底面与支承平面之间形成一层压力气膜，从而实现支承和润滑。相对而言，静压气浮支承的承载能力比较大，不需要轴承之间有一定的楔角或相对的运动，因此在超精密运动平台中较为常用。

图 7.24(a)所示为气浮支承的一般形式。气浮支承一般采用硬质铝合金或陶瓷材料加工而成，内部加工有气体通道并安装了节流塞(一般采用在红宝石上用激光打孔或在气浮支承上直接钻孔的方法制成)。气浮支承通常放置在精密花岗石平台或铝合金导轨上，实现单方向或多方向的运动。由于应用在超精密运动平台中的气浮支承所形成的气膜间隙非常小，因此对支承平台或导轨的表面粗糙度、平行度等指标有着严格的要求。当供气系统输出压力气体至气浮支承后，气浮支承和支承平台之间将形成一层气膜，该气膜使气浮支承无接触地悬浮在支承平台上。气浮支承运动时所受的摩擦力非常小，几乎没有磨损。

当气浮支承运行时，若气膜间隙发生变化，气膜内压力分布也会随之发生变化。如图 7.24(b)所示当气膜间隙为 h_1，气源供气压力为 p_0 时，气体流经节流器 c 产生一定压力降，流出节流孔后充满压力腔，压力变为 p_d，再向外流至气浮支承的边界，气膜内气体压力逐渐降为环境压力 p_a，此时在气浮工作面与支承平台之间形成的压力气膜支承着整个平台。

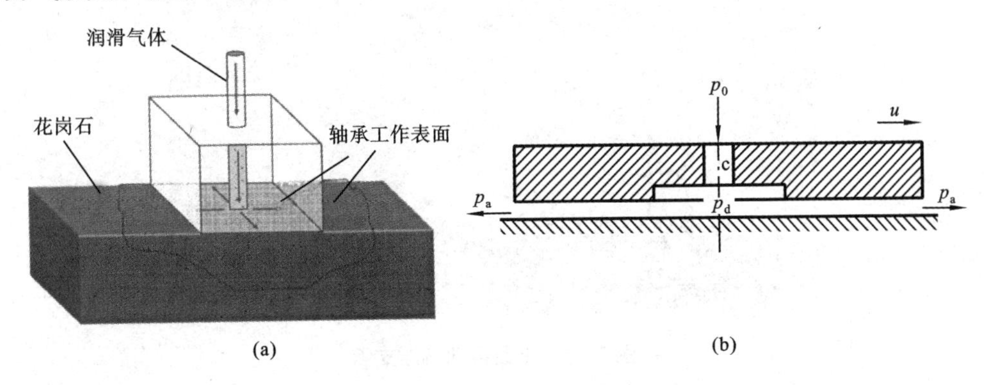

图 7.24　气浮支承的结构示意图

7.8.2　气浮支承工作平台

超精密运动平台中气浮支承有两种形式。一种是气浮导轨，主要是将传统的滚动或滑动导轨中的接触式轴承替换为非接触式的气浮支承，然后通过驱动机构实现指定方向的无摩擦运动，如图 7.25 所示；另一种是用于平面运动的气浮支承，该类气浮支承一般用于支承负载，并通过驱动机构实现被支承体在平面内任意的运动，如图 7.26 所示。超精密运动机构通常是将这两种形式的气浮支承组合，形成宏微运动机构，其中宏动机构通过直线电动机驱动气浮导轨实现大行程微米量级的运动，微动机构连接在宏动执行机构的末端，通过平面电动机驱动气浮支承实现小行程纳米级的运动。

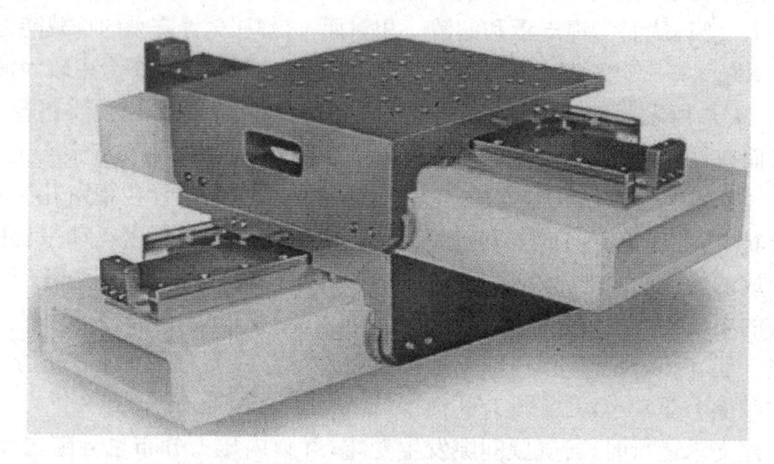

图 7.25　x-y 向气浮运动导轨

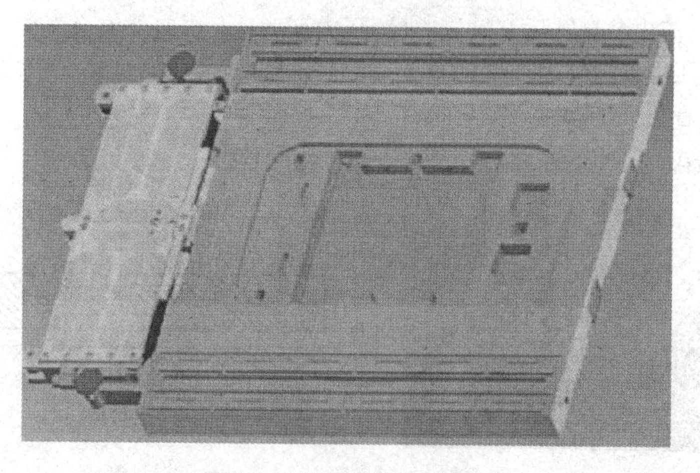

图 7.26　平面运动气浮支承

7.8.3 气浮支承中的纳米测量系统

运动平台的性能很大程度上依赖于测量的精度，没有超精密的测量作位置检测和运动反馈，就没有超精密的运动控制。图 7.27 所示为可运用于集成电路装备纳米级定位系统中的多维激光测量系统，它可以在 500 mm/s 的速度下达到 0.6 nm 的分辨率。

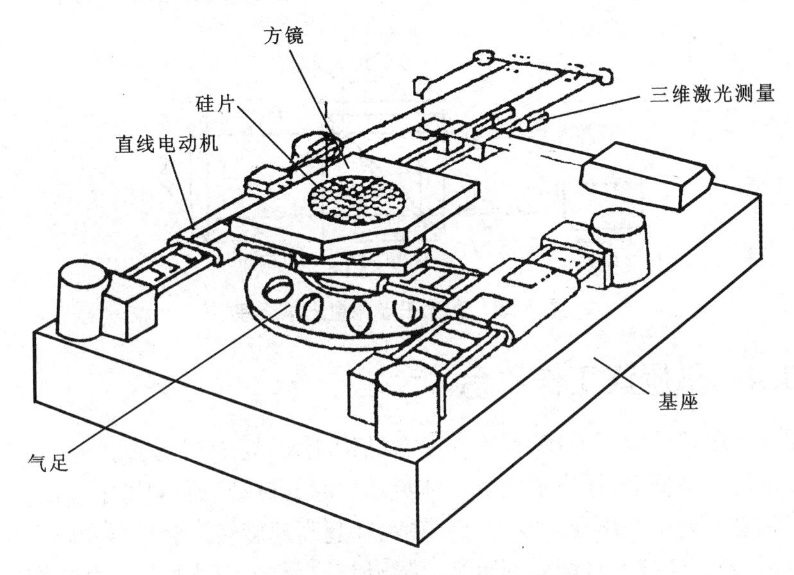

图 7.27 纳米级多维激光测量系统

整个激光干涉测量系统是由激光头、光束分光器、光纤电缆、反射镜、激光干涉仪、接收器和激光计数卡组成的，如图 7.28 所示。

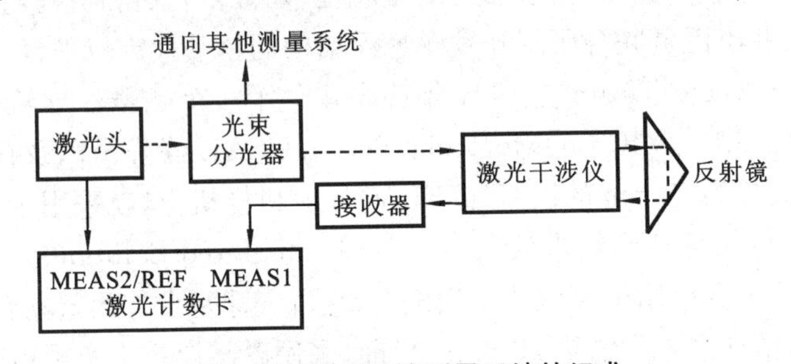

图 7.28 激光干涉测量系统的组成

如图 7.29 所示，工作时，激光头提供 He-Ne 激光束，经激光偏转控制分裂为频率分别为 f_1 和 f_2 的线偏振光束，光束分光器用来将一束散射光分离为几束独立的光束，以应用于不同测量轴。这些激光束到达激光干涉仪后，频率为 f_2 的光束被用做参考光束，频率为 f_1 的光束作为测量光束被安装在移动部件上的镜子(反射镜)反射，工作台运动使干涉镜和反射镜之间发生相对位移，两束光发生多普勒效应，产生多普勒频移$\pm f$;激光干涉仪再把接收到的光束(频率为$f_1\pm\Delta f$)按光学原理叠加到原始光束上,所得到的光束通过光纤电缆传送到接收器装置上。接收器装置把光信号转变成电信号,然后传送到激光计数卡(MEAS1)上,激光计数卡把这个频率信号$f_1-f_2\pm\Delta f$与来自激光头的参考信号f_1-f_2进行比较(MEAS2/REF)。这两个信号间的频移代表了镜子的移动距离,经频率放大、脉冲计数,送入VME(Versa Module Eurocard)数据总线,最后经数据处理系统进行处理,得到所测量的位移量。

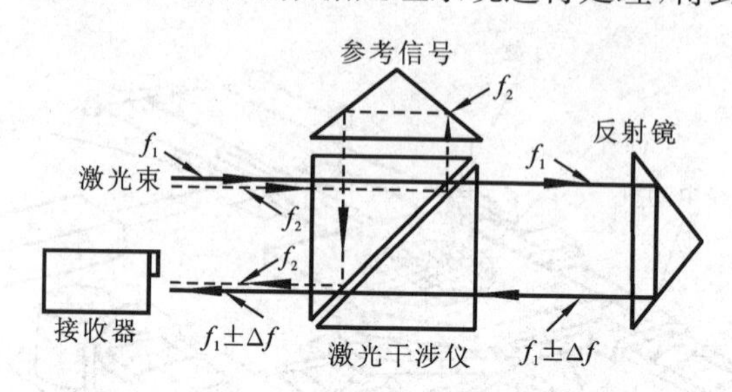

图 7.29 激光干涉测量光学原理

7.8.4 磁悬浮工作平台

气浮支承虽然消除了摩擦,但工作平台结构庞大、复杂、支承刚度小,使得承载能力和抗冲击能力降低,气浮支承内部气体流动引起的振动也限制了定位精度的提高。

随着磁悬浮列车的出现以及磁悬浮轴承在超高速旋转工业机器和航空陀螺仪上的推广应用,磁悬浮技术日渐受到重视。磁悬浮支承技术利用电磁力的作用使被支承物体与定子之间处于无接触悬浮状态,具有无污染、易维护、高速度、高刚度、高定位精度和长寿命等优点,特别适于集成电路芯片的封装、键合、光刻加工、电气检测等的作业要求。随着超高速、超精密加工的发展,国外很多公司和机构均开始了磁悬浮技术应用研究,并出巨资联合研制开发磁悬浮结构的新一代定位平台。

德国的Karl-DieterTieste在1994年首先建立了一个磁悬浮导轨试验台。1997年由美国Intel、AMD、MICron、Motorola、SvGL、USAL等公司以及荷兰ASML公司共同研发的波长为13 nm的极紫外(EUV)光刻机样机上,就采用了无摩擦的磁悬浮定位平台,定位精度达到纳米数量级。美国Integrated Solutions inc公司将研制的超精度磁悬浮平台应用于极紫外光刻机上,它以气浮平台作为宏动台,以磁悬浮平台作为微动台,精度误差大约是20 nm。目前,采用磁悬浮技术实现精密定位的最高精度已达到3 nm。

磁悬浮支承系统由悬浮体、控制器、传感器、功率放大器和电磁铁五部分组成。单自由度磁悬浮系统的组成如图7.30所示。

设电磁铁绕组上的电流为I_0,它对悬浮体产生的吸力$\boldsymbol{F}$和悬浮体的重力$m\boldsymbol{g}$相平衡,转子处于悬浮的平衡位置,这个位置也称为参考位置。假设在参考位置上,转子受到一个向下的扰动,转子就会偏离其参考位置向下运动,此时传感器检测出转子

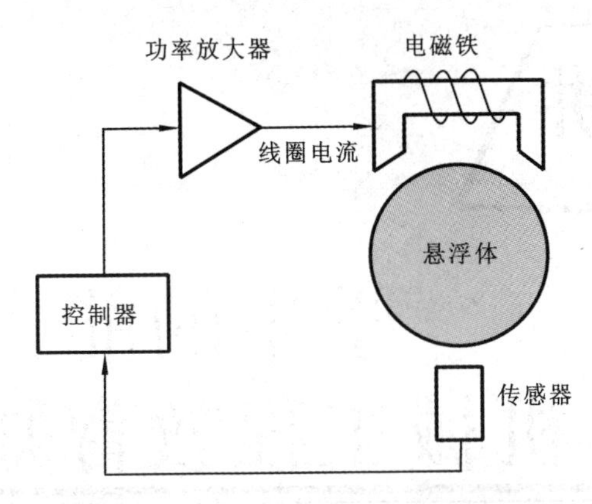

图 7.30 单自由度磁悬浮系统的组成

偏离其参考位置的位移，控制器将这一位移信号变换为控制信号，功率放大器又将该控制信号变换为控制电流 I_0+I_c，相对于参考位置，此时的控制电流由 I_0 增加到 I_0+I_c，因此，电磁铁的吸力变大了，从而驱动悬浮体返回到原来的平衡位置。如果悬浮体受到一个向上的扰动并向上运动，此时控制器使得功放的输出电流由 I_0 变为 I_0-I_c，电磁铁的吸力变小了，悬浮体也能返回到原来的平衡位置。因此，悬浮体在控制器的控制下始终能处于稳定的平衡状态。

从上面的简单介绍可以看出，精密机械系统是离不开精密测量和控制的，当今的许多高新技术和装备均是机械、测量、控制、材料等技术紧密结合的产物。

参考文献

[1] 克里斯·埃文斯，精密工程发展论[M]. 蒋向前，译. 北京：高等教育出版社，2009.
[2] 李岩，花国梁. 精密测量技术[M]. 北京：中国计量出版社，2001.
[3] 张广军. 视觉测量[M]. 北京：科学出版社，2008.
[4] 王国彪. 纳米制造前沿综述[M]. 北京：科学出版社，2009.
[5] 刘林森. 纳米机器人在血管中穿行并非梦想[J]. 科学 24 小时，2007(1)，15-17.
[6] 荣烈润. 纳米机器人浅谈[J]. 机电一体化，2007(1)，6-8.
[7] 蒋向前. 新一代 GPS 标准理论与应用[M]. 北京：高等教育出版社，2007.

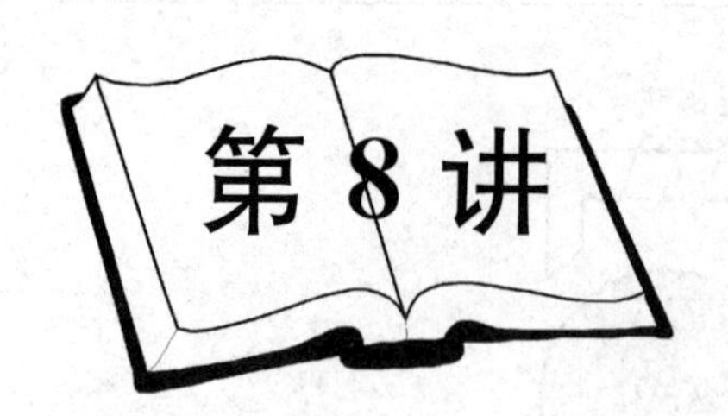

学生的能力结构与机械工程教育知识体系

吴昌林

8.1 科学、技术、工程与能力培养

8.1.1 科学、技术与工程

在日常生活中，不少人常常把科学、技术、工程混为一谈，这是不恰当的。其实，科学、技术、工程是三种不同的社会活动。首先，它们的内容和性质不同。科学活动是以发现为核心的活动；技术是以发明为核心的活动；工程则是以建造为核心的活动。其次，它们的成果有不同的性质和类型。科学活动成果的主要形式是科学理论，它是全人类的共同财富，是"公有的知识"；技术活动成果的主要形式是发明、专利、技术诀窍（当然也可能是技术文献和论文），它往往在一定时间内是"私有的知识"，是有"产权"的知识；工程活动成果的主要形式是物质产品、物质设施，一般来说，它是直接的物质财富本身。第三，它们的主体或主角不同。科学活动的主角是科学家；技术活动的主角是发明家；工程活动的主角是工程师、企业家和工人。第四，它们有不同的任务、对象和思维方式。科学活动的任务是研究和发现带有普遍意义的"一般规律"，技术活动的任务是发明带有普遍性和可重复性的"特殊方法"，任何科学规律和技术方法都必须具有"可重复性"，而不能是一次性的；工程活动就不是这样，任何工程项目（请注意，这里说的是"工程项目"，而不是"工程科学"或"工程技术"）都是一次性的、个体性的。这就决定了三者具有不同的思维方式和实现途径。此外，这三种活动在制度安排和评价标准、社会生活中的地位和作用等方面也存在明显区别。

必须指出，强调科学、技术、工程有本质区别，绝不意味着否定它们之间存在密切联系，相反，这是认识和把握三者转化关系的逻辑前提。如果否认区别，认为它们"一体化"了，那么联系与转化反而会随之被"取消"，无从谈起。确立"科学技术工程三元论”这样一个前提后，如何实现科学向技术的“转化”和从技术向工程的“转化”问题，便从理论上、实践上被突出来了。

由此不难看出，科学与技术不是一回事。把科学与技术混为一谈是不明智的，甚至在某种程度上会造成巨大的损失。如某大公司的研究院，拥有大量高学历的知识分子，领导以“我院的博士占百分之几，硕士占百分之几”为荣。有人建议招聘几个有经验的技术人员参与研究项目，领导认为有这么多博士、硕士，根本用不着。但实际上，若没有具实践经验的技术人员参与，课题组的研究几乎无法开展。

试想，一个只有知识体系没有技术经验的人能设计出可靠的产品吗？如神舟飞船，科学早在20世纪60年代就已证明它的可行性了，为什么时隔多年才飞上天？就是因为技术没跟上。

从对社会的观察中可以注意到，人们已经开始注意科学与技术的区别。如在人才招聘会上你会看到，很多公司打出了高薪聘请高级技术工人的牌子，提供的报酬甚至超过博士的一般薪资水平。我们不必去探求其背后的原因，只从表面就能知道，该公司领导已经对科学与技术有了区分。

在工程实践中，不区分科学与技术是十分有害的。以软件行业为例，不少人知道印度的软件业发展得很好，软件出口量远远超过中国。为什么印度的软件业会发展得如此之快？看看相关资料就可了解到，在印度，高中学历者是软件开发的主力军，或称之为“软件蓝领”；若接触到他们的程序代码，可以看到其具有惊人的一致性。这就说明了，软件开发是有章可循的，属于技术的范畴。国内的软件公司大多都未意识到这一点，开发人员凭空创造，代码没有统一标准，不能移植和重用，不仅造成了人力物力的浪费，而且造成了我国软件业目前的落后局面。

8.1.2　工程教育的核心是能力的培养

胡锦涛总书记指出，“当今世界的综合国力竞争，归根到底是人才特别是高素质创新型人才的竞争。”什么样的人才是高素质创新型人才？高等工程教育的质量标准应该是什么呢？一般来说，质量标准覆盖教育的投入、过程、产出三个方面。近年来质量标准越来越注重学习产出，基于产出(outcome based)的评价已被国际教育评估界普遍接受为保证质量的标准。之所以如此，是因为其体现了工程界对人才需求的价值取向。

目前，世界范围内知名度最高的国际本科工程教育认证协议——华盛顿协议的签约成员的专业教育认证标准中均采用“能力导向”(capability-oriented)的基本原则，即将接受教育人员的素质和潜在技能表现作为衡量教学成果的评价依据，并以促进其持续改进作为认证的最终目标。华盛顿协议对于通过认证的工程专业教育的毕业生应具有的能力，作了如下的描述：在对系统、工艺和机器进行设计、操作和改进过程中，能够应用数学、科学和工程技术的知识，发现并解决复杂的工程问题，了解并解决环境、经济和社会中与工程相关的问题；具有进行有效沟通的能力；能够接受终身学习并促进职业发展；遵守工程职业道德准则；能在当今社会发挥作用。

8.1.3　以学生为中心：我知情、我参与

有人把教育、人才培养比喻为产品的生产，那么人（教师）是产品的制造者，人（学生）又是产品本身。因而，在人才产品这种特殊的生产过程中，人（特别是学生）的知情权和参与度就显得十分重要了。

“华盛顿协议”签约成员国对于学习与教育目标的制定与公开十分重视，规定必须合理制定学习与教育目标，在校内外广泛公开宣传，使专业内的所有教师和学生都有所了解。

在教学活动中，教师的主导作用是必需的，但又不仅仅是教师单方面的“传道、授业、解惑”，更应该强调学生是学习过程的主体，教学活动应以学生为主体，学生的主动参与程度将决定学习效果的好坏。

当今，大学生的自我意识、自主意识渐渐高涨，特别在学生社会活动中有很好的体现。遗憾的是，在学校的中心任务教学活动中，学校对知情权的强调以及学生主动参与的激情体现得还很不够。

8.2　学生能力结构

机械工程学科是工学门类中的重要学科，属于自然科学范畴。机械工程学科是研究人类躯体功能延伸的科学与技术。合理的知识结构与能力是机械工程师应具备的基本业务素质，也是造就合格机械工程师的先决条件。

8.2.1　应具备的认识

机械工程专业学生应具备以下两方面的认识。

1. 社会责任感和对职业道德的认识

机械工业是国民经济的支柱产业，机械工业中的制造业是关系国计民生和国家安全的重要行业。本专业正是为机械工业培养和输送高素质专门人才的专业，所培养的学生必须具有强烈的社会责任感和历史使命感，要有为推进国家机械科学技术进步献身的精神和研发国家经济建设所需机电装备而不懈追求的决心。高尚的职业道德是机械工程技术从业人员必备的。作为一名机械工程技术人员，就应该热爱自己的职业，在工作中一丝不苟，诚实、认真，具有不断探索和钻研机械工程中的技术难题的毅力。

2. 对现代社会问题的认识，进而对机械工程之于世界和社会的影响的认识

20世纪机械工程的成就改变了人类的生产和生活方式：各种载运工具（特别是飞机、汽车、航天飞机、宇宙飞船等）的成功使地球上点与点之间的运动时空大幅缩

短;电影机、电视机、DVD等的出现使人类的日常生活变得丰富多彩;手机、掌上计算机的出现和普及使人们的通信、联系更加迅捷;瓦特机的成功带来了能源革命,促使工业飞速发展;数控机床、加工中心的出现和发展把人类的机械制造技术提升到一个新的水平;原子、量子理论把机械工程的研究引进微观世界,促使微、纳米技术和微机电系统(MEMS)的研究成为机械工程领域的热点。机械工程领域里的这些成果直接影响和推进了社会的发展,同时机械工程技术的进步也给社会带来了较多的问题。这就要求机械工程领域里的从业人员具有宽广的知识面,对机械工程技术进步带来的环境、资源、就业等方面的社会问题有充分的认识。

8.2.2 应具备的能力

机械工程专业学生主要应具备以下七种能力。

1. 对数学、自然科学和机械工程科学知识的应用能力

从事本学科专业学习的学生必须具备自然科学范畴的工科基础知识,包括数学、物理、化学以及生物学等知识和机械工程科学的基础知识。机械工程科学的基础知识主要包括如下几个方面。

(1) 力学系列知识:理论力学、材料力学、流体力学、热力学等。

(2) 设计系列知识:工程图学、工程材料、机械原理、机械设计等。

(3) 机械制造知识:制造技术基础、先进制造技术等。

(4) 机电传动与测控系列知识:电工学、电子学、控制理论、机电测控、计算机及其应用等。

更重要的是,应具备综合应用所学知识解决机械工程实际问题的能力。

2. 制订实验方案、进行实验、分析和解释数据的能力

实验是机械工程教育的必要环节,也是培养学生工程实践能力和创新意识的基础平台。学生应能根据所学的理论知识,结合相关的实验教学大纲、实验教学指导书和实验设备制订实验方案进行实验。实验过程中仔细观察实验现象,分析实验中的相关问题并能提出解决问题的方案、处理问题的措施。实验数据是实验结果的真实记录,是实验过程中内在规律的外部表现。学生应能通过分析所获得的数据,判断数据的正确、可靠性;对奇异数据,经分析能够给出科学合理的解释。

3. 设计机械系统、部件和过程的能力

通过系统的学习和训练,学生能应用所学的知识、根据设计要求设计一个完整的机械系统。在设计这个系统的过程中,要处理好能量的传递、转换,信息的采集、变换与传输,结构的优化、匹配,零部件制造、装配和维修,产品的市场卖点和竞争力等方面的问题。或者能够设计一个完整的机械部件,要求能正确设计部件的每一个零件(包括材料的选择、结构设计、强度校核、刚度验算和相关的工艺内容设计),合理选择标准件。学生还应具有机械制造过程的设计能力,例如编制机械系统或部件的制造工艺、装配工艺、维修工艺、加工或管理软件等。

4. 对机械工程问题进行系统表达、建立模型、分析求解和论证的能力

现代机械工程涉及机械、力学、材料、电工、电子、计算机、信息、控制、管理等多门学科的理论和技术。学生应具备对机械工程问题进行系统表达的能力。首先应能用机械工程的语言——机械工程图准确表达自己的设计理念；其次是能应用力学、机械学和工程材料相关知识表达机械设计方案中的结构强度、运动学和动力学等问题；再次，应能应用电工、电子、计算机、信息和控制等方面知识表达机电传动、测控的相关问题。总之，应能将实际的机械工程原型抽象为对应的物理模型和数学模型，通过计算机仿真求解，论证机械设计方案的合理性、结构强度的可靠性等。

5. 在机械工程实践中初步掌握并使用各种技术、技能和现代化工程工具的能力

机械工程专业的学生应能初步掌握机械制造过程中的各种主要加工设备，如数控机床、加工中心等；能应用机械设计制造相关的计算机软、硬件能力，例如能熟练应用 CAD、CAM、CAPP、CAE 等常用的计算机软件；能正确使用机械零部件加工精度与制造质量的监测与检测仪器设备等。

6. 在多学科团队中发挥作用的能力和较强的人际交流能力

机械系统或机电产品往往是多学科、多技术交叉融合的产物。人的能力和知识面是有限的，一个人很难单独完成一个现代机械系统的设计与制造，必须由多学科专业的技术人才齐心协力、共同合作才能完成。机械工程专业毕业的技术人才要想在团队中发挥自己的技术特长，必须善于同合作共事的人员沟通思想、交流体会，双方相互取长补短、帮助和促进，才能确保任务的顺利完成。

人际交流能力是人应具有的一种重要能力，是一个人的核心竞争力之一。人存在于社会中，在从事社会活动时必须与相关的人和事打交道。能够清晰地表达自己的意愿、准确地理解对方的思想和情感、及时地采取恰如其分的应对措施，是社会活动成功的关键。任何能力都是可以通过后天的学习和锻炼而培养出来并得到提高的，沟通能力也是如此。若要具备良好的人际沟通、交流能力，必须不断地学习、勇敢地实践，在学习中提高，在提高中学习。只要勇于实践，敢于实践，定会有好的回报。

沟通有两种方式：一是情感沟通，修炼意识；二是艺术沟通，培养技巧。沟通能力与亲和力和表达力紧密相关。对于情感沟通，诚信是前提和基础，宽容和理解是桥梁；对于艺术沟通，技巧是关键，针对具体的人物、事情或环境，准确地掌握相关背景，灵活地采取相应的沟通方式，才可能获得良好的效果。

培养沟通能力要从诚信教育入手，强化表达力，提升亲和力，学会宽容和理解，具备必要的文学修养，还要注重沟通技巧的训练和培养。

沟通能力主要体现在以下三个方面。

(1) 能有效地以书面形式交流思想感情。

(2) 在正式场合和非正式场合都能借助于恰如其分的肢体语言，有效地口头表达自己的意愿和思想感情。

(3) 能准确地理解他人的感受和所表述的内容，并且能切题地发表自己的见解或提出建设性的意见。

7. 终身教育意识和继续学习的能力

在知识经济时代，随着科技的进步，知识的更新速度加快，传统的接受一次高等教育可以受用终生的时代一去不复返了，人们必须树立终身学习的理念，养成终身学习的习惯，具备终身学习的能力。

机械工程技术的不断进步，使得机械工程学科面临的问题往往涉及多学科的交叉与融合，并且这些问题还在随着相关学科的发展和相关技术的涌现而不断发生变化，因此机械工程专业的科技人员必须不断学习，才能跟得上科技发展的步伐。所以，必须牢固树立终身学习的观念，强化不断学习的意识。

终身学习的能力有赖于宽厚的理论知识基础和很强的自学能力。在校学习期间，应刻苦钻研基础理论，牢固掌握基础知识，为今后的发展构筑宽厚的基础平台；通过创新意识和创新能力的培养，不断激励自己的求知欲望和学习兴趣，培养自学能力，以便毕业后利用各种有利条件，根据所从事的工作不断汲取知识、提高能力，更好地达到完善自我和适应社会的目的。

终身学习已成为个人适应当代社会生活的必要条件。终身学习无论对个人、组织或社会，均是必要的。终身学习不能理解为每天不间断学习，而是：①具备终身学习的思想意识；②延续到每个人一生的整个过程；③不断汲取新知识、掌握新技术的思想追求，具备与时俱进的学习能力；④增加主动学习的兴趣，增强渴求知识的欲望；⑤要学会学习，掌握正确自学方法。

8.3 机械工程教育知识体系

本节介绍机械工程学科的本科生教育知识体系，简称 MEEK（mechanical engineering education knowledge）。

8.3.1 知识体系的结构

机械工程教育知识体系划分成四个层次：知识领域（knowledge area）、子知识领域（sub knowledge area）、知识单元（unit）和知识点（topic）。一个知识领域可以分解为若干个子知识领域，一个子知识领域又可以分为若干个知识单元，一个知识单元又包含若干个知识点。

知识体系的最高层是知识领域，它代表了特定的学科子域，通常被认为是本科生应该了解的机械工程知识体系的一个重要部分。知识领域是用于组织、分类和描述软件工程知识体系的高级结构元素。知识体系的第二层是子知识领域，表示知识领域中独立的主题模块。知识体系的第三层是知识单元，表示子知识领域中独立的主题模块。知识体系的最底层是知识点。

关于核心知识单元和知识单元的时间单位两个部分介绍如下。

1. 核心知识单元

由于核心知识单元定义为最小集合，因此它们并不构成一个完整的本科生课程计划。除了核心知识单元以外，每一个本科生教学计划还应包含软件工程知识体系内部和外部的一些选修知识单元，这些选修知识单元未在本教程中说明。

核心知识单元并不限于本科生课程前期的一些初级课程。尽管许多所谓核心知识单元确实是介绍性的，但是也有一些核心知识单元明确要求学生必须具备此知识领域的主要背景知识。

例如，项目管理、需求获取和高层抽象建模等工作所需的知识和经验是一些低年级学生所不具备的。类似地，入门课程除了核心知识单元外，还可以包括选修知识单元。在这里，“核心”的含义是“必要的”，其并不反映所表现课程的级别。

2. 知识单元的时间单位

本教程采用我国传统的学时数来标识某一特定知识单元所需的时间量，1 学时相当于以传统形式授课所用的实际上课时间。为了避免可能的混淆，这里需要强调以下几点。

(1) 1 学时是指 45 分钟。

(2) 在当前教学技术不断发展的情况下，除了传统的面授形式外，还存在其他行之有效的授课形式。在有些授课形式中，学时的概念可能难以使用。尽管如此，本教程采用的时间规格至少可以看做是一个可比较的度量标准。例如，一个 5 学时的知识单元所花费的教学时间大致是 1 学时知识单元的 5 倍，这与授课形式无关。

(3) 为每个知识单元分配的学时数仅指讲课的时间，不包括教师的备课时间或学生课外所花的时间。通常来说，课外所花的时间大约是课内学时的 3 倍。

(4) 一个知识单元所列的学时数表示使一个学生达到该知识单元学习目标所需的最少讲课学时。在实施时，一个知识单元可以花费更多的讲课学时。

3. 课程的学时数

我国的高等教育基本上都采用学期制，一门课程在一个学期内以每周相同的学时数进行讲解。

8.3.2 专业教育组成

专业教育组成应包含相应的学科领域。教学计划对各组成部分都应给予相应的重视和保证充分的时间，符合专业的教育目标。教学计划必须使学生能为工程实践作好准备，其毕业设计及论文应能综合运用所学到的知识和技能，结合使用工程标准、考虑各种实际制约因素，诸如经济、环境、可持续发展、道德、安全卫生、社会、法律等各方面的因素。

1. 专业教育知识体系

专业教育知识体系必须涵盖以下内容。

1) 数学类和自然科学类

二者总计最少为450学时,其中每类不少于200学时。

数学类包括线性代数、微积分、微分方程、概率和数理统计、计算方法等不同课程。

自然科学类的科目包括物理和化学,也可包括生命科学基础等。

2) 工程科学类、工程设计与实践类

二者总计最少1 000学时,其中每类应不少于350学时。

工程科学类的科目以数学和基础科学为基础,但是它本身则更多地传授创造性应用方面的知识。一般应包括数学或数值技术、模拟、仿真和试验方法的应用,侧重于发现并解决实际的工程问题。这些科目包括理论力学、材料力学、流体力学、传热学、热力学、电工电子学、控制理论和材料科学基础及其他相关学科的科目。

工程设计与实践类综合了数学、基础科学、工程科学、零部件与系统,以及满足特殊需要的加工工艺等方面的专业课程,主要包括机械设计基础、机械制造基础、机电控制、工程测试及信息处理等相关科目与实践性教学环节。工程设计与实践是一种具有创造性、重复性并通常无止境的过程,它要受到标准或法律的约束,并不同程度取决于规范。这些约束可能涉及经济、健康、安全、环境、社会和其他相关跨学科因素。

工程科学类和工程设计与实践类必须要包含必要的计算机内容。

学校应支持学生在假期中到工程单位去实习或工作,以取得实践经验。向学生交代专业工程师的作用和职责,让学生了解工程师注册等实际问题应有明确的规定。

3) 人文和社会科学类

人文和社会科学类不少于400学时,可用于学习哲学、政治经济学、法律、社会学、环境、历史、文学艺术、人类学、外语、管理学、工程经济学和情报交流等方面的知识。

2. 学科类别专业教育组成举例

以下介绍几个学科类别专业教育组成。

1) 数学类和自然科学类

数学类(296学时):

微积分(176学时);线性代数(40学时);复变与积分(40学时);概率与数理统计(40学时)

自然科学类(180学时):

(大学物理(56学时);物理实验Ⅰ(32学时);物理实验Ⅱ(24学时);工程化学

(40 学时)

2) 工程科学类、工程设计与实践类

工程科学类(404 学时):

材料力学(56 学时);理论力学(60 学时);力学实验 (16 学时);流体力学(32 学时);传热学(32 学时);热力学(32 学时);电路理论(40 学时);模拟电子技术(40 学时);数字电子技术(32 学时);工程控制基础(40 学时);工程材料学(32 学时)

工程设计与实践类(640 学时):

工程制图(104 学时);机械设计(56 学时);CAD 技术(40 学时);三维机械构形设计(32 学时);计算机图形学(32 学时); 机械原理(56 学时);互换性测量技术基础(40 学时);机械制造技术基础(40 学时);机械制造技术基础 2(40 学时);机电传动控制(64 学时);工程测试技术(40 学时);数控技术(48 学时);液压与气压传动(48 学时)

3) 人文和社会科学

人文与社会科学(505 学时):

毛泽东思想概论 (36 学时);邓小平理论(70 学时);马列主义政治经济学原理(36 学时);马列主义哲学原理(54 学时);思想道德修养 (51 学时);法律基础(34 学时);英语 (224 学时)

8.3.3　机械工程教育知识领域

机械工程教育知识体系包含如下五个知识领域:

机械设计原理与方法 (principle and method of mechanical design);

机械制造工程原理与技术 (mechanical manufacturing engineering principle and technology);

计算机辅助技术(computer application technology);

机械系统中的传动和控制 (transmission and control in mechanical engineering);

热流体(heat and fluid)。

下面对各知识领域内的子知识领域、知识单元和知识点进行具体描述。

1. 机械设计原理与方法知识领域

机械设计的最终目的是为市场提供优质高效、价廉物美的机械产品,在市场竞争中取得优势,赢得用户,取得良好的经济效益。

产品的质量和经济效益取决于设计、制造和管理的综合水平,其中产品设计是关键。没有高质量的设计,就不可能有高质量的产品;没有其经济观念的设计者,绝不可能设计出性能价格比高的产品。因此,在机械产品设计中,特别强调和重视从系统的观点出发,合理地确定系统的功能;重视机电技术的有机结合,注意新技术、新工艺及新材料等的采用。此外，要努力提高产品的可靠性、经济性及保证安全性。

1) 基本要求

(1) 了解机械设计的目的、意义、基本要求和一般过程，能根据科技进步与市场需求进行设计，以满足产品的社会竞争力。

(2) 了解设计规范，具有运用标准、规范、手册、图册及网络信息等技术资料的能力。

(3) 掌握用计算机、仪器和徒手绘图的方法，具有阅读工程图样、进行形体设计和表达工程设计思想的能力。

(4) 掌握机械设计与分析的基本理论、基本知识和基本技能，具有初步拟订机构及其系统运动方案、分析和设计机构的能力。

(5) 掌握机械零部件设计的基本理论、基本知识、基本技能，具有初步设计机械传动装置和简单机械的能力。

(6) 掌握工程材料的基本特性和应用范围，能合理选用材料。

(7) 掌握互换性基本理论，能进行零部件的精度设计。

(8) 掌握力学基本理论与方法，并能用其处理机械工程实际问题。

(9) 初步掌握基本的机械实验技术，具有制订实验方案、进行实验、分析和解释数据的能力。

(10) 了解机电系统总体设计的全过程及各部分设计协作的重要性及其方法。

2) 知识单元

机械设计原理与方法知识领域的子知识领域有机械制图、理论力学、材料力学、工程材料学、互换性与测量技术、机械原理、机械设计等，其中：机械制图重点培养学生对机械零部件结构的构思和表达能力；理论力学、材料力学为设计模型、设计准则的建立和分析、求解提供基本理论与方法；工程材料学帮助学生掌握常用工程材料的性能及选用原则、改性工艺及成形工艺；互换性原理与测量技术帮助学生从工作要求、工艺性、经济性等角度进行常用零件配合、形状与位置公差及表面粗糙度的选用和标注，并了解有关检验与测量方法；机械原理和机械设计有助于学生了解机械系统方案、机构与机械传动、机械零部件与结构等设计的基本理论与方法，培养创新意识与创新设计能力等。上述各知识领域在解决机械产品设计过程中的基本关系为：机械原理和机械设计是设计的核心；理论力学、材料力学、工程材料学和互换性原理与测量技术是设计的主线，贯穿于整个设计过程，并与制造密切相关；机械制图是设计的表现工具。

2. 机械制造工程原理与技术知识领域

制造业是指所有将原材料转化为物质产品的行业的总称。制造业是国民经济的物质基础和产业主体，其状况表明了国家的经济发展水平并决定了人民生活的基本水平；制造业为人民提供各种生活用品，提供工、农业所需要的生产资料、服务业所需要的各种技术手段、基础设施所需要的各种装备、国防所需要的各种武器、科技发展所需要的各种仪器设备、保证人民健康所需的各种医疗仪器和药品，以及精神文明建设所需的物质条件。

制造技术是将原材料有效地转变成产品的技术，是制造业赖以生存和发展的技术基础。制造技术不断地吸收机械、电子、信息、能源及现代管理等方面的成果，并将其综合应用于产品设备、制造、检测、管理和售后服务的制造全过程，逐步形成了可实现优质、高效、低耗、清洁和灵活生产，并取得了理想技术经济效果的先进制造技术。

机械制造业是制造业的一个重要分支，是关系国家、民族长远利益的基础性和战略性的产业，是高新技术产业和信息化产业发展的基础，是国家经济安全和军事安全的重要保障。它担负着为国民经济和国防建设提供各类技术装备的重任，具有产业关联度高、带动能力强和技术含量高等特点，是一个国家和地区工业化水平与经济科技总体实力的标志，是国际竞争力的重要表现，是新技术革命条件下实现技术创新的主要舞台和科学技术的基本载体。

机械主要包括三种：一是重大先进的基础机械，即制造装备的装备——工业“母机”，包括数控机床、柔性制造系统、计算机集成制造系统、工业机器人、大规模集成电路及电子制造设备等的通用设备和专用设备；二是重要的机械、电子基础件，主要是先进的液压、气动、轴承、密封、模具、刀具、微电子和电力电子器件、仪器仪表及自动化控制系统等；三是国民经济各部门的科学技术、军工生产所需的重大成套技术装备，如矿山开采设备，大型火电、水电、核电站的成套设备，石油、化工的成套设备，金属冶炼轧制成套设备，航空、铁路、公路及航海等部门所需的先进交通运输设备，污水、垃圾及大型烟道气净化处理等所需的大型环保设备，江河治理、隧道挖掘、输水输气等大型工程所需的成套设备，工程机械成套设备等。

机械制造是利用现代机械设备、工具与技术，将原材料或半成品经加工、处理和装配后形成最终产品的过程，包括毛坯制作、零件加工、检验、装配、包装、运输等环节。

机械制造专业以制造工程理论、技术和工程实践教育为核心，围绕机械制造工程系统各环节系统设置相关课程，保证学生具有扎实的基础知识和系统的专业知识；根据机械制造系统涉及的工程领域和发展，设置选修课程、实践教学环节，以拓宽学生视野和思路，加强学生实践和创新能力、理论与实践解决问题的能力培养，使知识与能力和素质培养有机结合。同时，各高校根据所涉及的地区和行业产业特点设置特色的选修课程，为学生的个性化培养提供条件。

1）基本要求

（1）掌握金属的液态成形、金属的塑性成形、材料的焊接成形、粉末冶金成形等工艺理论和方法。

（2）掌握橡胶、陶瓷等非金属材料及复合材料成形的原理和方法。

（3）掌握金属材料的性能与热处理原理与方法等。

(4) 掌握金属切削的基本原理,有能力选择刀具及切削参数。

(5) 了解机械制造装备的用途、工艺范围,有能力进行通用机床传动链分析与调整。

(6) 掌握机械加工精度的理论和分析研究机械加工精度和加工质量的原理与方法,有能力进行加工精度和加工质量的分析和控制、工程实际过程中加工误差的产生原因以及消除和控制措施的分析和研究。

(7) 掌握机械制图的基本技能和画法几何原理、互换性原理和公差配合及形位公差标准体系,具有较强的空间结构设计能力和空间结构想象力。

(8) 掌握机械制造工艺的基本理论,有能力制订机械加工工艺规程和装配工艺规程;具有研究、分析加工误差的原因,解决加工精度问题的能力。

(9) 掌握机械工艺装备的工作原理和设计方法,具有简单机床、夹具、量具、工具、刀具等的设计能力。

2) 知识单元

机械制造工程与技术知识体系由机械制造知识领域中的专业技术基础知识、专业技术知识和特色制造专业技术知识三个层次的知识领域构成,包括画法几何与机械制图、互换性原理与技术测量、材料性能与热处理技术、材料的热成形制造技术、液压传动与气压传动原理与技术、机械制造技术基础、机械制造装备和过程自动化技术、先进制造技术、数控技术与数控加工编程、特色制造技术与模式10个子知识领域以及相应的知识单元。

3. 计算机辅助技术知识领域

计算机技术的发展速度和应用的普及程度是人们始料不及的,硬件和软件比翼齐飞,信息网络化的进程越来越快。计算机作为信息社会的强大的工具已渗透到几乎所有专业领域,对机械类专业大学生的计算机应用能力的要求也越来越高。因此,如果学生在整个大学四年内仅学习一、两个学期的计算机基础和高级语言程序设计课程,其毕业后就可能无法熟练操作和应用计算机,更谈不上将计算机新技术、新软件应用于专业领域。计算机辅助技术(computer aided technologies)是以计算机作为工具,将计算机相关手段用于产品的设计、制造和测试等过程,辅助人们在特定应用领域内完成任务的理论、方法和技术,包括计算机辅助设计、计算机辅助制造等。在计算机的应用领域不断扩大、应用水平不断提高和计算机技术发展迅猛情况下,计算机辅助技术也在不断向前发展,其涉及应用领域也在不断拓宽。1997年国家教委印发的《加强工科非计算机专业计算机基础教学工作的几点意见》的通知中要求工科非计算机基础教学应该达到如下基本目标:使学生掌握计算机软、硬件技术的基本知识,培养学生在本专业及相关领域中的计算机应用开发能力,培养学生利用计算机分析问题、解决问题的意识,提高学生的计算机文化素质。

以下针对在新形势下如何有效地开展地方工科院校机械类专业的计算机基础和

计算机应用能力的教育，提出计算机辅助技术知识领域知识体系。

1) 基本要求

(1) 掌握计算机应用的基本知识和基本原理。

(2) 掌握数据库的原理和应用。

(3) 掌握微处理器的原理及汇编语言的应用。

(4) 掌握并具有一种高级程序语言设计的能力。

(5) 掌握计算机辅助设计基础理论知识，有能力运用一种计算机辅助设计工具进行三维建模和二维工程图设计。

(6) 掌握计算机辅助制造的基本理论与方法，计算机辅助工艺过程设计的基本理论与方法，了解计算机辅助设计与制造(CAD/CAM)集成技术。

(7) 掌握计算机辅助工程的基本理论和方法，有能力使用一种计算机辅助工程工具进行工程分析。

2) 知识单元

计算机辅助技术知识领域由计算机基础和计算机辅助技术两个层次的知识板块构成，包括计算机应用基础、微机原理、数据库原理与应用、高级语言程序设计、计算机绘图、计算机辅助设计与制造技术、计算机辅助工程(CAE)7 个子知识领域和 43 个知识单元。

4. 机械系统中的传动与控制知识领域

自动化已经成为现代机械工程的重要特征和发展趋势。自动化技术不仅可以减轻人的体力劳动、提高设备的工效，而且可以获得手工无法实现的效率和精度。例如，用于电子元件贴装的高速贴片机的贴片速度可达到 2 000 片/min，某型号五轴联动铣削加工中心不仅主轴转速可达 45 000 r/min，而且重复定位精度可达 1 μm。随着科学技术的发展，自动化已经由自动控制、自动调节、自动补偿和自动辨识等逐渐发展到自学习、自组织、自维护和自修复等更高的水平。随着自动化技术在机械工程领域的普遍应用，机械系统已经发展成为机、电、液、光一体化系统。在机械系统中，控制单元是系统的中枢，控制着系统各部分功能的实现；传动单元则是连接原动单元和执行单元的载体。因此，机械系统中的传动与控制知识是机械设计制造及自动化专业学生必须掌握的重要知识。

1) 基本要求

(1) 掌握电工、电子技术的基本知识，具有初步的模拟电路和数字电路的设计能力。

(2) 掌握信号的描述方法与信号分析中的基本知识，能初步应用于机械工程中对某些参量的测量和产品的试验。

(3) 掌握机械工程控制的基本理论，并能将其基本方法应用于工程实际。

(4) 掌握流体传动的基础知识，有能力根据需要进行液压与气动系统设计。

(5) 掌握电机、电器、拖动控制等基本理论与工作原理，具有初步分析、处理机电传动与控制系统的能力。

(6) 掌握数控机床的工作原理、组成和分类，掌握数控编程的标准、格式、计算方法。

2) 知识单元

机械系统中的传动与控制知识领域由电工电子、信息获取、控制工程、传动、自动控制应用技术等五个层次的知识板块构成，包括电工技术、电子技术、测试技术、互换性与技术测量、控制工程基础、计算机控制技术、液压与气动传动、机电传动与控制、数控技术等9个知识子领域的72个知识单元。

5. 热流体知识领域

热现象与流动几乎是在每一个工程领域中都会碰到的物理现象，同时各个工程技术领域及日常生活中的各种其他形式能量最终大都以热能的形式耗散于环境及宇宙之中。如何实现对能量的有效、合理利用几乎是每一个工程师都要面对的问题。在某些领域中，热现象的规律还是制约技术发展的瓶颈问题。因而在境外的高等工程教育中，热流体知识领域所涉及的传热学、热力学与流体力学课程的开设相当普遍。机械工程学科把热工类课程设置成了其必修课程中的最主要课程类别之一。

无论从能源的节约还是工业生产过程本身的特点来看，工科学生都应该具备合理用能、节能的意识并懂得其基本的技术，而热流体知识领域所涉及的内容是合理用能及节能理论中的最基础与核心的部分。

1) 基本要求

(1) 掌握热量传递及热能和其他能量相互转换的规律，应用热力学第一、第二定律能对热力装置的热力过程或循环进行分析、简化和计算，并掌握提高能量利用率的主要途径。

(2) 掌握流体介质的基本性质，遵循研究流体流动基本规律，以流体静力学、流体运动学和流体动力学方程为基础，结合流体力学相似理论和实验方法，培养和提高解决工程实际问题的能力。

(3) 掌握热量传递规律和分析工程传热问题的基本能力，利用传热学的基本原理和基本知识，解决工程上一些典型的传热问题。

2) 知识单元

热流体知识领域由热力学、流体力学、传热学等9个知识子领域的27个知识单元组成。